"十四五"职业教育国家规划教材

高等职业教育系列教材

现代供配电技术项目教程

第 2 版

主　编　张季萌

副主编　宣　峰　申一歌

参　编　王　娜　甘本德

U0239519

机械工业出版社

本书共分为 8 个项目，主要内容包括供配电系统概述，供配电系统常用电气设备认识，供配电系统的相关计算，供配电系统的接线、结构和运行，供配电系统运行保障措施，供配电系统二次回路和自动装置，电气照明，安全用电、节约用电与计划用电。每个项目都配有项目测验。为配合教学和习题的需要，书中还附加了一些技术数据图表。本书在编写中注意贯彻现行的国家标准和设计规范，使内容更新颖、更实用，在内容的选择上参考职业技能鉴定标准，力图使书中内容与职业教育的要求相吻合。

本书主要适用于高职高专电气自动化技术、机电一体化技术、建筑智能化工程技术、电力系统自动化技术、供用电技术等专业的教学，也可供相关工程技术人员参考。

本书配有授课电子课件和教学视频等资源，需要的教师可登录机械工业出版社教育服务网 www.cmpedu.com 免费注册后下载，或联系编辑索取（微信：15910938545，电话：010-88379739）。

图书在版编目（CIP）数据

现代供配电技术项目教程/张季萌主编 . —2 版 . —北京：机械工业出版社，2021. 11 （2025. 1 重印）
高等职业教育系列教材
ISBN 978-7-111-69673-5

Ⅰ . ①现… Ⅱ . ①张… Ⅲ . ①供电系统-高等职业教育-教材 ②配电系统-高等职业教育-教材 Ⅳ . ①TM72

中国版本图书馆 CIP 数据核字（2021）第 244802 号

机械工业出版社（北京市百万庄大街 22 号 邮政编码 100037）
策划编辑：曹帅鹏 责任编辑：曹帅鹏 白文亭
责任校对：张艳霞 责任印制：郜 敏
三河市宏达印刷有限公司印刷

2025 年 1 月第 2 版·第 8 次印刷
184mm×260mm·15. 75 印张·382 千字
标准书号：ISBN 978-7-111-69673-5
定价：59. 90 元

电话服务　　　　　　　　　　网络服务
客服电话：010-88361066　　机 工 官 网：www.cmpbook.com
　　　　　010-88379833　　机 工 官 博：weibo.com/cmp1952
　　　　　010-68326294　　金 书 网：www.golden-book.com
封底无防伪标均为盗版　机工教育服务网：www.cmpedu.com

关于"十四五"职业教育
国家规划教材的出版说明

为贯彻落实《中共中央关于认真学习宣传贯彻党的二十大精神的决定》《习近平新时代中国特色社会主义思想进课程教材指南》《职业院校教材管理办法》等文件精神，机械工业出版社与教材编写团队一道，认真执行思政内容进教材、进课堂、进头脑要求，尊重教育规律，遵循学科特点，对教材内容进行了更新，着力落实以下要求：

1. 提升教材铸魂育人功能，培育、践行社会主义核心价值观，教育引导学生树立共产主义远大理想和中国特色社会主义共同理想，坚定"四个自信"，厚植爱国主义情怀，把爱国情、强国志、报国行自觉融入建设社会主义现代化强国、实现中华民族伟大复兴的奋斗之中。同时，弘扬中华优秀传统文化，深入开展宪法法治教育。

2. 注重科学思维方法训练和科学伦理教育，培养学生探索未知、追求真理、勇攀科学高峰的责任感和使命感；强化学生工程伦理教育，培养学生精益求精的大国工匠精神，激发学生科技报国的家国情怀和使命担当。加快构建中国特色哲学社会科学学科体系、学术体系、话语体系。帮助学生了解相关专业和行业领域的国家战略、法律法规和相关政策，引导学生深入社会实践、关注现实问题，培育学生经世济民、诚信服务、德法兼修的职业素养。

3. 教育引导学生深刻理解并自觉实践各行业的职业精神、职业规范，增强职业责任感，培养遵纪守法、爱岗敬业、无私奉献、诚实守信、公道办事、开拓创新的职业品格和行为习惯。

在此基础上，及时更新教材知识内容，体现产业发展的新技术、新工艺、新规范、新标准。加强教材数字化建设，丰富配套资源，形成可听、可视、可练、可互动的融媒体教材。

教材建设需要各方的共同努力，也欢迎相关教材使用院校的师生及时反馈意见和建议，我们将认真组织力量进行研究，在后续重印及再版时吸纳改进，不断推动高质量教材出版。

机械工业出版社

前　　言

供配电技术对从事电气自动化、机电一体化、建筑电气、电力系统自动化等专业的技术人员是一门非常重要的专业技术，在高职高专电类专业中更是教学内容的重要组成部分。为了适应新的教学模式和新技术的发展需要，在河南工业职业技术学院课程建设组的共同努力下，"现代供配电技术"课程成为具有高职教育特色，有利于学生职业能力培养，教学方法、手段灵活多样，具有适用性，在全国高职高专类型院校中具有示范和辐射推广作用的教育部高职高专自动化类教学指导委员会精品课。在此基础上，编写组精心组织，广泛选材，编写了本书。

党的二十大报告对于"实施科教兴国战略，强化现代化建设人才支撑"进行了详细丰富、深刻完整的论述。职业教育与经济社会发展紧密相连，对促进就业创业、助力科技创新、增进人民福祉具有重要意义。本书体现职业能力导向的要求，反映企业的典型工作实践，满足学生职业生涯发展的需要。编者遵循学习者认知规律，紧紧围绕任务驱动法的教学模式组织本书，还在书中融入安全意识、质量意识、环保意识和规范意识等责任意识，信息素养、工匠精神等职业素养内容。全书共分8个项目，每个项目由不同的任务组成，任务的完成过程，是知识由浅及深的学习过程，也是对供配电系统的了解过程。学生通过完成任务，建立学习与工作的联系，提高学习的有效性，实时吸纳新技术，紧跟实际新要求，逐步具备综合职业能力。

本书由河南工业职业技术学院张季萌任主编，河南工业职业技术学院宣峰、申一歌任副主编。其中，张季萌编写项目1，宣峰编写项目2、项目4及附录A~H，申一歌编写项目5的任务5.1~5.6、项目7和项目8，河南工业职业技术学院王娜编写项目3和项目6；另外，中联水泥公司甘本德编写项目5的任务5.7。

河南工业职业技术学院电气自动化技术专业教学团队是国家级教学团队，本书的主要编写人员均是该团队的成员。中联水泥公司是河南工业职业技术学院的校企合作单位，其电气主管甘本德高工，长期从事电气管理、设计和维修工作，为本书提供了丰富的供配电生产实际运行维护经验。

由于编者水平有限，书中如有不妥和错误之处，恳请读者批评指正。

编　者

目　录

项目 1

供配电系统概述

📕 **学习目标**

1) 了解电力系统的有关概念、组成与要求。
2) 理解与掌握供配电系统的组成。
3) 掌握电力系统中的各设备及线路的额定电压计算方法。
4) 了解高压和低压系统的中性点接地方式及适用条件。

💬 **项目概述**

电能是现代工业生产的主要能源和动力，属于二次能源。发电厂把一次能源（如煤、水、核燃料等）转换成电能，用电设备又把电能转换为机械能、热能等。电能的输送和分配简单经济又便于控制管理和调度，有利于实现生产过程自动化。因此，电能在现代工业生产及整个国民经济生活中的应用极为广泛。现代社会的信息技术和其他高新技术、工业生产和日常生活的电能都来自于电力系统，要掌握供配电技术，就要从认识电力系统开始。

本项目主要有 3 个工作任务：

1) 供配电系统的认识。
2) 电压等级的认识。
3) 电力系统中性点分析。

任务 1.1　供配电系统的认识

🔘 **任务要点**

1) 了解供配电工作的意义与要求。
2) 掌握供配电系统及发电厂、电力系统的基本知识。
3) 熟悉企业变电所的组成、功能。
4) 具备安全意识、质量意识和环保意识。

🎯 **相关知识**

生活和生产用电由发电厂产生，从发电厂发出的电，需要经过较长距离的输送，才能到达各级电能用户，如图 1-1 所示。在整个电能输送过程中，电力线路电压等级确定，电力线路线径和规格型号选择，电力线路敷设所需要的相关附件等的选用，就是供配电技术的组成部分。

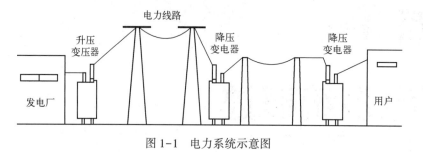

图 1-1 电力系统示意图

1-1 电力系统的组成

1.1.1 电力系统认识

电力系统是由发电厂、电力网和电能用户组成的一个发电、输电、变电、配电和用电的整体。电能的生产、输送、分配和使用的全过程，实际上是同时进行的，即发电厂任何时刻生产的电能等于该时刻用电设备消耗的电能与输送及分配中损耗的电能之和。

1. 发电厂

发电厂是将自然界蕴藏的各种一次能源转换为电能（二次能源）的工厂。

发电厂有很多类型，按其所利用的能源不同，分为火力、水力、核能、风力、太阳能、地热、潮汐发电厂等类型。目前，在我国接入电力系统的发电厂主要有火力发电厂、水力发电厂以及核能发电厂（又称核电站）。

1）火力发电厂，简称火电厂或火电站，它利用燃料的化学能来生产电能，其主要设备有锅炉、汽轮机、发电机。我国的火电厂以燃煤为主。为了提高燃料的燃烧效率，现代火电厂都将煤块粉碎成煤粉燃烧。煤粉在锅炉的炉膛内充分燃烧，将锅炉的水烧成高温高压的蒸汽，推动汽轮机转动，使与之联轴的发电机旋转发电。其能量转换过程是：燃料的化学能→热能→机械能→电能。

2）水力发电厂，简称水电厂或水电站，它利用水流的位能来生产电能，主要由水库、水轮机和发电机组成。水库中的水具有一定的位能，经引水管道送入水轮机，推动水轮机旋转，水轮机与发电机联轴，带动发电机转子一起转动发电。其能量转换过程是：水流位能→机械能→电能。

3）核能发电厂通常称为核电站，它是利用原子核的裂变能来生产电能，其生产过程与火电厂基本相同，只是以核反应堆（俗称原子锅炉）代替了燃煤锅炉，以少量的核燃料代替了煤炭。其能量转换过程是：核裂变能→热能→机械能→电能，如图 1-2 所示是核电站工艺流程图。

现在使用最普遍的民用核电站大都是压水反应堆核电站，它的工作原理是：用铀制成的核燃料在反应堆内进行裂变并释放出大量热能；高压下的循环冷却水把热能带出，在蒸汽发生器内生成蒸汽；高温高压的蒸汽推动汽轮机，进而推动发电机旋转。

4）风力发电是利用风力的动能来生产电能，它建在有丰富风力资源的地方。河南省南阳市方城县境内，伏牛山脉和桐柏山脉在此交汇，是南北气团进出南阳盆地的走廊，也就是著名的"南（阳）襄（阳）夹道"，是全国九大风区之一，风力资源极其丰富。

5）太阳能发电厂是利用太阳光能或太阳热能来生产电能，太阳能光伏发电是新能源和可再生能源的重要组成部分。目前，世界上已建成多座兆瓦级的太阳能光伏发电系统。

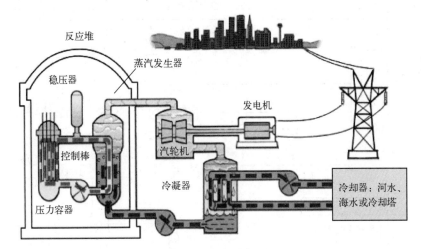

图1-2 核电站工艺流程图

6）地热发电是利用地球内部蕴藏的大量地热能来生产电能，电站需建在有足够地热资源的地方。地热发电和火力发电的原理是一样的，都是由蒸汽推动汽轮机转动，将热能转变为机械能，进而带动发电机发电。按照热载体不同，可把地热发电的类型分为蒸汽型地热发电和热水型地热发电两类。

2. 电力线路

电力线路的作用是输送电能，并把发电厂、变配电所和电能用户连接起来。

水力发电厂须建在水力资源丰富的地方，火力发电厂一般也多建在燃料产地，即所谓的"坑口电站"，因此，发电厂一般距电能用户较远，所以需要多种不同电压等级的电力线路，将发电厂生产的电能源源不断地输送到各级电能用户。

3. 变配电所

变电所的任务是接受电能、变换电压和分配电能，即受电-变压-配电。配电所的任务是接受电能和分配电能，但不改变电压，即受电-配电。变电所可分为升压变电所和降压变电所两大类。升压变电所一般建在发电厂，主要任务是将低电压变换为高电压；降压变电所一般建在靠近负荷中心的地点，主要任务是将高电压变换到一个合理的电压等级。

4. 电力负荷（用户或设备）

包括工厂、企事业单位、住宅小区等。

5. 电力网络

电力网络或电网是指电力系统中除发电机和用电设备之外的部分，即电力系统中各级电压的电力线路及其联系的变配电所。

6. 动力系统

动力系统是指电力系统加上发电厂的"动力部分"。所谓"动力部分"，包括水力发电厂的水库、水轮机；热力发电厂的锅炉、汽轮机；核电厂的反应堆等。

由上述电力网络、电力系统和动力系统定义可知，电力网络是电力系统的一个组成部分，而电力系统又是动力系统的一个组成部分，三者的关系如图1-3所示。

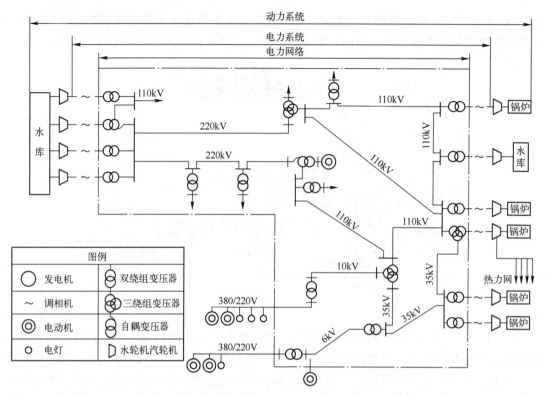

图 1-3　电力网络、电力系统和动力系统三者的关系

1.1.2　供配电系统的基本结构

1. 供配电系统的要求

供配电系统要很好地为工业生产、民用生活服务，切实保证生产和生活用电的需要，并做好节能和环保工作，就必须达到以下基本要求。

1）安全：在电能的供应、分配和使用中，不应发生人身事故和设备事故。

2）可靠：应满足电能用户对供电可靠性即连续供电的要求。

3）优质：应满足电能用户对电压和频率等的质量要求。

4）经济：供电系统的投资要少，运行费用要低，并尽可能地节约电能和减少有色金属消耗量。

2. 常见的供配电系统

供配电系统是电力系统的重要组成部分，其主要任务是提供和分配电能。供配电系统的接线方式有多种，下面介绍几种典型的企业供配电系统。

（1）具有高压配电所的供配电系统

图 1-4 是一个有代表性的中型企业供配电系统简图。该企业高压配电所有两路 10 kV 电源进线，分别接在高压配电所的两段母线上。母线是用来汇集和分配电能的导体，又称汇流排。该系统采用隔离开关分隔开的单母线接线，称为"单母线分段制"。当一路电源进线发生故障或进行检修而被切除时，可以闭合隔离开关，由另一路电源进线来对全厂负荷进行供电。该类高压配电所最常见的运行方式是：隔离开关在正常情况下闭合，整个配电所由一路

电源供电，通常这一路来自公共的高压电网；而另一路电源则作为备用，通常这个备用电源由临近单位取得。

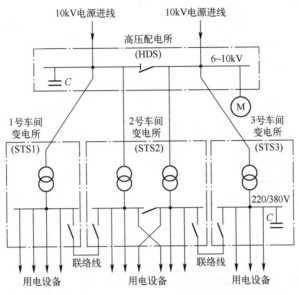

图1-4　具有高压配电所的供配电系统简图

该系统图中的10 kV母线有四条高压配电线，供电给三个车间变电所。车间变电所装有电力变压器，将10 kV降为低压用电设备所需的220/380 V电压。2号车间变电所的两台电力变压器分别由配电所的两段母线供电，其低压侧也采用单母线分段制，从而使供电可靠性大大提高。各车间变电所的低压侧，又都通过低压联络线相互连接，以提高供配电系统运行的可靠性和灵活性。此外，该配电所有一条高压配电线，直接供电给一组高压电动机；另有一条高压配电线，直接连接一组高压并联电容器。3号车间变电所的低压母线上也连接有一组低压并联电容器。这些并联电容器都是用来补偿系统中的无功功率、提高功率因数的。

（2）具有总降压变电所的供配电系统

对于大中型企业，一般采用具有总降压变电所的供配电系统，如图1-5所示。该总降压变电所有两路35 kV及以上的电源进线。35 kV及以上的电压经电力变压器降为10 kV电压。再经10 kV高压配电线将电能送到各个车间变电所。车间变电所又经电力变压器将10 kV电压降为一般低压用电设备所需的220/380 V电压。为了补偿系统的无功功率，提高功率因数，通常也在10 kV母线上或220/380 V母线上装设并联电容器。

（3）高压深入负荷中心的供配电系统

35 kV进线的工厂可以采用高压深入负荷中心的直配方式，即将35 kV的线路直接引入靠近负荷中心的车间变电所，只经一次降压，这样可以省去一级中间变压，从而简化供电系统的接线，降低电压损耗和电能损失，节约有色金属，提高供电质量。但这种供电方式要求厂区必须能有满足这种条件的"安全走廊"，否则不宜采用，以确保安全。如图1-6所示。

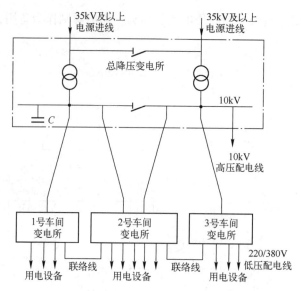

图1-5　具有总降压变电所的供配电系统简图

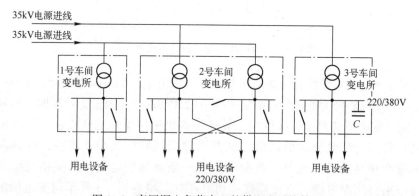

图1-6　高压深入负荷中心的供配电系统简图

（4）只有一个变电所或配电所的供配电系统

对于电力容量不大于1000kV·A或稍多的用电单位，通常只设一个将10kV降为低压的降压变电所，如图1-7所示。这种降压变电所的规模大致相当于车间变电所。

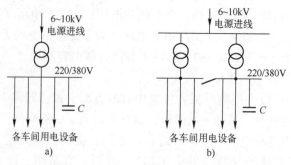

图1-7　只有一个变电所或配电所的供配电系统简图

a）装有一台主变压器　b）装有两台主变压器

对于用电设备总容量在 250 kW 及以下，或者变压器容量在 160 kV·A 及以下的小负荷用电单位，可直接由当地的公共低压电网 220/380 V 电压供电，该类单位只需设一个低压配电所，直接向各用电端配电。

1.1.3 国家电力网络现状

电力网络或电网是指电力系统中除发电机和用电设备之外的部分，即电力系统中各级电压的电力线路及其联系的变配电所。中国电网分为两大电网公司，分别是国家电网有限公司和中国南方电网公司。

国家电网公司由五个区域电网有限责任公司或股份有限公司组成，如下所示。

华北电网有限公司：包括北京、天津、河北、山西、山东、冀北电力有限公司。

华中有限公司：包括湖北、湖南、江西、河南、四川、重庆电力有限公司。

华东电网有限公司：包括上海、江苏、浙江、安徽、福建电力有限公司。

西北有限公司：包括陕西、甘肃、宁夏、青海、新疆、西藏电力有限公司。

东北电网有限公司：包括辽宁、吉林、黑龙江电力公司（含内蒙古东部）。

国家电网有限公司主要负责各区域电网之间的电力交易、调度，参与跨区域电网的投资与建设，协助国家能源主管部门制订全国电力发展规划，如三峡输、配电网络工程的建设任务等。

南方电网和国家电网是平级的，其主要管理南方五省，包括广东、广西、云南、贵州、海南电网公司，并与中国香港、中国澳门的电网相连，东西跨度近 2000 km。

1.1.4 组建国家级电网的意义

电网的主要作用是保证发电与供电安全可靠，调整地区间的电力供需平衡，减少电能损耗，降低发电和输配电成本，保持规定的电能质量和获得最大的经济利益。我国油气资源较为贫乏，煤炭和水力资源丰富，能源生产和消费分布不平衡。要满足不断增长的用电需求，必须在全国范围优化能源资源配置，通过建设互联的电网，实施跨大区、跨流域、长距离、大规模输电。目前，我国电网正在尝试利用特高压输电技术，特别是直流输电技术，实现远距离、大规模的电力输送，这将有利于节约土地资源、保护环境，是优化能源资源配置的重要途径。

实践内容

参观典型变电所，了解变电所全貌，知道变电所组成。

知识拓展

观看三峡水电站、白鹤滩水电站及秦山核电站等发电厂的介绍短片。

任务 1.2 电压等级的认识

任务要点

1）了解电力负荷的分类及对供电电源的要求。

2）掌握三相交流电网电力设备额定电压的判断。

3）掌握供电电能对质量的要求。

4）了解国家标准与安全规范，提高安全意识。

相关知识

1.2.1 电力负荷

电力负荷有两个含义：一是指用电设备或用电单位（用户）；另一个是指用电设备或用户所消耗的电功率或电流。

1. 电力负荷的分级

电力负荷的分级是指用电设备或用电单位对供电可靠性的要求及中断供电在政治、经济上所造成损失或影响的程度，分为Ⅰ类负荷、Ⅱ类负荷及Ⅲ类负荷。

1）Ⅰ类负荷（Ⅰ级负荷）：此类负荷关系到国民经济的命脉及人民生命财产的安全，停电将造成无法挽回的重大政治影响，经济损失，甚至危及生命安全。

2）Ⅱ类负荷（Ⅱ级负荷）：相比之下，它在国民经济中的地位不如一类用户重要，但停电也将造成比较重大政治影响，经济损失。但是这种损失一定程度上是可以挽回的。

3）Ⅲ类负荷（Ⅲ级负荷）：不属于Ⅰ类和Ⅱ类负荷者皆为Ⅲ类负荷。

2. 各级电力负荷对供电电源的要求

（1）Ⅰ类负荷对供电电源的要求

Ⅰ类负荷属重要负荷，应由两个独立电源供电。当一个电源发生故障时，另一个电源不应同时受到损坏，以维持继续供电。即两个电源应来自不同的变配电所或者来自同一变配电所的不同母线。

Ⅰ类负荷中"特别重要的负荷"，除由两个独立电源供电外，还应增设"应急电源"，并严禁将其他负荷接入应急供电系统。可作为"应急电源"的电源有独立于正常电源的发电机组、供电网络中独立于正常电源的专用的馈电线路、蓄电池、干电池等。

（2）Ⅱ类负荷对供电电源的要求

Ⅱ类负荷也属重要负荷，但其重要程度次于Ⅰ类负荷。Ⅱ类负荷宜由两线路供电，供电变压器一般也应有两台。在负荷较小或地区供电条件困难时，Ⅱ类负荷可由一6kV及以上专用的架空线路或电缆供电。当采用电缆线路时，应采用两根电缆组成的线路供电，其每根电缆应能承受100%的Ⅱ类负荷。即要求当变压器或线路故障时不致中断供电或者中断后能迅速恢复供电。

（3）Ⅲ类负荷对供电电源的要求

Ⅲ类负荷属不重要负荷，除了要求供电电源具备安全、可靠、优质、经济的基本要求外，无特殊要求。

1.2.2 电力系统电压

1. 电网和电力设备的额定电压

额定电压是电力系统及电力设备规定的正常电压，即与电力系统及电力设备某些运行特性有关的标称电压。电力系统各点的实际运行电压允许在一定程度上偏离其额定电压，在这一允许偏离范围内，各种电力设备及电力系统本身仍能正常运行。有关输电与配电的电压等级应按照国家标准 GB/T 156—2017《标准电压》规定，我国三相交流电网、发电机和电力变压器的额定电压见表1-1。

表1-1　三相交流电网和电力设备的额定电压

分类	电网和用电设备额定电压/kV	发电机额定电压/kV	电力变压器额定电压/kV	
			一次绕组	二次绕组
低压	0.38	0.40	0.38	0.40
	0.66	0.69	0.66	0.69
高压	3	3.15	3，3.15	3.15，3.3
	6	6.3	6，6.3	6.3，6.6
	10	10.5	10，10.5	10.5，11
	20	13.8，15.75，18，20 22，24，26	13.8，15.75，18，20，22，24，26	—
	35	—	35	38.5
	66	—	66	72.5
	110	—	110	121
	220	—	220	242
	330	—	330	363
	500	—	500	550
	750	—	750	825（800）
	1000	—	1000	1100

2. 电力线路的额定电压

电力线路（或电网）的额定电压等级是国家根据国民经济发展的需要及电力工业的水平，经全面技术经济分析后确定的。它是确定各类用电设备额定电压的基本依据。

3. 用电设备的额定电压

由于用电设备运行时，电力线路上有负荷电流流过，因而会在电力线路上引起电压损耗，造成电力线路上各点电压略有不同，如图1-8的虚线所示。但成批生产的用电设备，其额定电压不可能按使用地点的实际电压来制造，而只能按线路首端与末端的平均电压即电力线路的额定电压 U_N 来制造。所以用电设备的额定电压规定与同级电力线路的额定电压相同。

4. 发电机的额定电压

由于电力线路允许的电压损耗为±5%，即整个线路允许有10%的电压损耗，因此为了维护线路首端与末端平均电压的额定值，线路首端（电源端）电压应比线路额定电压高5%，而发电机是接在线路首端的，所以规定发电机的额定电压高于同级线路额定电压5%，用以补偿线路上的电压损耗，如图1-8所示。

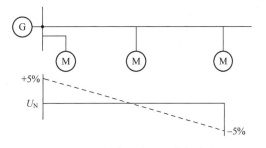

图1-8　用电设备和发电机的额定电压

5. 电力变压器绕组的额定电压

（1）电力变压器一次绕组的额定电压

电力变压器一次绕组的额定电压有以下两种情况。

1）当电力变压器直接与发电机相连，如图1-9中的变压器 T_1，则其一次绕组的额定电压应与发电机额定电压相同。

2）当变压器不与发电机相连，而是连接在线路上，如图1-9中的变压器T_2，则可将变压器看作是线路上的用电设备，因此其一次绕组的额定电压应与线路额定电压相同。

图1-9 电力变压器一、二次额定电压说明图

（2）电力变压器二次绕组的额定电压

变压器二次绕组的额定电压，是指变压器一次绕组接上额定电压而二次绕组开路时的电压，即空载电压。而变压器在满载运行时，二次绕组内约有5%的阻抗电压降。因此分以下两种情况讨论。

1）如果变压器二次侧供电线路很长（例如较大容量的高压线路WL），则对于变压器二次绕组额定电压，一方面要考虑补偿变压器二次绕组本身5%的阻抗电压降，另一方面还要考虑变压器满载时输出的二次电压要满足线路首端应高于线路额定电压的5%，以补偿线路上的电压损耗。所以，变压器二次绕组的额定电压要比线路额定电压高10%，如图1-9中的变压器T1。

2）如果变压器二次侧供电线路不长（例如为低压线路或直接供电给高、低压用电设备的线路），则变压器二次绕组的额定电压只需高于其所接线路额定电压的5%，即仅考虑补偿变压器内部5%的阻抗电压降，如图1-9中的变压器T2。

1.2.3 供电电能的质量

电力系统中的所有电气设备都必须在一定的电压和频率下工作。电气设备的额定电压和额定频率是电气设备正常工作并获得最佳经济效益的条件。因此电压、频率和供电的连续可靠是衡量电能质量的基本参数。

1. 电压及波形

交流电的电压质量包括电压的数值与波形两个方面。电压质量对各类用电设备的工作性能、使用寿命、安全及经济运行都有直接的影响。

（1）电压偏移

电压偏移又称电压偏差，是指用电设备端电压与用电设备额定电压之差对额定电压的百分数，即

$$\Delta U\% = \frac{U - U_N}{U_N} \times 100\% \tag{1-1}$$

加在用电设备上的电压在数值上偏移额定值后，对于感应电动机，其最大转矩与端电压的平方成正比，当电压降低时，电动机转矩显著减小，以致转差增大，从而使定子、转子电流都显著增大，引起温升增加，绝缘老化加速，甚至烧毁电动机；而且由于转矩减小，转速下降，导致生产效益降低，产量减少，产品质量下降。反之，当电压过高，励磁电流与铁损都大大增加，引起电动机的过热，效率降低。对电热装置，这类设备的功率与电压的二次方成正比，所以电压过高将损伤设备，电压过低又达不到所需温度。

我国规定，正常情况下，用电设备端子处电压偏移的允许值为：电动机是±5%；照明灯一般场所是±5%；在视觉要求较高的场所是+5%，-2.5%；其他用电设备无特殊规定时是

±5%。

（2）波形畸变

近年来，随着硅整流、晶闸管变流设备、计算机及网络和各种非线性负荷的使用增加，致使大量谐波电流注入电网，造成电压正弦波波形畸变，使电能质量大大下降，给供电设备及用电设备带来严重危害，不仅使损耗增加，还使某些用电设备不能正常运行，甚至可能引起系统谐振，从而在线路上产生过电压，击穿线路设备绝缘；还可能造成系统的继电保护和自动装置发生误动作；并对附近的通信设备和线路产生干扰。

2. 频率

我国采用的工业频率（简称工频）为50 Hz。当电网低于额定频率运行时，所有电力用户的电动机转速都将相应降低，因而工厂的产量和质量都将不同程度受到影响。频率的变化还将影响到计算机、自控装置等设备的准确性。电网频率的变化对供配电系统运行的稳定性影响很大，因而对频率的要求比对电压的要求更严格，频率的变化范围一般不应超过±0.5 Hz。

3. 可靠性

供电的可靠性是衡量供配电质量的一个重要指标，有时把它列在质量指标的首位。衡量供配电可靠性的指标，一般以全年平均供电时间占全年时间的百分数来表示。

🏵 **实践内容**

参观变电站，熟悉变电所高低压电压等级以及相应各供配电设备额定电压等级，注意认真研究设备额定参数。

☁ **知识拓展**

1）学习国家电网公司1000 kV特高压交流输电（山西长治−河南南阳−湖北荆门）线路情况介绍。

2）学习南方电网公司建设的±800 kV特高压直流输电线情况介绍。

3）查阅国家电网有限公司配电线路运维"1+X"等级证书相关知识内容。

任务1.3　电力系统中性点分析

📍 **任务要点**

1）掌握电力系统中性点运行方式特点，应用范围。

2）掌握低压配电系统中性点连接和接地方式。

3）了解国家标准与安全规范，提高安全意识。

◉ **相关知识**

正如我们在电工基础中所了解的，在现代电力系统中，发电和输配电几乎都采用三相制，而三相电力系统的中性点，也就是发电机和电力变压器的中性点通常有两种情况：一种称为小电流接地系统，包括中性点不接地和中性点经阻抗接地两种形式；再有一种称为大电流接地系统，包括中性点经低电阻接地和中性点直接接地两种形式。

我国3~66 kV的电力系统，大多数采用中性点不接地的运行方式。只有当系统单相接地电流大于一定数值时（3~10 kV，大于30 A时；20 kV及以上，大于10 A时）才采取中性点经消弧线圈（一种大感抗的铁心线圈）接地。110 kV以上的电力系统，则一般均采取中性点直接接地的运行方式。

1.3.1 电力系统中性点运行方式

1. 中性点不接地的电力系统

由电工基础可知，系统正常运行时，三个相电压 $\dot{U}_A$、$\dot{U}_B$、$\dot{U}_C$ 是对称的，三个相的对地电容电流也是对称的，其相量和为零，如图 1-10 所示，所以中性点没有电流流过，各相对地电压就是其相电压。

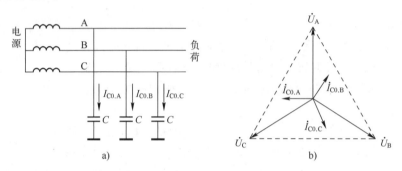

图 1-10　正常运行时的中性点不接地的电力系统
a）电路图　b）相量图

当系统发生单相接地时，例如 C 相接地，如图 1-11a 所示，C 相对地电压为零，而 A 相对地电压 $\dot{U}'_A = \dot{U}_A + (-\dot{U}_C) = \dot{U}_{AC}$，B 相对地电压 $\dot{U}'_B = \dot{U}_B + (-\dot{U}_C) = \dot{U}_{BC}$，如图 1-11b 所示。由此可见，C 相接地时，完好的 A、B 两相对地电压由原来的相电压升高到了线电压，即升高为原对地电压的 $\sqrt{3}$ 倍。而且，该两相对地电容电流 I_{C0} 也相应地增大 $\sqrt{3}$ 倍。

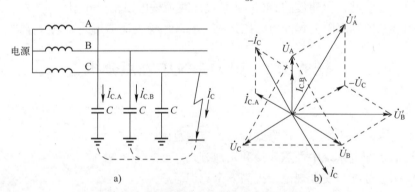

图 1-11　单相接地时的中性点不接地的电力系统
a）电路图　b）相量图

C 相接地时，系统的接地电流（电容电流）为非接地两相对地电容电流之和。因此

$$\dot{I}_C = -(\dot{I}_{CA} + \dot{I}_{CB}) \tag{1-2}$$

即一相接地的电容电流为正常运行时每相对地电容电流的 3 倍。

$$I_c = 3I_{C0} \tag{1-3}$$

由于线路对地的电容 C 不好准确确定，因此 I_{C0} 和 I_c 也不好根据 C 来精确计算。通常采用下列经验公式来确定中性点不接地系统的单相接地电容电流，即

项目1 供配电系统概述

$$I_C = \frac{U_N(l_{oh} + 35l_{cab})}{350} \qquad (1-4)$$

式中　I_C——系统的单相接地电容电流（A）；

　　　U_N——系统的额定电压（kV）；

　　　l_{oh}——与电压 U_N 具有电气联系的架空线路总长度（km）；

　　　l_{cab}——与电压 U_N 具有电气联系的电缆线路总长度（km）。

这种单相接地状态不允许长时间运行，因为如果另一相又发生接地故障，就会形成两相接地短路，产生很大的短路电流，从而损坏线路及其用电设备；此外，较大的单相接地电容电流会在接地点引起电弧，形成间歇电弧过电压，威胁电力系统的安全运行。因此，我国电力规程规定，中性点不接地的电力系统发生单相接地故障时，单相接地运行时间不应超过 2 h。

中性点不接地系统一般都装有单相接地保护装置或绝缘监测装置，在系统发生接地故障时，会及时发出警报，提醒工作人员尽快排除故障；同时，在可能的情况下，应把负荷转移到备用线路上去。

2. 中性点经消弧线圈接地的电力系统

在上述中性点不接地的电力系统中，如果接地电容电流较大，将在接地点产生断续电弧，这就可能使线路发生电压谐振现象。由于线路既有电阻、电感，又有电容，因此发生一相弧光接地时，就可能形成一个 $R-L-C$ 的串联谐振电路，从而可使线路上出现危险的过电压（可达线路相电压 2.5~3 倍），有可能使线路上绝缘薄弱点绝缘击穿。为了消除单相接地时接地点出现间歇性电弧，因此，按规定，在单相接地电容电流大于一定值时，系统中性点必须采取经消弧线圈接地的运行方式。

图 1-12 为中性点经消弧线圈接地的电力系统在单相接地时的电路图和相量图。

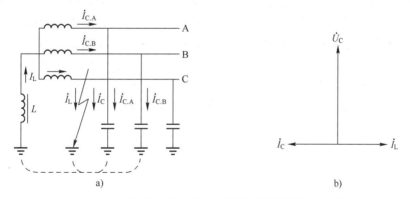

图 1-12　单相接地时的中性点经消弧线圈接地的电力系统
a）电路图　b）相量图

当系统发生单相接地时，通过接地点的电流为接地电容电流 $\dot{I}_C$ 与流过消弧线圈的电感电流 $\dot{I}_L$ 之和（消弧线圈可看作一个电感 L）。由于 $\dot{I}_C$ 比 $\dot{U}_C$ 超前 90°，而 $\dot{I}_L$ 比 $\dot{U}_C$ 滞后 90°，因此 $\dot{I}_L$ 与 $\dot{I}_C$ 在接地点相互补偿。如果接地点电流补偿到小于最小生弧电流时，接地点就不会产生电弧，从而也不会出现上述的电压谐振现象了。

在中性点经消弧线圈接地的系统中，与中性点不接地的系统一样，在发生单相接地故障时，三个线电压不变，因此可允许暂时继续运行 2 h。但必须发出指示信号，以便采取措施，

13

查找和消除故障，或将故障线路的负荷转移到备用线路上去。而且这种系统，在一相接地时，另两相对地电压也要升高到线电压，即升高为原对地电压的$\sqrt{3}$倍。

3. 中性点直接接地的电力系统

这种系统的单相接地，即通过接地中性点形成单相短路，单相短路电流比线路的正常负荷电流大许多倍，如图1-13所示。因此，在系统发生单相短路时保护装置应动作于跳闸，切除短路故障，使系统的其他部分恢复正常运行。

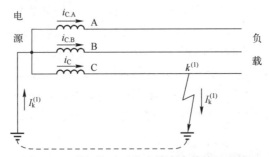

图1-13　单相接地时的中性点直接接地系统

中性点直接接地的系统发生单相接地时，其他两个完好相的对地电压不会升高，这与上述中性点不直接接地的系统不同，因此，凡中性点直接接地的系统中的供电设备的绝缘只需按相电压考虑，而无需按线电压考虑。这对110 kV以上的超高压系统是很有经济技术价值的。高压电器的绝缘问题是影响电器设计和制造的关键问题。电器绝缘要求的降低，直接降低了电器的造价，同时改善了电器的性能。目前我国110 kV以上电力网均采用中性点直接接地方式。

4. 中性点经低电阻接地的电力系统

近几年来，随着10 kV配电系统的应用不断扩大，特别是现代化大、中型城市在电网改造中大量采用电缆线路，致使接地电容电流增大。因此，即使采用中性点经消弧线圈接地的方式也无法完全在发生接地故障时熄灭电弧；而间歇性电弧及谐振引起的过电压会损坏供配电设备和线路，从而导致供电的中断。

为了解决上述问题，我国一些大城市的10 kV系统采用了中性点经低电阻接地的方式。它接近于中性点直接接地的运行方式，在系统发生单相接地时，保护装置会迅速动作，切除故障线路，通过备用电源的自动投入，使系统的其他部分恢复正常运行。

由上面的分析可看出，电力系统中电源中性点的不同运行方式，对电力系统的运行，特别是在发生单相接地故障时有明显的影响，而且还影响到电力系统二次侧的保护装置及监察测量系统的选择与运行。因此，电力系统的中性点运行方式，应在国家有关规定基础上，结合实际情况而确定。

1.3.2　低压配电系统中性点连接和接地方式

220/380 V低压配电系统，根据电源中性点接线和设备接地方式不同，低压配电系统可分为TN、TT、IT系统，系统代号中，第一个字母表示电源中性点与地的关系，T表示直接接地，I表示非直接接地；第二个字母表示设备的外露可导电部分与地的关系，T表示独立于电源接地点的直接接地，N表示直接与电源系统接地点或与该点引出的导体相联结，由以上低压系统接地形式代号可

1-2　低压配电系统中性点连接和接地方式

以看出，在低压配电系统中，我们不但要考虑电源中性点与地的关系，同时要表达清楚设备的外露可导电部分与地的关系。在我国，广泛采用中性点直接接地的运行方式，引出线有中性线（N线）、保护线（PE线）、保护中性线（PEN线）。

1. 低压系统常用线路名称

（1）中性线（N线）

中性点直接接地方式中，从中性点引出的线称为中性线，用字母N表示。中性线（N线）的作用，一是用来接相电压为220V的单相用电设备；二是用来传导三相系统中的不平衡电流和单相电流；三是减少负载中性点的电压偏移。

（2）保护线（PE线）

保护线（PE线）的作用是保障人身安全，防止触电事故发生。在TN系统中，当用电设备发生单相接地故障时，就形成单相短路，使线路过电流保护装置动作，此时应迅速切除故障部分，从而防止人身触电。

（3）保护中性线（PEN线）

保护中性线（PEN线）兼有中性线和保护线的功能，在我国俗称为零线或地线。

2. 低压配电系统中性点连接和接地方式分类

（1）TN系统

所谓的TN系统，即中性点直接接地系统，且有中性线（N线）引出。"TN"中"T"表示中性点直接接地，"N"表示该低压系统内的用电设备的外露可导电部分直接与电源系统接地点相连。

TN系统可因其N线和PE线的不同形式，分为TN-C系统、TN-S系统和TN-C-S系统。（C表示PE、N线合并为PEN线，S表示分开），如图1-14所示。

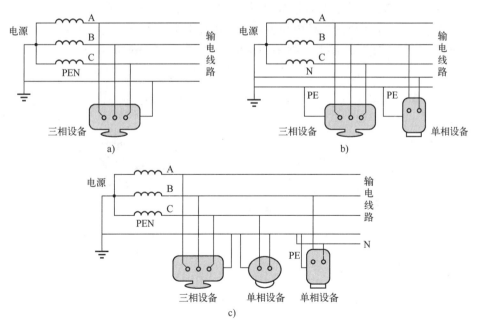

图1-14 低压配电TN系统

a) TN-C系统 b) TN-S系统 c) TN-C-S系统

1）TN-C 系统。这种系统的 N 线和 PE 线合用一根导线 PEN 线，所有设备外露可导电部分（如金属外壳等）均与 PEN 线相连，如图 1-14a 所示。保护中性线（PEN 线）兼有中性线（N 线）和保护线（PE 线）的功能，当三相负荷不平衡或接有单相用电设备时，PEN 线上均有电流通过。

这种系统一般能够满足供电可靠性的要求，而且投资较省，节约有色金属，过去在我国低压配电系统中应用最为普遍。但是当 PEN 断线时，可使设备外露可导电部分带电，对人有触电危险。所以，现在在安全要求较高的场所和要求抗电磁干扰的场所均不允许采用。

2）TN-S 系统。这种系统的 N 线和 PE 线是分开的，所有设备的外露可导电部分均与公共 PE 线相连，如图 1-14b 所示。这种系统的特点是公共 PE 线在正常情况下没有电流通过，因此不会对接在 PE 线上的其他用电设备产生电磁干扰。此外，由于其 N 线与 PE 线分开，因此其 N 线即使断线也并不影响接在 PE 线上的用电设备的安全。该系统多用于环境条件较差，对安全可靠性要求较高及用电设备对抗电磁干扰要求较严的场所。

3）TN-C-S 系统。这种系统前一部分为 TN-C 系统，后一部分为 TN-S 系统（或部分为 TN-S 系统），如图 1-14c 所示。它兼有 TN-C 系统和 TN-S 系统的优点，常用于现代企业和民用建筑配电系统。

（2）TT 系统

所谓的 TT 系统，也是中性点直接接地系统，且有中性线（N 线）引出。"TT"中第一个"T"仍表示中性点直接接地，第二个"T"表示该低压系统内的用电设备的外露可导电部分不直接与电源系统接地点相连，而采取用电设备经各自的 PE 线就近接地的保护方式，如图 1-15 所示。

（3）IT 系统

所谓的 IT 系统，是中性点非直接接地系统。"IT"中第一个"I"仍表示中性点不直接接地，"T"表示该低压系统内的用电设备的外露可导电部分不直接与电源系统接地点相连，而采取用电设备经各自的 PE 线就近接地的保护方式，如图 1-16 所示。

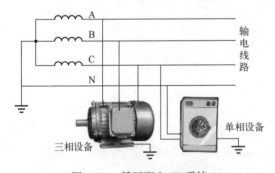

图 1-15 低压配电 TT 系统

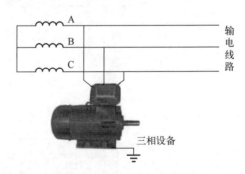

图 1-16 低压配电 IT 系统

实践内容

本单位低压用电设备认知参观，并对其配电系统进行分析。

知识拓展

1）煤矿企业电力系统中性点运行方式的实际应用分析。

2）查阅国家电网有限公司配电线路运维"1+X"等级证书相关知识内容。

项目测验 1

一、判断题

1. 电力系统就是电网。　　　　　　　　　　　　　　　　　　　　　（　　）

2. 电力负荷根据其对供电可靠性的要求来进行分级。　　　　　　　（　　）

3. 电网的额定电压等级可以自己根据实际情况确定。　　　　　　　（　　）

4. 变压器二次侧的额定电压要高于后面所带电网额定电压的 5%。　（　　）

5. 中性点不接地的电力系统在发生单相接地故障时，可允许继续运行 2 h。　（　　）

6. 低压配电系统的接地型式一般由两个字母组成。第一个字母表示设备的外露可导电部分与地的关系；第二个字母表示电源中性点与地的关系。　　　　　（　　）

7. IT 系统主要用于对连续供电要求较高或对电击防护要求较高及有易燃易爆危险的场所，如矿山、井下和大医院的手术室等。　　　　　　　　　　　　（　　）

二、简答题

1. 简述电力系统、动力系统和电力网络的概念。

2. 什么是供配电系统？对供配电系统有哪些要求？

3. 我国国家标准规定的三相交流电网额定电压都有哪些？

4. 我国规定的"工频"是多少？衡量电能质量的两个基本参数是什么？

5. 三相交流电力系统的电源中性点有哪些运行方式？中性点不直接接地系统与中性点直接接地系统在发生单相接地故障时各有什么特点？

6. 什么是 TN-C 系统、TN-S 系统、TN-C-S 系统，TT 系统和 IT 系统各有哪些特点？各适于哪些场合？

三、计算题

试确定图 1-17 所示供电系统中线路 WL_1 和电力变压器 T_1、T_2 和 T_3 的额定电压。

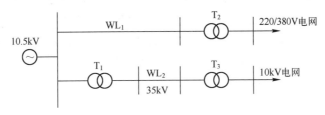

图 1-17　计算题图

项目 2

供配电系统常用电气设备认识

学习目标

1) 了解电弧的产生和灭弧方法。
2) 掌握电力变压器的技术参数、联结组标号及容量和台数选择。
3) 掌握互感器的结构和使用注意事项。
4) 掌握高低压电气设备的型号、结构和工作原理。
5) 掌握成套配电装置的型号、结构和接线形式。

项目概述

供配电系统的电气设备主要对电能起到接收、分配、控制与保护等作用。常用到的电气设备主要有电力变压器、熔断器、隔离开关、负荷开关、断路器、电抗器、互感器及成套配电装置等。供配电系统中的电气设备可按所属电路性质分为两大类：一次电路中的所有电气设备，即称为一次设备或一次元器件。二次电路中的所有电气设备，即称为二次设备或二次元器件。一次设备按其在一次电路中的功用又可分为用来变换电能、电压或电流的变换设备，如发电机和电力变压器、电压互感器和电流互感器；用来控制电路通断的控制设备，如各种高低压开关设备；用来防护电路过电流或过电压的保护设备，如高低压熔断器和避雷器；用来补偿电路的无功功率以提高系统功率因数的补偿设备，如高低压电容器；按照一定的电路方案将有关电气元器件组合成的成套设备，如高压开关柜、低压配电屏、动力和照明配电箱、高低压电容器柜及成套变电所等。

电力系统运维人员必须对供配电系统中电气设备的结构、型号、工作原理、操作步骤和使用注意事项熟练掌握，才能保障供电系统的安全、高效运行。

本项目主要有 5 个工作任务：

1) 电弧的产生及灭弧方法。
2) 电力变压器的认识。
3) 高压电气设备的认识。
4) 低压电气设备的认识。
5) 成套配电装置的认识。

任务 2.1　电弧的产生及灭弧方法

任务要点

1）掌握电弧的特点和危害。
2）了解电弧产生的原因。
3）掌握电弧熄灭的方法。
4）掌握安全消防、文明生产等相关知识。

相关知识

电弧是一种极强烈的电游离现象，其特点是强光和高温。电弧对电气设备的安全运行是一个极大的威胁。首先，电弧延长了电路开断的时间。其次，电弧的高温可能烧损开关触头，烧毁电气设备及导线、电缆，甚至引起火灾和爆炸事故。此外，强烈的弧光还可能损伤人的视力（例如患电光性眼炎）。因此，电气设备在结构设计上应力求避免产生电弧，或在产生电弧后能迅速地熄灭。

2.1.1　电弧的产生

1. 产生电弧的原因

电气设备的触头在分断电流时会产生电弧，根本的原因（内因）在于触头本身及周围介质中含有大量可被游离的电子。这样，在开关断开之前，电路具有一定电压与电流，该电路断开时将在断开点产生电弧。在开关触头刚刚分开时，由于动、静触头之间的距离很近，触头之间形成电场强度很高的电场，触头间隙中因碰撞游离使开关触头间隙内带电质点（指正离子、负离子和自由电子）的数量足够多，间隙中的正离子、负离子和自由电子在触头外加电场作用下，分别向阴极或阳极运动，使触头间隙介质击穿而形成电弧，电弧为离子导电。

2. 发生电弧的游离方式

发生电弧的游离方式可归纳为以下 4 种。

（1）高电场发射

开关触头分断之初，触头间的电场强度很大。在这个高电场的作用下，触头表面的电子可能被强拉出去而进入触头间隙，成为自由电子。

（2）热电发射

开关触头分断电流时，阴极表面由于大电流逐渐收缩集中而形成炽热的光斑，温度很高，因而使触头表面的电子吸收足够的热能而发射到触头间隙中去，形成自由电子。

（3）碰撞游离

当触头间存在足够大的电场强度时，自由电子高速向阳极移动，在移动中碰撞到中性质点，就可能使中性质点中的电子吸收动能而游离出来，从而使中性质点分裂为带电的正离子和自由电子。这些游离出来的带电质点在电场力的作用下继续参加碰撞游离，结果使触头间隙中的离子数越来越多，形成所谓"电子崩"现象。当离子浓度足够大时，介质被击穿而发生电弧。

（4）热游离

电弧表面温度达 $3000 \sim 4000 ℃$，弧心温度可高达 $10000 ℃$。在这样的高温下，触头间的中性质点由于吸收热能而可能游离，成为正离子和自由电子，从而进一步加强了电弧中的游离。

在上述几种游离方式的综合作用下，电弧得以发生、发展和维持。

2.1.2 电弧的熄灭

1. 熄灭电弧的条件

要使电弧熄灭，必须使触头间电弧中的去游离率大于游离率，即其中离子消失的速率大于离子产生的速率（游离率）。

2. 熄灭电弧的去游离方式

（1）正负带电质点的"复合"

复合就是带电质点重新结合为中性质点。电弧中的电场强度越弱，电弧温度越低，电弧截面越小，则带电质点的复合越强。此外，复合还与电弧接触的介质有关。如电弧接触固体介质表面，则由于较活泼的电子先使表面带一负电位，这个负电位的表面就吸引正离子而造成强烈的复合。

（2）正负带电质点的"扩散"

带电质点从电弧内部逸出而进入周围介质的现象称为扩散。扩散的原因，一是由于温度差，二是由于离子浓度差，也可能是由于外力的作用。扩散也与电弧的周长和截面之比有关，当电弧被拉长时，离子的扩散也会加强。

上述带电质点的复合和扩散，都会使电弧中的离子数减少，即去游离率增强。

（3）电气设备中常用的电弧熄灭方法

1）速拉灭弧法。迅速拉长电弧，可使弧隙的电场强度骤降，导致带电质点的复合和扩散都迅速增强，从而加速电弧的熄灭。这是开关电器中普遍采用的最基本的一种灭弧方法。

2）冷却灭弧法。降低电弧的温度，可使电弧中的热游离减弱，导致带电质点的复合增强，有助于电弧迅速熄灭。这种灭弧方法在开关电器中应用较普遍。

3）吹弧灭弧法。利用外力（如气流、油流或电磁力）来吹动电弧，使电弧加速冷却，同时拉长电弧，降低电弧中的电场强度，使带电质点的复合和扩散增强，从而加速电弧的熄灭。按吹弧的方向来分，有横吹和纵吹之分；按外力的性质来分，有气吹、油吹、电动力吹和磁力吹等方式。低压刀开关迅速拉开刀闸时，不仅迅速拉长了电弧，而且其本身回路电流产生的电动力作用于电弧，也吹动电弧使之拉长，有的开关还采用专门的磁吹线圈来吹动电弧，也有开关利用钢片来吸动电弧。

4）采用多断口灭弧。在高压断路器中，将一相触头的断点制造成两个或多个串联的断口（一般不超过6个），当断路器断开时，多断点同时断开。当一相断路器触头选用 n 个断点时，在断路过程中形成 n 个电弧相串联的方式。显然，采用多断口灭弧是利用降低每个断口的恢复电压的方法加速电弧熄灭的。

5）长弧切短灭弧法。电弧的电压降主要落在阴极和阳极上，而阴极电压降又比阳极电压降大得多。如果利用金属片（如钢栅片）将一个长弧切为若干段短弧，则电弧上的电压降将近似地增大若干倍。当外施电压小于电弧上的电压降时，电弧就不能维持而迅速熄灭，如低压断路器的灭弧栅。图2-1所示为钢灭弧栅将长弧切成若干短弧的灭弧情况。

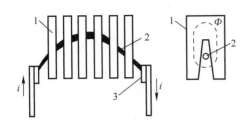

图2-1 长弧切短灭弧法

1—灭弧栅片 2—电弧 3—触头

2-1 长弧切短
灭弧法

6）狭沟灭弧法。使电弧在固体介质所形成的狭沟中燃烧。由于电弧的冷却条件改善，从而使电弧的去游离率增强；同时介质表面带电质点的复合比较强烈，也使电弧加速熄灭。有些熔断器在熔管中充填石英砂，就是利用狭沟灭弧原理。

7）真空灭弧法。真空具有较高的绝缘强度。处于真空中的触头之间只有由触头开断初瞬间产生所谓的"真空电弧"，这种电弧在电流过零时就能自动熄灭而不致复燃。真空断路器就是利用这种原理制成的。

8）六氟化硫（SF_6）灭弧法。SF_6气体具有优良的绝缘性能和灭弧性能。其绝缘强度约为空气的3倍，其介质强度恢复速度约为空气的100倍。SF_6断路器就是利用具有一定压力的SF_6气体作为绝缘介质和灭弧介质，从而获得了极大的断开容量。

在现代的电气设备特别是开关电器中，往往是根据具体情况综合运用上述某几种灭弧方法来达到迅速熄灭电弧的目的。

🎯 **实践内容**

1）收集电弧对人体和开关电器损害的实例，增加对电弧的认识。

2）总结日常生活中接触到的开关电器所采用的灭弧措施。

☁️ **知识拓展**

1）观看电弧产生和熄灭的介绍短片。

2）总结与对比电器设备所采用的灭弧方法。

3）查阅国家电网有限公司配电线路运维"1+X"等级证书相关知识内容。

💭 **总结与思考**

为了保障电气设备免受电弧的损害，常用的电弧熄灭方法有哪些？

任务2.2 电力变压器的认识

🎯 **任务要点**

1）掌握电力变压器的结构、工作原理以及型号的选择。

2）掌握电力变压器容量的选用。

3）掌握电力变压器主要的技术参数。

4）掌握互感器的结构、接线方式和使用注意事项。

5）了解国家标准与安全规范，养成科学严谨的工作作风。

相关知识

电力变压器是变电所中最关键的一次设备，故又称为主变压器。变压器将电力系统的电压升高或降低，以利于电能的合理输送、分配和使用。

2.2.1 电力变压器的结构与类型

电力变压器英文名称为 Power Transformer，文字符号为 T 或 TM，图形符号如图 2-2 所示。

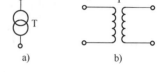

图 2-2 电力变压器图形和文字符号

a）变压器单线图 b）变压器多线图

变压器是利用电磁感应原理，从一个电路向另一个电路传递电能的一种电器。电力变压器由铁心和绕组两个基本部分组成。

电力变压器按相数分，有单相和三相两种。一般多采用三相电力变压器。

电力变压器按调压方式分，有无载调压和有载调压两大类。

电力变压器按冷却介质分，有干式、油浸式和充气式（SF_6）等。

电力变压器按其绕组导体材质分，有铜绕组和铝绕组两种。

变压器全型号的表示和含义如下。

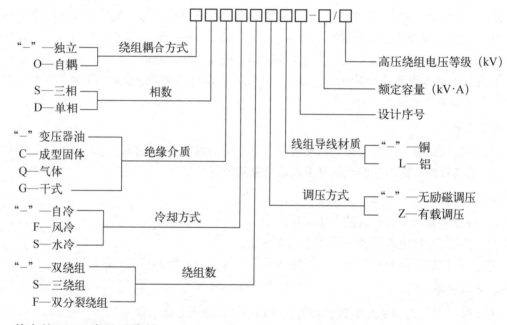

其中的"-"表示无代号

1. 油浸式变压器

三相油浸式电力变压器的结构如图 2-3 所示。其主体部分包括铁心和绕组两方面；辅助部分主要涉及冷却、绝缘、保护和调压等方面。油浸式电力变压器主要技术参数等可参考附录 A 或 GB/T 6451—2015《油浸电力变压器技术参数和要求》。

2. 干式电力变压器

常用的干式电力变压器有环氧树脂绝缘干式电力变压器、气体绝缘干式电力变压器和 H 级绝缘干式电力变压器。

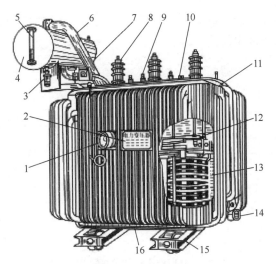

图 2-3　三相油浸式电力变压器的结构

1—温度计　2—铭牌　3—吸湿器　4—油枕（储油柜）　5—油标　6—防爆管　7—气体继电器　8—高压套管
9—低压套管　10—分接开关　11—油箱　12—铁心　13—绕组及绝缘　14—放油阀　15—小车　16—接地端子

干式电力变压器中目前应用最多的是环氧树脂浇注干式电力变压器，如图 2-4 所示。它的高、低压绕组均采用铜导体，全缠绕、玻璃纤维增强、薄绝缘，树脂不加填料，在真空状态下浸渍式浇注，无爆炸和火灾危险，适合在民用建筑内使用。目前该类变压器额定电压最高为 35 kV。在国内民用建筑中，10 kV 电压等级的变压器普遍采用这种环氧树脂浇注的干式电力变压器。

图 2-4　环氧树脂浇注干式电力变压器

干式电力变压器主要技术参数等可参考附录 B 或 GB/T 10228—2015《干式电力变压器技术参数和要求》。

2.2.2　电力变压器的联结组标号

电力变压器的联结组标号是指变压器一、二次绕组因采取不同的联结方式而形成的变压器一、二次侧对应线电压之间的不同相位关系。具体规定是以一次线电压相量（$\dot{U}_{AB}$）作为时钟分针，并把此相量放在 0（12）点位置作为参考相量，把二次线电压相量（$\dot{U}_{ab}$）作为时钟时针，所显示的钟点数即为变压器的联结组数。

6~10 kV 电力变压器在其低压（400 V）侧为 TN-C 或 TT 系统时，其联结组标号常有 Yyn0 和 Dyn11 两种。

1. Yyn0 的联结组标号（见图 2-5）

2. Dyn11 的联结组标号（见图 2-6）

我国过去差不多全采用 Yyn0 联结变压器，但现在国际上大多数国家的这类变压器采用 Dyn11 联结。究其原因，是由于变压器采用 Dyn11 联结较之采用 Yyn0 联结有以下优点。

1）对 Dyn11 联结变压器来说，其 $3n$ 次（n 为正整数）谐波电流可在其 D 联结的一次绕组内形成环流，不致注入公共的高压电网中去，这比一次绕组接成 Y 联结的 Yyn0 联结变压器更有利于抑制高次谐波电流。

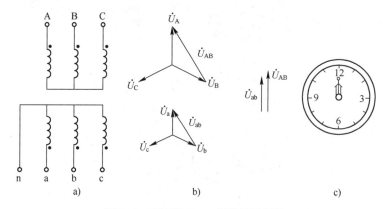

图 2-5 变压器 Yyn0 的联结组标号

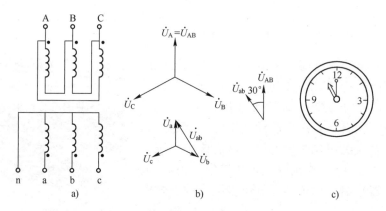

图 2-6 变压器 Dyn11 的联结组标号

2）Dyn11 联结变压器的零序阻抗比 Yyn0 联结变压器的小得多，从而更有利于低压单相接地短路故障的切除。

3）Dyn11 联结变压器承受单相不平衡负荷的能力远比 Yyn0 联结变压器高得多。Yyn0 联结变压器的中性线电流一般规定不得超过其低压绕组额定电流的 25%，而 Dyn11 联结变压器的中性线电流可允许达低压绕组额定电流的 75% 以上。

由此可见，除三相负荷基本平衡的变压器可采用 Yyn0 联结外，一般（特别是单相不平衡负荷比较突出的场合）宜采用 Dyn11 联结的变压器。

2.2.3 电力变压器的并列运行条件

两台及以上的变压器一、二次绕组的接线端分别接到公共母线上，同时向一组负载供电的运行方式，即为变压器的并列运行（见图 2-7）。并列运行时必须符合以下条件才能保证供配电系统的安全、可靠和经济性。

1）所有并列变压器的电压比必须相同，即额定一次电压和额定二次电压必须对应相等，容许差值不得超过 ±5%。否则将在并列变压器的二次绕组内产生环流，即二次电压较高的绕组将向二次电压较低的绕组供给电流，引起电能损耗，导致绕组过热甚至烧毁。

2）并列变压器的联结组标号必须相同，也就是一次电压和二次电压的相序和相位应分别对应相同，否则可能烧坏变压器。如图 2-8 所示为一台 Yyn0 联结和一台 Dyn11 联结的变压器并列运行时的相量图，它们的二次电压出现 30° 的相位差 ΔU，这一 ΔU 将在两台变压器的二次侧产生一个很大的环流，可能导致变压器绕组烧坏。

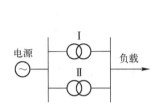

图 2-7　变压器并列运行示意图

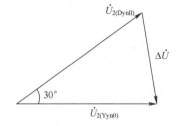

图 2-8　Yyn0 联结和 Dyn11 联结的变压器并列运行时的相量图

3）并列变压器的短路电压（阻抗电压）须相等或接近相等，容许差值不得超过 ±10%。因为并列运行的变压器的实际负载分配和它们的阻抗电压值成反比，如果阻抗电压相差过大，可能导致阻抗电压小的变压器发生过负荷现象。

4）并列变压器的容量应尽量相同或相近，其最大容量和最小容量之比不宜超过 3:1。如果容量相差悬殊，不仅可能造成运行的不方便，而且当并列变压器的性能不同时，可能导致变压器间的环流增加，还很容易造成小容量的变压器发生过负荷现象。

2.2.4　电力变压器实际容量的计算

电力变压器的实际容量是指变压器在实际使用条件（包括实际输出的最大负荷和安装地点的环境温度）下，在不影响变压器的规定使用年限（一般为 20 年）时所能连续输出的最大视在功率，单位是 kV·A。

一般规定，如果变压器安装地点的年平均温度 $\theta_{0.av}$ 不等于 20℃，则年平均温度每升高 1℃，变压器的容量相应减少 1%。因此，对于户外安装的变压器，其实际容量为

$$S_{T} = \left(1 - \frac{\theta_{0.av} - 20}{100}\right) S_{N.T} \qquad (2-1)$$

对于户内变压器，由于散热条件较差，从而使其户内的环境温度比户外的温度大约高 8℃，因此，户内变压器的实际容量为

$$S'_{T} = \left(0.92 - \frac{\theta_{0.av} - 20}{100}\right) S_{N.T} \qquad (2-2)$$

此外，对于油浸式变压器，如果实际运行时变压器的负荷变动较大，而变压器的容量是按照最大负荷（计算负荷）来选择的，从维持其规定使用年限来考虑，允许一定的过负荷运行。但一般规定户内油浸式变压器的允许正常过负荷不得超过 20%；户外油浸式变压器不得超过 30%。

2.2.5　变电所主变压器台数的选择

选择主变压器台数时应考虑下列原则。

1) 应满足用电负荷对供电可靠性的要求。对拥有大量一、二级负荷的变电所，宜采用两台或以上变压器，以便当一台变压器发生故障或检修时，另一台变压器能对一、二级负荷继续供电。对只有二级而无一级负荷的变电所，也可以只采用一台变压器，但必须在低压侧敷设与其他变电所相连的联络线作为备用电源。

2) 对季节性负荷或昼夜负荷变动较大而宜采用经济运行方式的变电所，也可考虑采用两台变压器。

3) 除上述情况外，一般变电所宜采用一台变压器，但是负荷集中而容量相当大的变电所，虽为三级负荷，也可以采用两台或以上变压器。

4) 在确定变电所主变压器台数时，还应适当考虑负荷的发展，留有一定的余量。

2.2.6 变电所主变压器容量的选择

1. 装有一台主变压器的变电所

主变压器的容量 S_T（设计时通常概略地用 $S_{N.T}$ 来代替）应满足全部用电设备总计算负荷的需要，即

$$S_T \approx S_{N.T} \geq S_{30} \tag{2-3}$$

2. 装有两台主变压器的变电所

每台变压器的额定容量 S_T 应同时满足以下两个条件并择其中值大者。

1) 一台变压器单独运行时，要满足总计算负荷 S_{30} 的 60% ~ 70% 的需要，即

$$S_T \approx S_{N.T} \geq (0.6 \sim 0.7)S_{30} \tag{2-4}$$

2) 任一台变压器单独运行时，应满足全部一、二级负荷 $S_{30(I+II)}$ 的需要，即

$$S_T \approx S_{N.T} \geq S_{30(I+II)} \tag{2-5}$$

3. 装有两台主变压器且为明备用的变电所

所谓明备用是指两台主变压器一台运行、另一台备用的运行方式。此时，每台主变压器容量 $S_{N.T}$ 的选择方法与仅装一台主变压器的变电所的方法相同。

4. 车间变电所主变压器的单台容量上限

车间变电所主变压器的单台容量一般选 1250 kV·A。如果车间负荷容量较大、负荷集中且运行合理时，也可以选用单台容量为 1250（或 1600）~ 2000 kV·A 的配电变压器，这样能减少主变压器台数及高压开关电器和电缆的使用数量。

对居住小区变电所，一般采用干式、环氧树脂变压器，如采用油浸式变压器，单台容量不宜超过 800 kV·A。这是因为油浸式变压器容量大于 800 kV·A 时，按规定应装设气体保护，而该变压器电源侧的断路器往往不在变压器附近，因此气体保护很难实施，而且如果变压器容量增大，供电半径也相应增大，将会造成供电末端的电压偏低，给居民生活带来不便，例如荧光灯启动困难、电冰箱不能启动等问题。

5. 适当考虑近期负荷的发展

应适当考虑今后 5 ~ 10 年电力负荷的增长，留有一定的余地，同时还要考虑变压器一定的正常过负荷能力。最后必须指出：变电所主变压器台数和容量的最后确定，应结合变电所主接线方案的选择，对几个较合理方案进行技术经济的比较，择优而定。

对电力变压器的选择，国家有标准规定，具体选用时，可依据 GB/T 17468—2019《电力变压器选用导则》的规定。

2.2.7 互感器

电流互感器又称仪用变流器，电压互感器又称仪用变压器，两者统称互感器。从基本结构和工作原理来说，互感器就是一种特殊的变压器。互感器的主要功能如下。

1）安全绝缘。采用互感器作一次电路与二次电路之间的中间元器件，既可避免一次电路的高电压直接引入仪表、继电器等二次设备；又可避免二次电路的故障影响一次电路，提高了两方面工作的安全性和可靠性，特别是保障了使用人员的人身安全。

2）扩大量程范围。采用互感器以后，就相当于扩大了仪表、继电器的使用范围。例如用一只量程为5A的电流表，通过不同电流比的电流互感器就可测量很大的电流。同样，用一只量程为100V的电压表，通过不同电压比的电压互感器就可测量很高的电压。而且，由于采用了互感器，可使二次侧仪表、继电器等的电流、电压规格统一，有利于大规模生产。

3）采用互感器可以获得多种形式的接线方案，以便满足各种测量和保护电路的要求。

1. 电流互感器

电流互感器的文字符号为TA，图形符号如图2-9所示。

（1）基本结构原理

电流互感器的基本结构原理如图2-10所示。它的结构特点是一次绕组匝数很少（有的就是利用一次导体穿过其铁心，只有1匝），导体较粗，而二次绕组匝数很多，导体较细。它接入电路的方式是一次绕组串联接入一次电路，二次绕组则与仪表、继电器等的电流线圈串联，形成一个闭合回路。

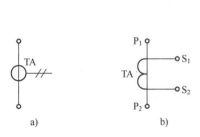

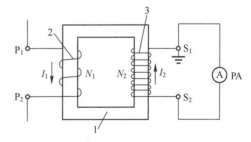

图2-9　电流互感器图形符号
a）单线图　b）多线图

图2-10　电流互感器的基本结构原理
1—铁心　2—一次绕组　3—二次绕组
PA—电流表

2-2　电流互感器工作原理

由于二次仪表、继电器等的电流线圈阻抗很小，所以电流互感器工作时二次回路接近于短路状态。二次绕组的额定电流一般为5A。

电流互感器的一次电流 I_1 与其二次电流 I_2 之间有下列关系：

$$I_1 \approx \frac{N_2}{N_1} I_2 \approx K_i I_2 \qquad (2-6)$$

式中　N_1、N_2——电流互感器一次和二次绕组的匝数；

　　　K_i——电流互感器的电流比。

（2）常用接线方案

电流互感器在三相电路中常用的接线方案如下。

1）一相式接线。如图2-11a所示，电流线圈通过的电流，反映一次电路对应相的电流。通常用在负荷平衡的三相电路中测量电流或在继电保护中作为过负荷保护接线。

2）两相 V 形接线。如图 2-11b 所示，也称为两相不完全 Y 联结。这种接线的 3 个电流线圈，分别反映三相电流，其中最右边的电流线圈是接在互感器二次侧的公共线上，反映的是两个互感器二次电流的相量和，正好是未接互感器那一相的二次电流，相量图如图 2-12 所示。因此，这种接线广泛用于中性点不接地的三相三线制电路中，供测量 3 个相电流之用，也可用来接三相功率表和电能表。这种接线特别广泛地用于继电保护装置中，称为两相两继电器接线。

3）两相电流差接线。如图 2-11c 所示，也称为两相交叉接线。其二次侧公共线流过的电流，由图 2-13 所示的相量图可知，其值为相电流的 $\sqrt{3}$ 倍。这种接线也广泛用于继电保护装置中，称为两相一继电器接线。

4）三相 Y 联结。如图 2-11d 所示，这种接线的三个电流线圈，正好反映各相电流，因此广泛用于中性点直接接地的三相三线制和三相四线制电路中，用于测量或继电保护。

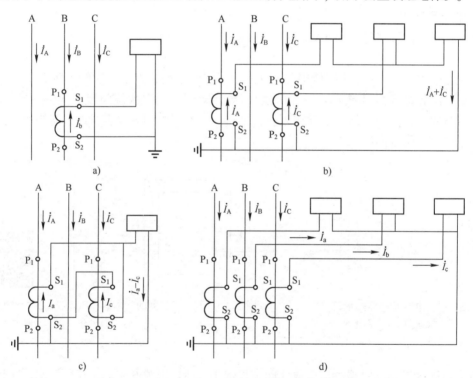

图 2-11　电流互感器的接线方案

a）一相式　b）两相 V 形　c）两相电流差　d）三相 Y 联结

（3）电流互感器的类型

电流互感器按一次绕组的匝数分，有单匝式（包括母线式、芯柱式、套管式）和多匝式（包括线圈式、线环式、串级式）。

按一次电压高低分，有高压和低压两大类。

按用途分，有测量用和保护用两大类。

按准确度级分，测量用电流互感器有 0.1、0.2、0.5、1、1.5、3、5 等级，保护用电流互感器一般为 5P 和 10P 两级。

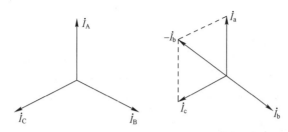

图2-12 两相V形接线的电流互感器一、二次电流相量图

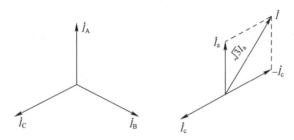

图2-13 两相电流差接线的电流互感器一、二次电流相量图

10 kV高压用电流互感器一般制成两个铁心和两个二次绕组，其中准确度等级高的二次绕组接测量仪表，准确度等级低的二次绕组接继电器。

图2-14为户内低压500 V的LMZJ1-0.5型（500~800/5）母线式电流互感器的外形图。它本身没有一次绕组，母线从中孔穿过，母线就是其一次绕组（1匝）。

图2-15为户内高压10 kV的LQJ-10型线圈式电流互感器的外形图。它的一次绕组绕在两个铁心上。每个铁心都各有一个二次绕组，分别为0.5级和3.0级，0.5级接测量仪表，3.0级接继电保护。

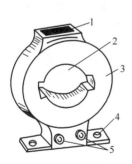

图2-14 LMZJ1-0.5型（500~800/5）
母线式电流互感器的外形图
1—铭牌 2—一次母线穿孔
3—铁心（外绕二次绕组，环氧树脂浇注）
4—安装板（底座） 5—二次接线端子

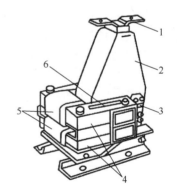

图2-15 LQJ-10型线圈式电流互感器的外形图
1——次接线端子 2——次绕组（环氧树脂浇注）
3—二次接线端子 4—铁心（两个）
5—二次绕组（两个）
6—警告牌（上写"二次侧不得开路"等字样）

这两种电流互感器都是环氧树脂浇注绝缘的，较之老式的油浸式电流互感器，其尺寸小、性能好，因此在现在生产的高、低压成套配电装置中广泛应用。

电流互感器的型号及表示如下。

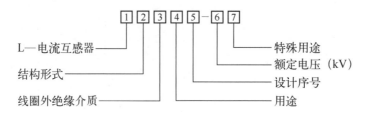

第1部分，字母：L—电流互感器。

第2部分，字母：A—穿墙式；Z—支柱式；M—母线式；D—单匝贯穿式；V—倒立式；J—零序。

第3部分，字母：Z—环氧树脂浇注；C—瓷（主绝缘）；Q—气体绝缘；W—微机综合保护专用。

第4部分，字母：B—保护用；D—差动保护；Q—加强型；J—接地保护用。

第5部分，数字：设计序号。

第6部分，数字：电压等级。

第7部分，字母：W—抗污式；R—绕组裸露式。

（4）使用注意事项

1）电流互感器在工作时其二次侧不得开路。电流互感器二次侧接的都是阻抗很小的电流线圈，因此它是在接近于短路状态下工作。根据磁动势平衡方程式 $I_1 N_1 - I_2 N_1 = I_0 N_1$ 可知，由于 $I_1 N_1$ 绝大部分被 $I_2 N_1$ 所抵消，所以总的磁动势 $I_0 N_1$ 很小，励磁电流（即空载电流）I_0 只有一次电流 I_1 的百分之几。但是如果二次侧开路，则 $I_2 = 0$，因此 $I_0 N_1 = I_1 N_1$，即 $I_0 = I_1$。由于 I_1 是一次电路负荷电流，只决定于一次侧负荷，不因互感器二次侧负荷变化而改变，因此励磁电流 I_0 就被迫增大到 I_1，即剧增几十倍，使得励磁的磁动势 $I_0 N_1$ 也突然增大几十倍，这样将产生如下的严重后果：①铁心过热，有可能烧毁互感器，并且产生剩磁，大大降低准确级。②由于二次绕组匝数远比一次绕组匝数多，因此可在二次侧感应出危险的高电压，危及人身和设备的安全。所以电流互感器工作时二次侧绝对不允许开路。为此，电流互感器安装时，其二次接线应采用试验型接线端子，接线应牢靠和接触良好，并且不允许串接熔断器和开关等。

2）电流互感器的二次侧有一端必须接地。这是为了防止电流互感器的一、二次绕组间绝缘击穿时，一次侧的高电压窜入二次侧，危及人身和设备安全。这种接地属于保护接地。

3）电流互感器在连接时，要注意其端子的极性。按规定，电流互感器的一次绕组端子标以 P1、P2，二次绕组端子标以 S1、S2。P1 与 S1 互为"同名端"或"同极性端"，P2 与 S2 也互为"同名端"或"同极性端"。如果某一瞬间，P1 为高电位（电流 I_1 由 P1 流向 P2），则二次侧由电磁感应产生的电动势使得 S1 亦为高电位（电流 I_2 则由 S2 流向 S1，见图 2-15），这就是"同名端"或"同极性端"的含义，也叫作互感器的"减极性"标号法。在安装和使用电流互感器时，一定要注意端子的极性，否则其二次侧所接仪表、继电器中流过的电流就不是预想的电流，甚至可能引起事故。例如图 2-11b 中 C 相电流互感的 S1、S2 如果接反，则公共线中的电流就不是相电流，而是相电流的 $\sqrt{3}$ 倍，可能烧坏电流表。

2. 电压互感器

电压互感器的文字符号为 TV，图形符号如图 2-16 所示。

（1）基本结构原理

电压互感器的基本结构原理如图 2-17 所示。它的结构特点是：一次绕组匝数很多，而二次绕组匝数较少，相当于降压变压器。它接入电路的方式是一次绕组并联在一次电路中，二次绕组则连接仪表、继电器的电压线圈。由于二次仪表、继电器等的电压线圈阻抗很大，所以电压互感器工作时二次回路接近于空载状态。

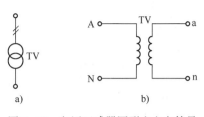

图 2-16 电压互感器图形和文字符号
a）单线图　b）多线图

二次绕组的额定电压一般为 100 V。电压互感器有单相和三相两类，在成套装置内，采用单相电压互感器较为常见。

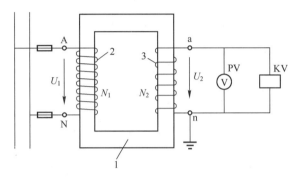

图 2-17 电压互感器的基本结构原理
1—铁心　2——次绕组　3—二次绕组

电压互感器的电压比用 K_u 表示：

$$K_u = \frac{U_{1N}}{U_{2N}} \approx \frac{N_1}{N_2} \tag{2-7}$$

式中　U_{1N}、U_{2N}——电压互感器一次绕组和二次绕组额定电压；

　　　N_1、N_2——一次绕组和二次绕组的匝数。

（2）常用接线方案

电压互感器在三相电路中常用的接线方案如图 2-18 所示。

1）一个单相电压互感器的接线。如图 2-18a 所示，供仪表、继电器接于线电压。

2）两个单相电压互感器接成 V/V 形。如图 2-18b 所示，供仪表、继电器接于三相三线制电路的各个线电压，它广泛地应用在 6~10 kV 的高压配电装置中。

3）三个单相电压互感器接成 Y_0/Y_0 联结。如图 2-18c 所示，供电给要求线电压的仪表、继电器，并供电给接相电压的绝缘监察电压表。由于小电流接地的电力系统在发生单相接地时，另外两完好相的对地电压要升高到线电压（$\sqrt{3}$ 倍相电压），所以绝缘监察电压表不能接入按相电压选择的电压表，否则在一次电路发生单相接地时，电压表可能被烧坏。

4）三个单相三绕组电压互感器或一个三相五芯柱式三绕组电压互感器接成 $Y_0/Y_0/\triangle$ 联结，如图 2-18d 所示。其中一组二次绕组接成星形联结的二次绕组，供电给需线电压的仪表、继电器和绝缘监视用电压表；另一组绕组（辅助二次绕组）接成开口三角形，接作绝缘监视用的电压继电器（KV）。当线路正常工作时，开口三角形两端的零序电压接近于零；而当线路上发生单相接地故障时，开口三角形两端的零序电压接近 100 V，使电压继电器 KV 动作，发出故障信号。此辅助二次绕组又称"剩余电压绕组"，适用于三相三线制系统。

（3）电压互感器的类型

电压互感器按相数分有单相和三相两大类。按绝缘的冷却方式分有干式和油浸式。现已广泛采用环氧树脂浇注绝缘的干式电压互感器。

图 2-19 为单相三绕组环氧树脂浇注绝缘的户内用 JDZJ-10 型电压互感器的外形图。三个 JDZJ-10 型互感器接成图 2-18d 所示 $Y_0/Y_0/\triangle$ 联结，可供小电流接地的电力系统作电压、电能测量及单相接地的绝缘监察之用。

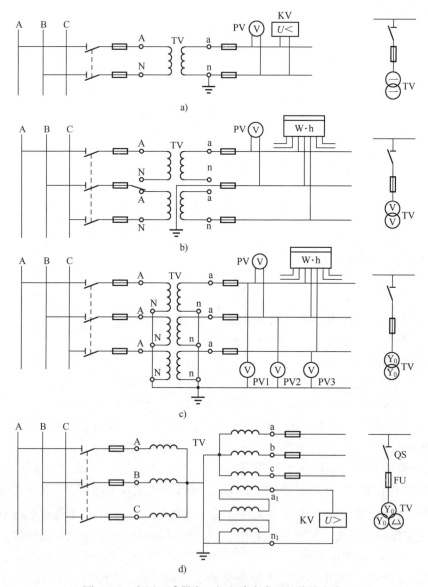

图 2-18 电压互感器在三相电路中常用的接线方案

a）一个单相电压互感器 b）两个单相电压互感器接成 V/V 形 c）三个单相电压互感器接成 Y_0/Y_0 联结

d）三个单相三绕组电压互感器或一个三相五芯柱三绕组电压互感器接成 $Y_0/Y_0/\triangle$

电压互感器的型号及表示如下。

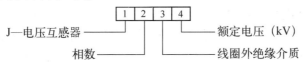

第1部分，字母：J—电压互感器。

第2部分，字母：D—单相；S—三相。

第3部分，字母：J—油浸式；E—浇注式；G—干式；Z—树脂浇注式。

第4部分，数字：电压等级，额定一次电压（kV）。

（4）使用注意事项

1）电压互感器在工作时，其一、二次侧不得短路。由于电压互感器二次回路中的负载阻抗较大，其运行状态近似于开路，当发生短路时，将产生很大的短路电流，有可能造成电压互感器烧毁；其一次侧并联在主电路中，若发生短路会影响主电路的安全运行。因此，电压互感器一、二次侧都必须装设熔断器进行短路保护。

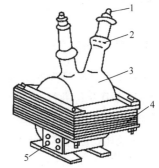

图2-19　JDZJ-10型电压
互感器的外形图
1——次接线端子　2—高压绝缘套管
3——、二次绕组，环氧树脂浇注
4—铁心　5—二次接线端子

2）电压互感器二次侧有一端必须接地。这样做的目的是为了防止一、二次绕组间的绝缘击穿时，一次侧的高压窜入二次侧，危及设备及人身安全。通常将公共端接地。

3）电压互感器在接线时，必须注意其端子的极性。三相电压互感器一次绕组两端标成A、B、C、N，对应的二次绕组同名端标为a、b、c、n；单相电压互感器的对应同名端分别标为A、N和a、n。在接线时，若将其中的一相绕组接反，二次回路中的线电压将发生变化，会造成测量误差和保护误动作（或误信号），甚至可能对仪表造成损害。因此，必须注意其一、二次极性的一致性。

实践内容

根据电力变压器外观、内部结构、基本型号、容量选择标准，对所在学校学生食堂电力变压器进行选择。

知识拓展

1）电力变压器的组装。

2）电力变压器新知识、新型号。

3）互感器的安装与维修。

4）查阅国家电网有限公司变电一次安装"1+X"等级证书相关知识内容。

总结与思考

1）变压器在选择时，应综合考虑哪些因素？

2）互感器在使用时，有什么注意事项？

任务2.3　高压电气设备的认识

任务要点

1）掌握各种高压电气设备的结构、工作原理。

2）掌握各种高压电气设备的技术参数。

3）掌握各种高压电气设备的组装与维修。

4）掌握设备操作规程与安全规范，发扬吃苦耐劳、耐心钻研的职业精神。

相关知识

图 2-20　熔断器
图形及文字符号

2.3.1　高压熔断器

熔断器文字符号为 FU，图形符号如图 2-20 所示。其功能主要是对电路及其中设备进行短路保护，但有时也具有过负荷保护的功能。熔断器的主要优点是结构简单，体积较小，价格便宜，维护方便。但其保护特性误差较大，可能造成非全相切断电路，而且其熔体一般是一次性的，损坏后难以修复。

在 6～10kV 系统中，目前户内多采用 RN1、RN2 型管式熔断器。户外则较多采用 RW10 等系列跌开式熔断器。

高压熔断器的全型号的表示和含义如下。

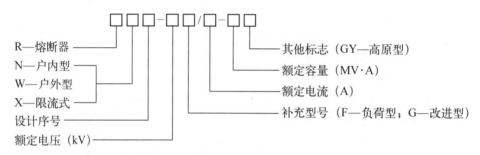

1. RN1、RN2 型户内高压管式熔断器

RN1 和 RN2 型的结构基本相同，都是瓷质熔管内充有石英砂填料的密闭管式熔断器。RN1 型用作高压电力线路及其设备的保护，其熔体在正常情况下通过的是高压一次电路的负荷电流，因此其结构尺寸较大。RN2 型专门用作电压互感器的短路保护，熔体额定电流一般为 0.5A，其结构尺寸较小。

图 2-21 为 RN1、RN2 型高压管式熔断器的外形图，图 2-22 为其熔管剖面图。

由图 2-22 可见，工作熔体（铜熔丝）上焊有小锡球。锡的熔点（232℃）远比铜的熔点（1083℃）低。因此，在过负荷电流通过时，锡球受热首先熔化，铜锡分子互相渗透而形成熔点较低的铜锡合金，使铜熔丝能在较低的温度下熔断，这就是所谓"冶金效应"。它使熔断器能在过负荷电流或较小的短路电流时动作，提高了保护的灵敏度。工作熔体采用几根铜熔丝并联，是利用粗弧分细灭弧法来加速电弧的熄灭。熔管内充有石英砂，则是利用了狭沟灭弧法，而且石英砂对电弧也有冷却的作用。因此，这种熔断器的灭弧能力很强，能在短路电流未达到冲击值之前（即短路后不到半个周期）就能完全熄灭电弧，因此这种熔断器具有"限流"特性。

2. RW 系列户外高压跌开式熔断器

RW 系列户外高压跌开式熔断器，又称跌落式熔断器，被广泛用于环境正常的户外场所，作高压线路和设备的短路保护用。有一般跌开式熔断器（如 RW4、RW7 型等）、负荷型跌开式熔断器（如 RW10-10F 型）、限流式户外熔断器（如 RW10-35、RW11 型等）及

RW-B 系列的爆炸式跌开式熔断器。下面主要讲述它们的结构和功能特点。

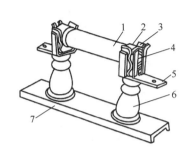 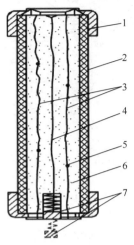

图 2-21 RN1、RN2 型高压管式熔断器的外形图
1—瓷熔管 2—金属管帽 3—弹性触座
4—熔断指示器 5—接线端子 6—瓷绝缘子 7—底座

图 2-22 RN1、RN2 型高压管式熔断器熔管剖面图
1—金属管帽 2—瓷熔管 3—工作熔体
4—指示熔体 5—锡球 6—石英砂填料
7—熔断指示器（虚线表示指示器在熔体熔断时弹出）

（1）一般户外高压跌开式熔断器

如图 2-23 所示为 RW4-10（G）型跌落式熔断器的外形结构。它串接在线路中，可利用绝缘钩棒（俗称"令克棒"）直接操作熔管（含熔体）的分、合，此功能相当于"隔离开关"。RW4 型熔断器没有灭弧装置，因此不允许带负荷操作，同时，它的灭弧能力不强，速度不快，不能在短路电流达到冲击电流前熄灭电弧，属于"非限流"式熔断器。常用于额定电压 10 kV，额定容量 315 kV·A 及以下的电力变压器的过电流保护，尤其以居民区、街道等场合居多。

（2）负荷型跌开式熔断器

图 2-24 所示为 RW10-10F 型跌开式熔断器的外形结构。RW10-10F 型跌开式熔断器是在一般跌开式熔断器的上静触头上加装了简单的灭弧室，因而能带负荷操作，其操作要求和"负荷开关"相同。但该类型虽然有灭弧室，能有效开断大、小短路电流，但灭弧能力不是很强，灭弧速度也不快，不能在短路电流达到冲击值之前熄灭电弧，因此也属"非限流"式熔断器。

（3）限流式户外高压熔断器

如图 2-25 所示是 RW9-35 型限流式户外高压熔断器的外形结构。熔体采用 SiO$_2$ 含量较高的原料做灭弧介质，熔体结构和 RN 型的户内高压熔断器相似，因此，它的短路和过负荷保护功能与户内高压限流熔断器相同。

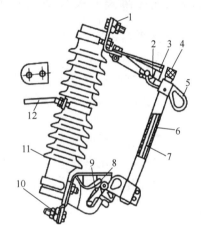

图 2-23 RW4-10（G）型跌落式熔断器的外形结构

1—上接线端子 2—上静触头 3—上动触头
4—管帽 5—操作环 6—熔管 7—铜熔丝
8—下动触头 9—下静触头 10—下接线端子
11—绝缘瓷绝缘子 12—安装板

2-3 RW4-10（G）型跌落式熔断器

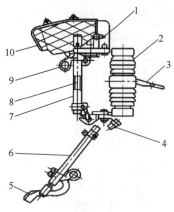

2-4 RW10-10
（F）型跌开
式熔断器

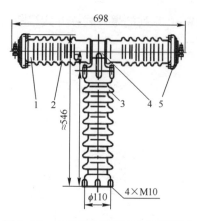

图 2-24　RW10-10（F）型跌开式
熔断器的外形结构

1—上接线端子　2—绝缘瓷绝缘子　3—固定安装板
4—下接线端子　5—灭弧触头　6—熔丝管（闭合位置）
7—熔丝管（跌开位置）　8—熔丝　9—操作环　10—灭弧罩

图 2-25　RW9-35 型限流式户外高压
熔断器的外形结构

1—瓷质熔管（内装特制熔体及石英砂）
2—瓷套　3—棒形支柱绝缘子
4—紧固法兰　5—接线端帽

2.3.2　高压隔离开关和负荷开关

1. 高压隔离开关

高压隔离开关的主要功能是隔离高压电源，以保证对其他电器设备及线路的安全检修及人身安全，文字符号为 QS，图形符号如图 2-26 所示。其结构特点是断开后具有明显可见的断开间隙，且断开间隙的绝缘及相间绝缘都是足够可靠的。但是隔离开关没有灭弧装置，所以不允许带负荷操作。但可允许通断一定的小电流，如励磁电流不超过 2 A 的 35 kV、1000 kV·A 及以下的空载变压器电路；电容电流不超过 5 A 的 10 kV 及以下、长 5 km 的空载输电线路以及电压互感器和避雷器回路等。图 2-27 为高压隔离开关外形示例。

高压隔离开关按安装地点分为户内式和户外式两大类；按有无接地开关分为不接地、单接地、双接地三类。

图 2-26　隔离开关图形及文字符号

图 2-27　高压隔离开关外形示例

高压隔离开关的全型号表示和含义如下。

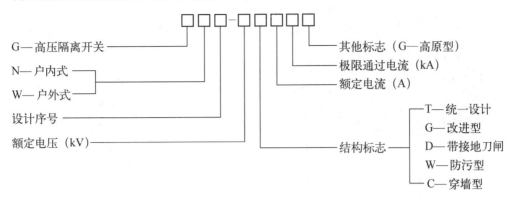

2. 高压负荷开关

高压负荷开关文字符号为 QL，图形符号如图 2-28 所示。其拥有简单的灭弧装置，能通断一定的负荷电流和过负荷电流，但是不能用来断开短路电流，因此必须借助熔断器来切断短路电流，故负荷开关常与熔断器一起使用。高压负荷开关大多还具有隔离高压电源，保证其后的电气设备和线路安全检修的功能，因为它断开后通常有明显的断开间隙，与高压隔离开关一样，所以这种负荷开关又有"功率隔离开关"之称。

图 2-28 负荷开关图形符号

高压负荷开关根据所采用的灭弧介质不同，可分为固体产气式、压气式、油浸式、真空式和六氟化硫（SF_6）等；按安装场所分有户内式和户外式两种。

高压负荷开关全型号表示和含义如下。

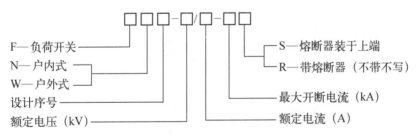

户内目前多采用 FN2-10RT 及 FN3-10RT 型的压气式负荷开关。

（1）FN3-10RT 型高压负荷开关

图 2-29 是 FN3-10RT 型高压负荷开关的外形图。图中上半部为负荷开关本身，外形与隔离开关相似，但其上端的绝缘子实际上是一个压气式灭弧装置，如图 2-30 所示。此绝缘子不仅起支持作用，而且内部是一个气缸，内有由操动机构主轴传动的活塞，其功能类似于打气筒。当负荷开关分闸时，在闸刀一端的弧动触头与绝缘喷嘴内的弧静触头之间产生电弧。由于分闸时主轴转动而带动活塞，压缩气缸内的空气从喷嘴往外吹弧，加之断路弹簧使电弧迅速拉长以及电流回路的电磁吹弧作用，使电弧迅速熄灭。

FN3 型高压负荷开关一般配用 CS2 型等手力操动机构进行操作。图 2-31 是 CS2 型手力操动机构的外形结构及其与 FN3 型负荷开关配合的一种安装方式。

当开关自动跳闸时，CS2 型手力操动机构的跳闸指示牌会转到水平位置，以此告知值班人员。若要重新合闸，需先将手柄向下扳到分闸位置，这时指示牌掉下，然后才能合闸。

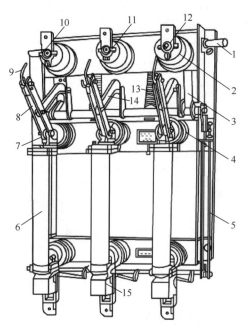

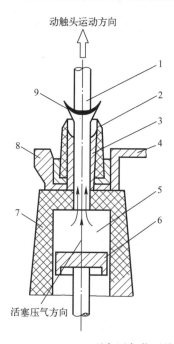

图 2-29　FN3-10RT 型高压负荷开关的外形图

1—主轴　2—上绝缘子兼气缸　3—连杆

4—下绝缘子　5—框架　6—RN1 型高压熔断器

7—下触座　8—闸刀　9—弧动触头　10—绝缘喷嘴

11—主静触头　12—上触座　13—断路弹簧

14—绝缘拉杆　15—热脱扣器

图 2-30　FN3-10RT 型高压负荷开关压
气式灭弧装置工作示意图

1—弧动触头　2—绝缘喷嘴　3—弧静触头

4—接线端子　5—气缸　6—活塞　7—上绝缘子

8—主静触头　9—电弧

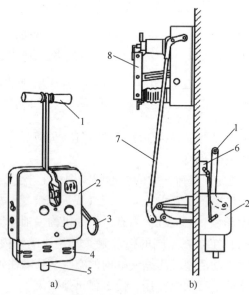

a)　　　　　　　　　　b)

图 2-31　CS2 型手力操动机构的外形结构及其与 FN3 型负荷开关配合的一种安装方式

a）外形结构　b）与负荷开关配合安装

1—操作手柄　2—操动机构外壳　3—跳闸指示牌（掉牌）　4—脱扣器盒

5—跳闸铁心　6—辅助开关　7—传动杠杆　8—负荷开关的闸

（2）FLN36-12 SF$_6$ 负荷开关

FLN36-12 SF$_6$ 负荷开关是一种以 SF$_6$ 气体为绝缘和灭弧介质的双断口旋转型负荷开关，适用于 10 kV 的配电系统。开关垂直或水平安装不限，在环网柜内典型的安装方式是在电缆室和母线室之间置一钢隔板水平安装。这种安装方式将母线与电缆接头之间相隔离以符合运行维护的安全要求，具有性能稳定、全绝缘、全密封、免维护的特点。

FLN36-12 SF$_6$ 负荷开关的型号表示和含义如下。

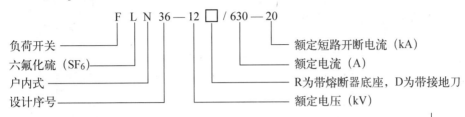

2.3.3 高压断路器

高压断路器，文字符号为 QF，图形符号如图 2-32 所示。高压断路器是高压输配电电路中最为重要的电气设备，它的选用和性能直接关系到电路运行的安全性和可靠性。高压断路器具有完善的灭弧装置，不仅能通断正常的负荷电流和过负荷电流，而且能通断一定的短路电流，并能在保护装置作用下自动跳闸，切断短路电流。

图 2-32 断路器
图形和文字符号

高压断路器按其采用的灭弧介质分，有油断路器、六氟化硫（SF$_6$）断路器、真空断路器、压缩空气断路器和磁吹断路器等，其中油断路器按油量大小又分为少油和多油两类。多油断路器的油量多，兼有灭弧和绝缘的双重功能；少油断路器的油量少，只作灭弧介质用。

高压断路器按使用场合可分为户内式和户外式。

按分断速度分，有高速（<0.01 s）、中速（0.01~0.2 s）、低速（>0.2 s），现采用高速的比较多。

SF$_6$ 断路器和真空断路器目前应用较广，但少油断路器因其成本低，结构简单，依然被广泛应用于不需要频繁操作及要求不高的各级高压电网中。压缩空气断路器和多油断路器已基本淘汰。下面将主要介绍少油断路器、SF$_6$ 断路器和真空断路器。

高压断路器的全型号表示和含义如下。

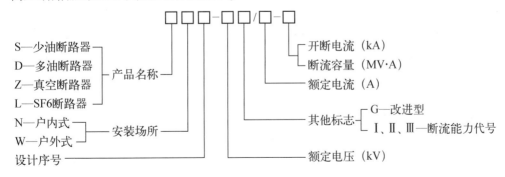

1. 高压少油断路器

一般 6~35 kV 户内配电装置中主要采用的 SN10-10 型高压少油断路器是我国统一设计、推广应用的一种新型少油断路器，按其断流容量分为Ⅰ、Ⅱ、Ⅲ型。图 2-33 和图 2-34 分别是 SN10-10 型高压少油断路器的外形结构和油箱内部剖面结构图。

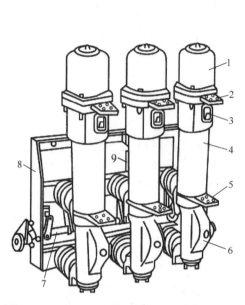

图 2-33　SN10-10 型高压少油断路器外形结构
1—铝帽　2—上接线端子　3—油标
4—绝缘筒　5—下接线端子
6—基座　7—主轴　8—框架　9—断路弹簧

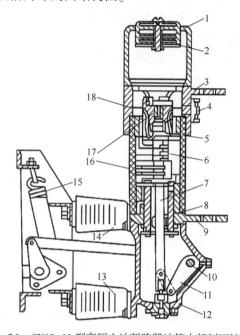

图 2-34　SN10-10 型高压少油断路器油箱内部剖面结构图
1—铝帽　2—油气分离器　3—上接线端子
4—油标　5—静触头　6—灭弧室　7—动触头
8—中间滚动触头　9—下接线端子　10—转轴
11—拐臂　12—基座　13—下支柱瓷绝缘子
14—上支柱瓷绝缘子　15—断路弹簧
16—绝缘筒　17—逆止阀　18—绝缘油

（1）组成结构

高压少油断路器主要由油箱、传动机构和框架三部分组成。油箱是断路器的核心部分，油箱的上部为铝帽，铝帽的上部为油气分离室，其作用是将灭弧过程中产生的油气混合物旋转分离，气体从顶部排气孔排出，而油则沿内壁流回灭弧室。铝帽的下部装有插座式静触头，有 3~4 片弧触片。断路器在合闸或分闸时，电弧总在弧触片和动触头（导电杆）端部的弧触头之间产生，从而保护了静触头的工作触片。油箱的中部为灭弧室，外面套的是高强度的绝缘筒，灭弧室的结构如图 2-35 所示。油箱的下部为高强度铸铁制成的基座，基座内有操作断路器动触头（导电杆）的转轴和拐臂等传动机构，导电杆通过中间滚动触头与下接线柱相连。断路器的导电回路是：上接线端子→静触头→导电杆（动触头）→中间滚动触头→下接线端子。

（2）工作及灭弧原理

合闸时，经操动机构和传动机构将导电杆插入静触头来接通电路。

分闸或自动跳闸时，导电杆向下运动并离开静触头，产生电弧。电弧的高温使油分解形成气泡，使静触头周围的油压骤增，压力使逆止阀上升堵住中心孔，致使电弧在封闭的空间内燃烧，灭弧室内的压力迅速增大。同时，导电杆迅速向下运动，产生的油气混合物在灭弧室内的一、二、三道灭弧沟和下面的纵吹油囊中对电弧进行强烈地横、纵吹；下部的绝缘油与被电弧燃烧的油迅速对流，对电弧起到油吹弧和冷却的作用。由于上述灭弧方法的综合作用，使电弧迅速熄灭。图2-36是灭弧室灭弧过程的示意图。

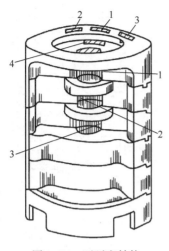

图2-35 灭弧室结构
1—第一道灭弧沟 2—第二道灭弧沟
3—第三道灭弧沟 4—吸弧钢片

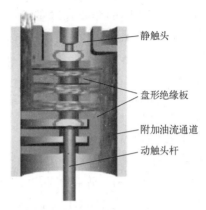

静触头
盘形绝缘板
附加油流通道
动触头杆

图2-36 灭弧室灭弧过程的示意图

少油断路器的油量少，绝缘油只起灭弧作用而无绝缘功能，因此，在通电状态下，油箱外壳带电，必须与大地绝缘，人体不能触及，但燃烧爆炸的危险性小。不过在运行时，要注意观察油标，以确定绝缘油的油量，防止因油量的不足使电弧无法正常熄灭而导致油箱爆炸事故的发生。

SN10-10型断路器可配用CS2型手动操动机构、CD型电磁操动机构或CT型弹簧操动机构。CD和CT型操动机构内部都有跳闸和合闸线圈，通过断路器的传动机构使断路器动作。电磁操动机构需用直流电源操作，也可以手动，远距离跳、合闸。弹簧储能操动机构，可交、直操作电源两用，可以手动，也可以远距离分、合闸。

2. 高压真空断路器

高压真空断路器是利用"真空"作为绝缘和灭弧介质，具有无爆炸、低噪声、体积小、质量小、寿命长、电磨损少、结构简单、无污染、可靠性高、维修方便等优点，因此，虽然价格较贵，但仍在要求频繁操作和高速开断的场合，尤其是安全要求较高的工矿企业、住宅区、商业区等被广泛采用。

真空断路器根据其结构分为落地式、悬挂式、手车式三种形式；按使用场合分有户内式和户外式，它是实现无油化改造的理想设备。下面重点介绍ZN3-10型真空断路器。

（1）组成结构

ZN3-10型真空断路器系三相交流50Hz户内式高压断路器，主要由真空灭弧室、操动机构、绝缘体传动件、底座等组成。真空灭弧室由圆盘状的动静触头、屏蔽罩、波纹管屏蔽罩、绝缘外壳（陶瓷或玻璃制成外壳）等组成，其结构如图2-37所示。该系列断路器本体和操动机构是连在一起属于整体型的，操动机构寿命可达到10000次。

（2）工作及灭弧原理

在触头刚分离时，由于真空中没有可被游离的气体，只有高电场发射和热电发射使触头间产生真空电弧。电弧的温度很高，使金属触头表面产生金属蒸气，由于触头的圆盘状设计使真空电弧在主触头表面快速移动，其金属离子在屏蔽罩内壁上凝聚，以致电弧在自然过零后极短的时间内，触头间隙又恢复了原有的高真空度。因此，电弧暂时熄灭，触头间的介质强度迅速恢复；电流过零后，外加电压虽然很快恢复，但触头间隙不会再被击穿，真空电弧在电流第一次过零时就能完全熄灭。

ZN3-10型系列真空断路器可配用CD系列电磁操动机构或CT系列弹簧操动机构。

3. 六氟化硫（SF₆）断路器

六氟化硫（SF_6）断路器是利用SF_6气体作灭弧和绝缘介质的断路器。SF_6是一种无色、无味、无毒且不易燃的惰性气体，在150℃以下时，其化学性能相当稳定。由于SF_6中不含碳（C）元素，对于灭弧和绝缘介质来说，具有极为优越的特性，不需要像

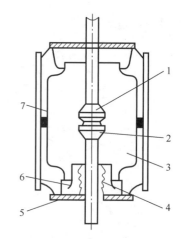

图 2-37　真空断路器灭弧室结构
1—静触头　2—动触头　3—屏蔽罩　4—波纹管
5—与外壳封接的金属法兰盘　6—波纹
管屏蔽罩　7—绝缘外壳

油断路器那样要经常检修；SF_6又不含氧（O）元素，因此不存在触头氧化问题，所以其触头磨损少、使用寿命长。除此之外，SF_6还具有优良的电绝缘性能，在电流过零时，电弧暂时熄灭后，SF_6能迅速恢复绝缘强度，从而使电弧很快熄灭。

（1）组成结构

SF_6断路器灭弧室的结构形式有压气式、自能灭弧式（旋弧式、热膨胀式）和混合灭弧式（以上几种灭弧方式的组合，如压气+旋弧式等）。我国生产的LN1、LN2型为压气式，LW3型户外式采用旋弧式灭弧结构。LN2-10型户内高压SF_6断路器的外形结构如图 2-38所示，其灭弧室的工作原理如图 2-39所示。

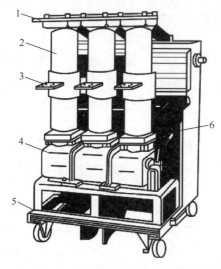

图 2-38　LN2-10 型户内高压 SF_6 断路器的外形结构
1—上接线端子　2—绝缘筒　3—下接线端子
4—操动机构箱　5—小车　6—断路弹簧

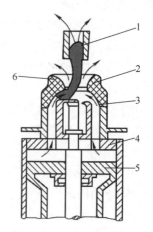

图 2-39　LN2-10 型户内高压 SF_6 断路
器灭弧室工作原理
1—静触头　2—绝缘喷嘴　3—动触头
4—气缸　5—压气活塞　6—电弧

（2）工作及灭弧原理

断路器的静触头和灭弧室中的压气活塞是相对固定的。当跳闸时，装有动触头和绝缘喷嘴的气缸由断路器的操动机构通过连杆带动离开静触头，使气缸和活塞产生相对运动来压缩 SF_6 气体并使之通过喷嘴吹出，用吹弧法来迅速熄灭电弧。

（3）特点

优点：断流能力强、灭弧速度快、电绝缘性能好、检修周期长，适用于需频繁操作及有易燃易爆炸危险的场所。

缺点：纯净的 SF_6 气体是良好的灭弧介质，若用于频繁操作的低压电器中，由于频繁操作的电弧作用，金属蒸气与 SF_6 气体分解物起反应，结合而生成绝缘性很好的细粉末（氢氟酸盐、硫基酸盐等），沉积在触头表面，会严重腐蚀触头材料，从而使接触电阻急剧增加，使充有 SF_6 气体的密封触头不能可靠地工作。因此，对于频繁操作的低压电器不适宜用 SF_6 作灭弧介质。

（4）操动机构

操动机构的作用是使断路器进行分闸或合闸，并使合闸后保持在合闸状态。操动机构一般由合闸机构、分闸机构和保持合闸机构三部分组成。操动机构的辅助开关还可以实现电气联锁作用。

操动机构的型号表示和含义如下。

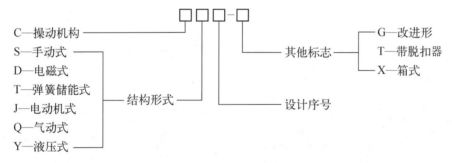

1）CS2 型手力操动机构。CS2 型手力操动机构能手动或电动分闸，但只能手动合闸，且因操作速度所限，其所操作的断路器开断的短路容量不宜大于 $100\,MV·A$；但它结构简单、价格便宜，且为交流操作，可使控制和保护装置大为简化，因此尚应用于以前设计的一些中小型供配电系统中。CS2 型手力操动机构的外形结构如图 2-40 所示。

2）CD10 型电磁操动机构。CD10 型电磁操动机构能手动或远距离电动分闸和合闸，便于实现自动化，但需直流操作电源。图 2-41 是 CD10 型电磁操动机构的外形图和剖面图，图 2-42 是其传动原理示意图。

3）CT19 型弹簧操动机构。弹簧操动机构操作力是由合闸弹簧及分闸弹簧分别提供的，弹簧储能由储能电动机供给，当合闸弹簧储能后断路器就可以进行合闸操作，在合闸的过程中又顺便给分闸弹

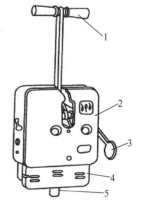

图 2-40　CS2 型手力操动机构的外形结构
1—操作手柄　2—操作机构外壳　3—跳闸
指示牌　4—脱扣器盒　5—跳闸铁心

簧储能。弹簧操动机构以前多为 CT8、CT10、CT12，现已逐步被 CT17、CT19 取代。CT19 型弹簧操动机构可供操纵各类手车式开关柜中 ZN28 型系列高压真空断路器，及其他类型的真空断路器使用，机构合闸弹簧的储能方式有电动机储能和手动储能两种。合闸操作有合闸电磁铁及手动按钮操作两种，分闸操作有分闸电磁铁，过电流脱扣电磁铁及手动按钮操作三种。

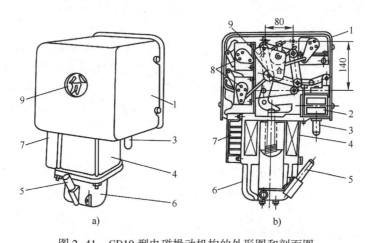

图 2-41　CD10 型电磁操动机构的外形图和剖面图

a) 外形图　b) 剖面图

1—外壳　2—跳闸线圈　3—手动跳闸按钮（跳闸铁心）　4—合闸线圈
5—手动合闸操作手柄　6—缓冲底座　7—接线端子排　8—辅助开关　9—分合指示器

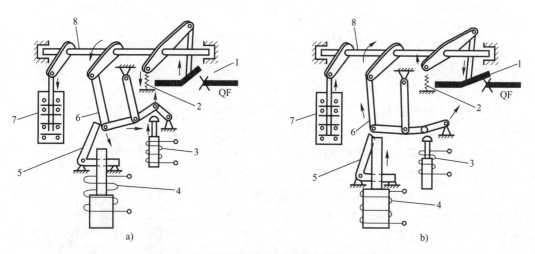

图 2-42　CD10 型电磁操动机构传动原理示意图

a) 分闸时　b) 合闸时

1—高压断路器　2—断路弹簧　3—跳闸线圈（带铁心）　4—合闸线圈
5—L 形搭钩　6—连杆　7—辅助开关　8—操动机构主轴

实践内容

分析各种高压电器设备装置结构、动作原理，进行故障检修。

知识拓展

1）各种高压电器设备的组装。

2）了解新型高压电器设备。

3）查阅国家电网有限公司变电一次安装"1+X"等级证书相关知识内容。

总结与思考

1）常用高压电器有哪些类型？结构及工作原理如何？

2）如何正确、合理选择高压电器设备？

任务2.4 低压电气设备的认识

任务要点

1）掌握低压电气设备的种类、结构、工作原理和常用系列。

2）掌握低压电气设备的相关技术参数及适用场所。

3）掌握设备操作规程与安全规范，发扬吃苦耐劳、耐心钻研的职业精神。

相关知识

2.4.1 低压熔断器

低压熔断器主要具有低压配电系统的短路保护功能，有的也能实现过负荷保护。其主要缺点是熔体熔断后须更换，会引起短时断电；保护特性和可靠性相对较差；在一般情况下，须与其他电器配合使用。

低压熔断器的种类很多，有插入式（RC型）、螺旋式（RL型）、无填料密闭管式（RM型）、有填料封闭管式（RT型）及高分断能力的NT型等。

国产低压熔断器的全型号的表示和含义如下。

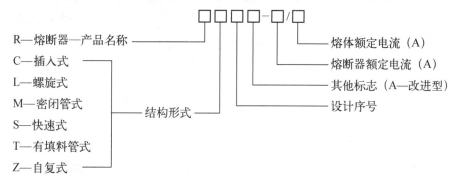

1. RL型螺旋式熔断器

图2-43所示是RL型熔断器的结构图。其瓷质熔体装在瓷帽和瓷底座间，内装熔丝和熔断指示器（红色色点），并填充石英砂。它的灭弧能力强，属"限流"式熔断器；并且体积小、质量小、价格低、使用方便、熔断指示明显、具有较高的分断能力和稳定的电流特性。因此被广泛用于500 V以下的低压动力干线和支线上作短路保护用。

2. RM10型无填料密闭管式熔断器

RM10型无填料密闭管式熔断器由纤维熔管、变截面锌片和触刀、管帽、管夹等组成，

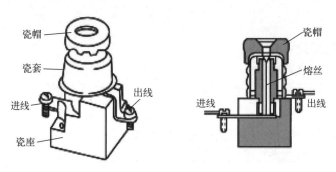

图 2-43　RL 型熔断器的结构图

如图 2-44 所示。当短路电流通过时，熔片窄部由于截面小电阻大而首先熔断，并将产生的电弧切成几段而易于熄灭；在过负荷电流通过时，由于电流加热时间较长，而窄部的散热好，往往在宽窄部之间的斜部熔断。由此，可根据熔片熔断的部位来判断过电流的性质。RM10 型的熔断器不能在短路冲击电流出现以前完全灭弧，因此属"非限流"式熔断器。RM10 结构简单、价格低廉、更换熔体方便。

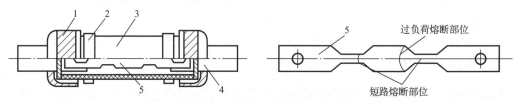

图 2-44　RM10 型无填料密闭管式熔断器

1—铜管帽　2—管夹　3—纤维熔管　4—熔片　5—触刀

3. RTO 型有填料封闭管式熔断器

如图 2-45 所示是 RTO 型有填料封闭管式熔断器外形及内部结构图。主要由瓷熔管、栅状铜熔体和底座三部分组成。熔管内装有石英砂，熔体上有变截面小孔和引燃栅，变截面小孔可使熔体在短路电流通过时熔断，将长弧分割为多段短弧，引燃栅具有等电位作用，使粗弧分细，电弧电流在石英砂中燃烧，形成狭沟灭弧，这种熔断器具有较强的灭弧能力，因而属"限流"熔断器（在短路电流未达冲击值之前就能完全熄灭电弧）。熔体还具有"锡桥"，利用"冶金效应"可使熔体在较小的短路电流和过负荷时熔断。熔体熔断后，其熔断指示器（红色）弹出，以方便工作人员识别故障线路和进行处理。熔断后的熔体不能再用，

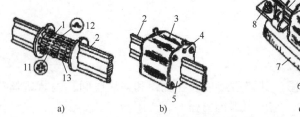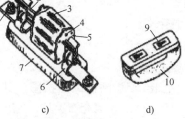

图 2-45　RTO 型有填料封闭管式熔断器外形及内部结构图

a）熔体　b）熔管　c）熔断器　d）绝缘操作手柄

1—栅状铜熔体　2—触刀　3—瓷熔管　4—熔断指示器　5—盖板
6—弹性触座　7—瓷质底座　8—接线端子　9—扣眼　10—绝缘拉手手柄

2-5　RTO 型熔断器

须重新更换，更换时应采用绝缘操作手柄进行操作。

RT0型熔断器的保护性能好、断流能力大，因此被广泛应用于短路电流较大的低压网络和配电装置中，作输配电线路和电气设备的短路保护，特别适用于重要的供电线路或断流能力要求高的场所，如电力变压器的低压侧主电路及靠近变压器场所出线端的供电线路。

2.4.2 低压刀开关

低压刀开关（文字符号为QK）是一种最普通的低压开关电器，适用于交流50 Hz、额定电压380 V，直流440 V，额定电流1500 A及以下的配电系统中，作不频繁手动接通和分断电路或作隔离电源以保证安全检修之用。

刀开关的种类很多，按其灭弧结构分，有不带灭弧罩和带灭弧罩两种。不带灭弧罩的刀开关只能在无负荷状态下操作，起"隔离开关"的作用；带灭弧罩的刀开关能通断一定的负荷电流。按极数分，有单极、双极和三极刀开关。按操作方式分，有手柄直接操作和杠杆传动操作刀开关。按用途分，有单头和双头刀开关。单头刀开关的刀闸是单向通断的，而双头刀开关的刀闸为双向通断的，可用于切换操作，即用于两种以上电源或负载的转换和通断。

低压刀开关的全型号表示和含义如下。

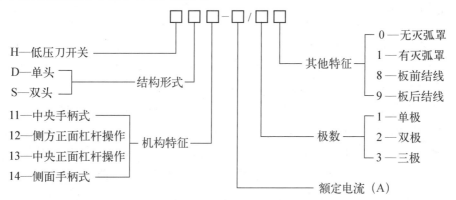

图2-46所示是带灭弧罩的HD13型低压刀开关的基本结构图，由绝缘材料压制成型的底座、闸刀、静触头及用于操作闸刀通断动作的杠杆操作机构等组成。

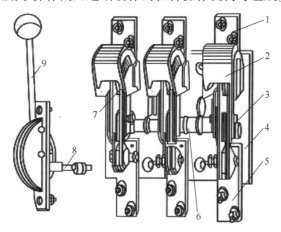

图2-46 HD13型低压刀开关的基本结构图

1—上接线端子 2—钢栅片灭弧罩 3—闸刀 4—底座 5—下接线端子 6—主轴 7—静触头 8—连杆 9—操作手柄

2.4.3 低压刀熔开关

低压刀熔开关全型号表示和含义如下。

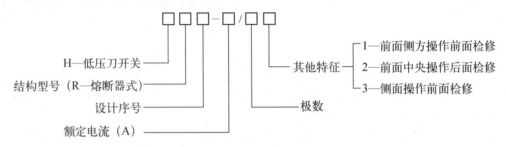

低压刀熔开关（文字符号为 QKF 或 FU-QK）又称低压熔断器式刀开关，是一种由低压刀开关和低压熔断器组合而成的低压电器，通常是把刀开关的闸刀换成熔断器的熔管，它具有刀开关和熔断器的双重功能。因其结构紧凑简化，能对电路实行控制和保护的双重功能，被广泛用于低压配电网络中。

2.4.4 低压断路器

低压断路器（文字符号为 QF），俗称低压自动开关、自动空气开关或空气开关等，它是低压供配电系统中最主要的电气元器件。它不仅能带负荷通断电路，而且能在短路、过负荷、欠电压或失电压的情况下自动跳闸，断开故障电路。

低压断路器的原理结构示意图（闭合状态）如图 2-47 所示。主触头用于通断主电路，它由带弹簧的跳钩控制通断动作，而跳钩由锁扣锁住或释放。当电路出现短路故障时，其过电流脱扣器动作，将锁扣顶开，从而释放跳钩使主触头断开。同理，如果电路出现过负荷或失电压情况，通过热脱扣器或失电压脱扣器的动作，也使主触头断开。如果按下按钮 6 或

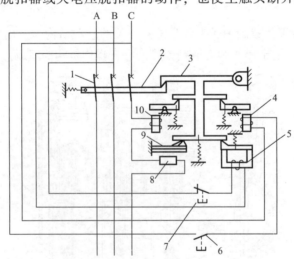

图 2-47 低压断路器的原理结构示意图（闭合状态）
1—主触头 2—跳钩 3—锁扣 4—分励脱扣器 5—失电压脱扣器 6、7—脱扣按钮
8—电阻 9—热脱扣器 10—过电流脱扣器

7，使失电压脱扣器或者分励脱扣器动作，则可以实现开关的远距离跳闸。

低压断路器的种类很多，按用途分有配电用、电动机用、照明用和漏电保护用等；按灭弧介质分有空气断路器和真空断路器；按极数分有单极、双极、三极和四极断路器。小型断路器可经拼装由几个单极的断路器组合成多极的断路器。

配电用断路器按结构分，有塑料外壳式（装置式）和框架式（万能式）；按保护性能分，有非选择型、选择型和智能型。非选择型断路器一般为瞬时动作，只作短路保护用；也有长延时动作，只作过负荷保护用。选择型断路器有两段保护和三段保护两种动作特性组合。两段保护有瞬时和长延时的两段组合，或瞬时和短延时的两段组合两种；三段保护有瞬时、短延时和长延时的三段组合。低压断路器的三种保护特性曲线如图2-48所示。智能型断路器的脱扣器动作由微机控制，保护功能更多，选择性更好。

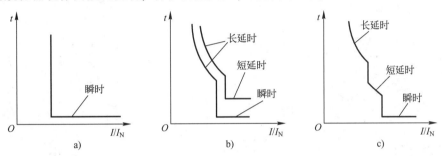

图2-48 低压断路器的三种保护特性曲线
a）瞬时动作特性 b）两段保护特性 c）三段保护特性

按断路器中安装的脱扣器种类分有：

1）分励脱扣器。用于远距离跳闸（远距离合闸操作可采用电磁铁或电动储能合闸）。

2）欠电压或失电压脱扣器。用于欠电压或失电压（零电压）保护，当电源电压低于定值时自动断开断路器。

3）热脱扣器。用于电路或设备长时间过负荷保护，当电路电流出现较长时间过负荷时，金属片受热变形达到一定程度后，使断路器跳闸。

4）过电流脱扣器。用于短路、过负荷保护，当电流大于动作电流时自动断开断路器。分瞬时短路脱扣器和过电流脱扣器（又分长延时和短延时两种）。

5）复式脱扣器。既有过电流脱扣器又有热脱扣器的功能。

国产低压断路器全型号表示和含义如下。

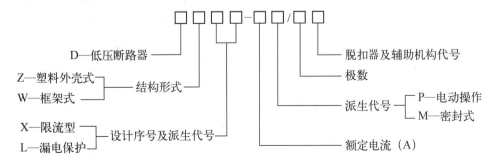

1. 塑料外壳式低压断路器

塑料外壳式低压断路器，又称装置式自动开关，其所有机构及导电部分都装在塑料壳内，仅在塑壳正面中央有外露的操作手柄供手动操作用。目前常用的塑料外壳式低压断路器主要有 DZ20、DZ15、DZX10 系列及引进国外技术生产的 H 系列、S 系列、3VL 系列、TO 和 TG 系列等。塑料外壳式低压断路器的保护方案少（主要保护方案有热脱扣器保护和过电流脱扣器保护两种）、操作方法少（手柄操作和电动操作），其电流容量和断流容量较小，但分断速度较快（断路时间一般不超过 0.02 s）、结构紧凑、体积小、质量小、操作简便、封闭式外壳的安全性好，因此被广泛用作容量较小的配电支线的负荷端开关、不频繁起动的电动机开关、照明控制开关和漏电保护开关等。

DZ20 系列塑料外壳式低压断路器属我国生产的第二代产品，目前的应用较为广泛。它具有较高的分断能力，外壳的机械强度和电气绝缘性能也较好，而且所带的附件较多。其操作手柄有 3 个位置，如图 2-49 所示，在壳面中央有分合位置指示。

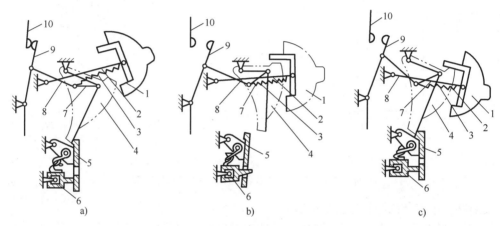

图 2-49　低压断路器操作手柄位置示意图

a）合闸位置　b）自由脱扣位置　c）分闸和再扣位置

1—操作手柄　2—操作杆　3—弹簧　4—跳钩　5—锁扣　6—牵引杆

7—上连杆　8—下连杆　9—动触头　10—静触点

1）合闸位置。如图 2-49a 所示，手柄扳向上方，跳钩被锁扣扣住，断路器处于合闸状态。

2）自由脱扣位置。如图 2-49b 所示，手柄位于中间位置，是当断路器因故障自动跳闸，跳钩被锁扣脱扣，主触头断开的位置。

3）分闸和再扣位置。如图 2-49c 所示，手柄扳向下方，这时，主触头依然断开，但跳钩被锁扣扣住，为下次合闸做好准备。断路器自动跳闸后，必须把手柄扳在此位置，才能将断路器重新进行合闸，否则是合不上的。不仅塑料外壳式低压断路器的手柄操作如此，框架式断路器同样如此。

2. 框架式低压断路器

框架式低压断路器又叫万能式低压断路器，它装在金属或塑料的框架上。目前，主要有 DW15、DW16、DW18、DW40、CB11（DW48）、DW914 等系列及引进国外技术生产的 ME 系列、AH 系列等。其中 DW40、CB11 系列采用智能型脱扣器，可实现微机保护。框架式低压断路器的保护方案和操作方式较多，既有手柄操作，又有杠杆操作、电磁操作和电动操作等。而且框架式低压断路器的安装地点也很灵活，既可装在配电装置中，又可安装在墙上或支架上。另外，相对于塑料外壳式低压断路器，框架式低压断路器的电流容量较大，断流能力较强，不过，其分断速度较慢（断路时间一般超过 0.02 s）。框架式低压断路器主要用于配电变压器低压侧的总开关、低压母线的分段开关和低压出线的主开关。

图 2-50 所示是 DW16 系列万能式低压断路器的结构图。

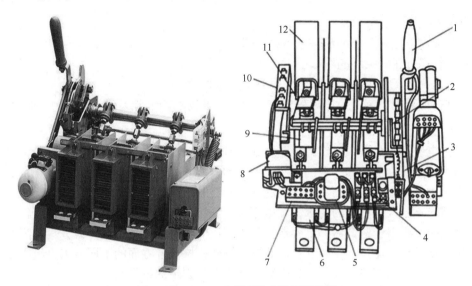

图 2-50　DW16 系列万能式低压断路器
1—操作手柄（带电动操作机构）　2—自由脱扣机构　3—欠电压脱扣器　4—热继电器
5—接地保护用小型电流继电器　6—过负荷保护用过电流脱扣器　7—接线端子　8—分励脱扣器
9—短路保护用过电流脱扣器　10—辅助触头　11—底座　12—灭弧罩（内有主触头）

其主要结构及特点如下。

1）触头系统。安装在绝缘底板上，由静触头、动触头和弹簧、连杆、支架等组成。灭弧室里采用钢纸板材料和数十片铁片作灭弧栅来加强电弧的熄灭。

2）操作机构。由操作手柄和电磁铁操作机构及强力弹簧组成。

3）脱扣器系统。脱扣系统有过负荷长延时脱扣器、短路瞬时脱扣器、欠电压脱扣器和分励脱扣器等；带有电磁脱扣器的万能式断路器还可以把过负荷长延时、短路瞬时、短路短延时、欠电压瞬时和延时脱扣的保护功能汇集在一个部件中，并利用分励脱扣器来使断路器断开。

🏅 **实践内容**

查找低压电气设备相关资料并与课程理论分析结合，完成低压电气设备外观、内部结构的认识。

👐 **知识拓展**

1）低压电气设备组装。

2）新型低压电气设备的认识。

3）查阅国家电网有限公司变配电运维"1+X"等级证书相关知识内容。

总结与思考

低压电气设备装置结构，动作原理，故障检修的分析。

任务 2.5　成套配电装置的认识

任务要点

1）掌握高低压开关柜的型号、主接线形式。

2）掌握高低压开关柜的结构、工作原理。

3）掌握高低压开关柜内各种电气设备的技术参数。

4）掌握成套配电装置操作规程与安全规范，发扬吃苦耐劳、耐心钻研的职业精神。

相关知识

成套配电装置就是按照一定的线路方案将有关一、二次设备组装为一体的配电装置，用于供配电系统中作为受电或配电的控制、保护和监察测量。成套配电装置按电压及用途分为高压开关柜，低压配电屏，动力、照明配电箱和终端组合电器等。

为了适应不同接线系统的要求，配电柜一次回路由隔离开关、负荷开关、断路器、电流互感器、电压互感器、避雷器、电容器及所用变压器等组成多种一次接线方案。配电柜的二次回路则根据计量、保护、控制、自动装置与操作机构等各方面的不同要求也组成多种二次接线方案。为了选用方便，一、二次接线方案均有其固定的编号。

2.5.1　高压开关柜

高压开关柜按其特点分为金属封闭式、金属封闭铠装式、金属封闭箱式和 SF_6 封闭组合电器等；按断路器的安装方式分为固定式和手车式；按安装地点分为户外式和户内式；按柜体结构形式分为开启式和封闭式。

新系列高压开关柜的全型号表示和含义如下。

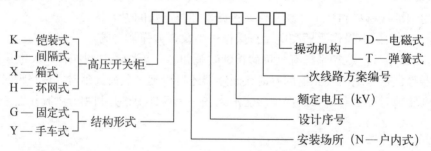

```
K — 铠装式 ┐
J — 间隔式 ├ 高压开关柜          操动机构 ┌ D — 电磁式
X — 箱式   │                           └ T — 弹簧式
H — 环网式 ┘                  一次线路方案编号
G — 固定式 ┐                  额定电压（kV）
Y — 手车式 ┘ 结构形式          设计序号
                              安装场所（N — 户内式）
```

1. 一般型高压开关柜

高压开关柜有固定式、手车式两大类型。固定式高压开关柜中的所有电气元器件都是固定安装的。手车式高压开关柜中的某些主要电气元器件如高压断路器、电压互感器和避雷器等，是安装在可移开的手车上面的，因此手车式又称移开式。固定式开关柜较为简单经济，而手车式开关柜则可大大缩短检修时间，提高供电可靠性。当断路器等主要设备发生故障或需要检修时，可随时拉出，再推入同类备用手车，即可快速恢复供电。

图 2-51 为装有 SN10-10 型少油断路器的 GG-1A（F）-07S 型高压开关的外形结构图，

该型开关柜是在原 GG-1A 型基础上采取措施达到"五防"要求的防误型产品。所谓"五防"即防止误分、误合高压断路器；防止带负荷拉、合隔离开关；防止带电挂接地线；防止带接地线合隔离开关；防止人员误入带电间隔。

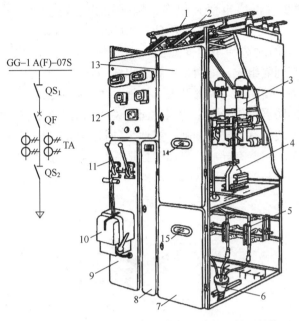

图 2-51 GG-1A（F）-07S 型高压开关柜的外形结构图

1—母线　2—母线侧隔离开关（QS1，GN8—10 型）　3—少油断路器（QF，SN10—10 型）
4—电流互感器（TA，LQJ—10 型）　5—线路侧隔离开关（QS2，GN6—10 型）　6—电缆头
7—下检修门　8—端子箱门　9—操作板　10—断路器的手力操动机构（CS2 型）
11—隔离开关操作手柄（CS6 型）　12—仪表继电器屏　13—上检修门　14、15—观察窗

图 2-52 为 GZS 型手车式高压开关柜的结构图。图示为装有 SN10-10 型断路器的手车尚未推入时的情况，图中上、下插头兼起隔离开关的作用，二次接线的连接则采用专用的多孔插头。

近年来，我国设计生产了一些技术性能指标接近或达到国际电工委员会（IEC）标准的新型先进高压开关柜，固定式有 KGN-10 型交流金属铠装固定式和 XGNF1-12 箱型金属封闭式开关柜等，手车式（移开式）有 KYN28-12 型交流金属封闭铠装手车式开关柜和 JYN2-10 型交流金属封闭型手车式开关柜等。

2. 高压环网柜

高压环网柜是为适应高压环形供电的要求而设计的一种专用开关柜。环网柜一般用于 10kV 环网供电、双电源供电和终端供电系统中，也可用于箱式变电所的供电。高压环网开关柜主要采用负荷开关加熔断器的组合方式，由负荷开关（多采用真空或 SF_6 负荷开关）实现正常的

图 2-52 GZS 型手车式高压
开关柜的结构图

通断操作，而短路保护则由具有高分断能力的熔断器来完成。当熔断器熔断并切除短路故障后，联锁装置（多为撞针式）会自动打开负荷开关。与采用断路器相比，这种负荷开关加熔断器的组合方式，发生短路时的动作时间较短（与采用断路器相比），且体积和质量都明显减少，价格也便宜很多，因而更为经济合理。若供电给较大容量变压器（例如1250kV·A及以上）的环网柜，则可改用断路器，并装设继电保护。环网柜在我国城市10kV电网改造和小型变配电所中得到了广泛的应用。

环网柜一般由3个间隔组成，即两个电缆进出线间隔和一个变压器回路间隔，其主要电气元器件包括负荷开关、熔断器、隔离开关、接地开关、电流互感器、电压互感器和避雷器等。环网柜具有可靠的防误操作设施，达到前面所说的"五防"要求。

新型环网柜内多安装具有合闸、分闸、接地3种状态的以SF$_6$气体为绝缘和灭弧介质的双断口旋转型负荷开关，它兼有导通、隔离和接地3种功能，操作方便，并且减小了环网柜的体积，接线、外形和触头位置如图2-53所示。

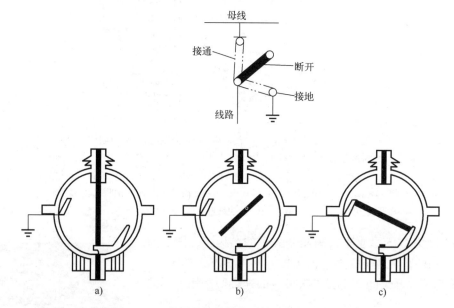

图2-53　三位置开关的接线、外形和触头位置图

a）触头闭合　b）触头断开　c）触头接地

3. 高压电容柜

高压并联电容器装置主要用于6kV、10kV、35kV等工频电力系统进行无功补偿，提高功率因数，改善电压质量，降低线路损耗，充分发挥发电、供电设备的效率。装置由高压开关柜（包括高压断路器、隔离开关、电流互感器、继电保护、测量指示部分）、串联电抗器、氧化锌避雷器及其记录仪、放电线圈、隔离开关、接地刀开关、高压并联电容器、专用熔断器、支柱绝缘子、连接母线、围栏和镀锌钢架等组成。

2.5.2　低压配电柜

低压配电装置是按一定的线路方案将有关的低压一、二次设备组装在一起的一种成套配电装置，在低压配电系统中作控制、保护和计量之用。包括低压配电柜和配电箱，低压配电柜按其结构形式分为固定式、抽屉式和混合式。低压配电箱有动力配电箱和照明配电箱等。

新系列低压配电柜的全型号表示和含义如下。

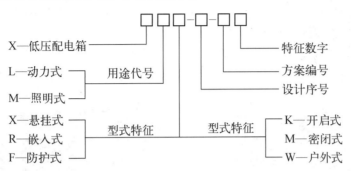

低压配电柜有固定式、抽屉式及混合式三种类型。其中固定式的所有电气元器件都为固定安装、固定接线；而抽屉式的配电柜中，电气元器件是安装在各个抽屉内，再按一、二次线路方案将有关功能单元的抽屉叠装在封闭的金属柜体内，可按需要推入或抽出；混合式安装方式为固定式和抽屉式的组合。下面分别就这3种类型进行介绍。

1. 固定式低压配电柜

固定式低压配电柜结构简单，价格低廉，故应用广泛。目前使用较广的有 PGL、GGL、GGD 等系列。适用于发电厂、变电所和工矿企业等电力用户作动力和照明配电用。

如图 2-54 所示是 PGL 型低压配电柜的外形结构图。它的结构合理，互换性好，安装方便，性能可靠，目前使用较广，但它的开启式结构使正常工作条件下的带电部件如母线、各种电器、接线端子和导线从各个方面都可触及，所以，只允许安装在封闭的工作室内，现正在被更新型的 GGL、GGD 和 MSG 等系列所取代。

GGL 型固定式低压配电柜的内部采用 ME 型的低压断路器和 NT 型的高分断能力熔断器，它的封闭式结构排除了在正常工作条件下带电部件被触及的可能性，因此安全性能好，可安装在有人员出入的工作场所中。

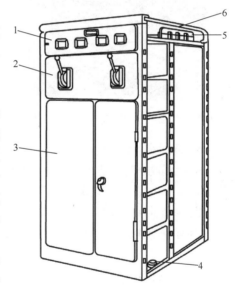

图 2-54 PGL 型低压配电柜的外形结构图
1—仪表板 2—操作板 3—检修门
4—中性母线绝缘子 5—母线绝缘子
6—母线防护罩

GGD 型交流固定式低压配电柜是按照安全、可靠、经济、合理为原则开发研制的一种较新产品，和 GGL 系列一样都属封闭式结构。它的分断能力高，热稳定性好，接线方案灵活，组合方便，结构新颖，外壳防护等级高，系列性实用性强，是一种国家推广使用的更新换代产品。适用于发电厂、变电所、厂矿企业和高层建筑等电力用户的低压配电系统中，作动力、照明和配电设备的电能转换和分配控制用。如图 2-55 所示是 GGD 型固定式开关柜的外形图。

2. 抽屉式低压配电柜

抽屉式低压配电柜具有体积小、结构新颖、通用性好、安装维护方便、安全可靠等优点，因此，被广泛应用于工矿企业和高层建筑的低压配电系统中作受电、馈电、照明、电动机控制及功率补偿之用。国外的低压配电柜几乎都为抽屉式，尤其是大容量的还做成手车式。目前，常用的抽屉式配电柜有 BFC、GCL、GCK、MNS 等系列，它们一般用作三相交流系统中的动力中心和电动机控制中心的配电和控制装置。如图 2-56 所示是 MNS 型抽屉式低压配电柜的外形图。

图 2-55　GGD 型固定式开关柜的外形图

图 2-56　MNS 型抽屉式低压配电柜的外形图

MNS 系列是一种用标准模件组合成的低压成套开关设备，分动力配电中心柜、电动机控制中心柜和功率因数自动补偿柜。柜体采用拼装式结构，开关柜各功能室严格分开，主要隔室有功能单元室、母线室、电缆室等，一个抽屉为一个独立功能单元，各单元的作用相对独立，且每个抽屉单元均装有可靠的机械联锁装置，只有在开关分断的状态下才能被打开。该产品具有分断能力高，热稳定性好，结构先进、合理，系列性、通用性强，防护等级高，安全可靠，维护方便，占地少等优点。

3. 混合式低压配电柜

混合式低压配电柜的安装方式既有固定式的又有抽屉式的，类型有 ZH1、GHL 等，兼有固定式和抽屉式的优点。其中，GHK-1 型配电柜内采用了 NT 系列熔断器、ME 系列断路器等先进新型的电气设备，可取代 PGL 型低压配电柜、BFC 抽屉式配电柜和 XL 型动力配电箱。

2.5.3　动力和照明配电箱

从低压配电柜引出的低压配电线路一般经动力或照明配电箱接至各用电设备，它们是车间和民用建筑的供配电系统中对用电设备的最后一级控制和保护设备。配电箱的安装方式有靠墙式、悬挂式和嵌入式。靠墙式是靠墙落地安装，悬挂式是挂在墙壁上明装，嵌入式是嵌在墙壁里暗装。

1. 动力配电箱

动力配电箱通常具有配电和控制两种功能，主要用于动力配电和控制，但也可用于照明的配电与控制。常用的动力配电箱有 XL、XLL2、XF-10、BGL、BGM 型等，其中，BGL 和 BGM 型多用于高层建筑的动力和照明配电。

2. 照明配电箱

照明配电箱主要用于照明和小型动力线路的控制、过负荷、漏电和短路保护。

2.5.4 低压配电柜的维护

为了保障低压配电柜的安全有效工作，其安装位置要避免阳光直射、避免溅水、避免潮气，并且柜体前方应有充裕的操作空间。应定期对柜内设备进行清扫，检查接线端子，检查各开关和接触器是否良好，内部有无过热现象；应定期检查配电柜密封性能，防止小动物进入或者内部结露。对于湿气大的地区还要配备驱潮器、干燥器等。应检查安装位置是否牢固，不得偏斜晃动。

实践内容

1）进行高低压成套配电柜的操作及故障检修。

2）组装、调试高低压成套配电柜。

知识拓展

1）高低压开关柜组装。

2）新型开关柜认识。

3）高低压开关柜的维护措施。

4）查阅国家电网有限公司变配电运维"1+X"等级证书相关知识内容。

总结与思考

1）高低压开关柜的类型与型号。

2）高低压开关柜的结构、工作原理。

项目测验 2

一、判断题

1. 电弧是一种极强烈的电游离现象，其特点是光亮很强和温度很高。 （ ）

2. 熄灭电弧的去游离方式包括正负带电质点的"复合"和"扩散"。 （ ）

3. 能在短路电流未达到冲击值之前（即短路后不到半个周期）就能完全熄灭电弧，这样的熔断器叫"限流型熔断器"。 （ ）

4. 从基本结构和工作原理来说，互感器就是一种特殊的变压器。 （ ）

5. 电流互感器使用时，其一次绕组并联在一次电路中，而其二次绕组则并联仪表、继电器的电压线圈。 （ ）

6. 隔离开关和断路器配合完成合闸操作时，一定要先合隔离开关，再合断路器。

（ ）

7. 电力变压器因季节性负荷差异而允许的过负荷不得超过 15%。 （ ）

8. 户内油浸式 10 kV 变压器总的正常过负荷不得超过 30%。 （　　）

二、简答题

1. 电弧的特点是什么？电弧对电气设备的安全运行有哪些影响？

2. 电气设备中常用的电弧熄灭方法有哪些？

3. 什么是电力变压器的联结组标号？请写出常用的电力变压器联结组标号并进行对比分析。

4. 如何进行变电所主变压器容量的选择？

5. 简述电力变压器并列运行的条件。

6. 互感器主要功能有哪些？简述电流互感器和电压互感器使用注意事项。

7. 高压断路器按其采用的灭弧介质分，有哪些类型？它在电路中有哪些功能？

8. 什么是成套配电装置？按电压及用途分，有哪些类型？

9. 高压开关柜的"五防"指什么？

项目 3

供配电系统的相关计算

学习目标

1) 理解电力负荷分级和设备工作制。
2) 掌握电力负荷的计算负荷确定和计算方法。
3) 掌握功率因数含义及无功功率补偿的方法。
4) 掌握三相短路电流、两相短路电流和单相短路电流的计算方法。

项目概述

供配电系统要能安全可靠地正常运行,其中各个元器件(包括电力变压器、开关设备及导线电缆等)都必须选择得当,除了应满足工作电压和频率的要求外,最重要的就是要满足负荷电流的要求。因此有必要对供配电系统中各个环节的电力负荷进行统计计算。另外,最不正常的工作情况也要考虑,主要就是短路,短路的后果十分严重,因此必须尽力设法消除可能引起短路的一切因素;同时需要进行短路电流的计算,以便正确地选择电气设备,使设备具有足够的动稳定性和热稳定性,以保证它在发生可能有的最大短路电流时不致损坏。为了选择切除短路故障的开关电器、整定短路保护的继电保护装置和选择限制短路电流的元器件(如电抗器)等,也必须计算短路电流。

本项目主要有 2 个工作任务:

1) 电力负荷及其计算。
2) 短路计算。

任务 3.1　电力负荷及其计算

任务要点

1) 了解电力负荷的有关概念。
2) 掌握三相用电设备组、单相用电设备组计算负荷的方法。
3) 掌握计算负荷估算的方法。
4) 掌握计算负荷、功率因数及无功功率补偿计算。
5) 掌握尖峰电流计算的方法。
6) 形成科学严谨的态度及归纳分析的能力,发扬吃苦耐劳、耐心钻研的职业精神。

◎ 相关知识

3.1.1 电力负荷

1. 设备的用电分类

设备按其工作制分三个用电类别。

1) 长期连续工作设备。这类设备长期连续运行,负荷比较稳定,如通风机、水泵、空气压缩机、电动发电机、电炉和照明灯等。机床电动机的负荷虽然变动较大,但大多也是长期连续工作的。

2) 短时工作设备。这类设备的工作时间较短,而停歇时间相对较长,例如机床上的某些辅助电动机(如进给电动机、升降电动机等)。

3) 断续周期工作设备。这类设备周期性地工作–停歇–工作,如此反复运行,而工作周期一般不超过 10 min,例如电焊机和起重机械。

2. 用电设备的额定容量、负荷持续率及负荷系数

1) 用电设备的额定容量是指用电设备在额定电压下,在规定的使用寿命内能连续输出或耗用的最大功率。对电动机,额定容量指其轴上正常输出的最大功率。对电灯和电炉等,额定容量则是指其在额定电压下耗用的功率。

对电机、电炉、电灯等设备,额定容量均用有功功率 P_N 表示,单位为瓦(W)或千瓦(kW)。

对变压器和电焊机等设备,额定容量则一般用视在功率 S_N 表示,单位为伏安(V·A)或千伏安(kV·A)。

对电容器类设备,额定容量则用无功功率 Q_C 表示,单位为乏(var)或千乏(kvar)。

2) 负荷持续率又称暂载率或相对工作时间,符号为 ε,用一个工作周期内工作时间 t 与工作周期 T 的百分比来表示:

$$\varepsilon = \frac{t}{T} \times 100\% = \frac{t}{t+t_0} \times 100\% \tag{3-1}$$

式中　T——工作周期(s);

　　　t——工作周期内的工作时间(s);

　　　t_0——工作周期内的停歇时间(s)。

同一设备,负荷持续率不同,其输出功率也不同。需要进行"等效"换算,换算的原则是该设备在同一周期发热相同。

假设设备的内阻为 R,则电流 I 通过设备在 t 时间内产生的热量为 I^2Rt。因此在 R 不变而产生的热量又相等的条件下,$I \propto 1/\sqrt{t}$。而电压相同时,设备容量 $P \propto I$,因此 $P \propto 1/\sqrt{t}$。而由式(3-1)可知,同一周期的负荷持续率 $\varepsilon \propto t$。由此可得 $P \propto 1/\sqrt{\varepsilon}$,即设备容量与负荷持续率的平方根成反比关系。假如设备在 ε_N 下的额定容量为 P_N,则换算到 ε 下的设备容量 P_ε 为

$$P_\varepsilon = P_N \sqrt{\frac{\varepsilon_N}{\varepsilon}} \tag{3-2}$$

式中 ε——负荷的持续率；

ε_N——与铭牌容量对应的负荷持续率；

P_ε——负荷持续率为 ε 时设备的输出容量（kW）。

3）用电设备的负荷系数。用电设备的负荷系数（负荷率）为设备在最大负荷时输出或耗用的功率 P 与设备额定容量 P_N 的比值，用 K_L（或 β）表示，即

$$K_L = \frac{P}{P_N} \tag{3-3}$$

负荷系数是表征设备利用程度的物理量。

3.1.2　负荷曲线的有关概念

负荷曲线是表征电力负荷随时间变动情况的一种图形。它绘制在直角坐标上，纵坐标轴表示负荷功率（一般为有功功率），横坐标轴表示负荷变动所对应的时间，其显示和记录电力负荷随时间的变动情况。

1. 负荷曲线

负荷曲线按负荷对象分，有工厂（企业）、车间或某台设备的负荷曲线。按负荷的功率性质分，有有功负荷曲线和无功负荷曲线；按所表示的负荷变动时间分，有年、月、日或工作班的负荷曲线；按绘制的方式分，有依点连成的负荷曲线（见图 3-1a）和梯形负荷曲线（见图 3-1b）。

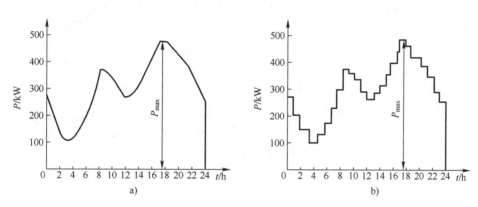

图 3-1　日有功负荷曲线

a）依点连成的负荷曲线　b）梯形负荷曲线

年负荷曲线反映负荷全年（8760h）的变动情况，如图 3-2 所示。年负荷曲线又分为年运行负荷曲线和年持续负荷曲线。年运行负荷曲线可根据全年日负荷曲线间接绘制；年持续负荷曲线的绘制，要借助一年中有代表性的冬季日负荷曲线和夏季日负荷曲线来绘制。通常用年持续负荷曲线来表示年负荷曲线，其中夏季和冬季在全年中占的天数视地理位置和气温情况而定。一般在北方，近似认为冬季 200 天，夏季 165 天；在南方，近似认为冬季 165 天，夏季 200 天。图 3-2 是南方某厂的年负荷曲线，图中 P_1 在年负荷曲线上所占的时间计算为 $T_l = 200t_1 + 165t_2$。

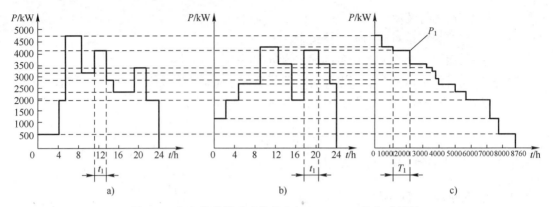

图 3-2　年负荷曲线反映负荷全年（8760 h）的变动情况

a）夏季日负荷曲线　b）冬季日负荷曲线　c）年持续负荷曲线

2. 负荷曲线上的物理量

1）年最大负荷和年最大负荷利用小时。年最大负荷 P_{max} 就是全年中负荷最大的工作班内消耗电能最多的半小时平均负荷 P_{30}。

年最大负荷利用小时 T_{max} 是假设电力负荷按年最大负荷 P_{max} 持续运行时，在此 T_{max} 时间内电力负荷所耗用的电能，恰与该电力负荷全年实际耗用的电能相同，如图 3-3 所示。因此年最大负荷利用小时是一个假想时间，按下式计算：

$$T_{max} = W_a / P_{max} \qquad (3-4)$$

式中　W_a——电力负荷全年实际耗用的电能。

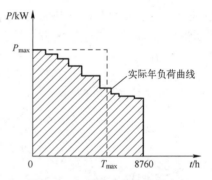

图 3-3　年最大负荷和年最大负荷利用小时

年最大负荷利用小时是反映电力负荷时间特征的重要参数，它与工厂的生产班制有关，例如一班制工厂（企业），$T_{max} \approx 1800 \sim 3000\,h$；两班制工厂（企业），$T_{max} \approx 3500 \sim 4800\,h$；三班制工厂（企业），$T_{max} \approx 5000 \sim 7000\,h$。

2）平均负荷和负荷曲线填充系数。平均负荷 P_{av} 就是电力负荷在一定时间 t 内平均耗用的功率，即

$$P_{av} = W_t / t \qquad (3-5)$$

式中　W_t——t 时间内耗用的电能。

年平均负荷 P_{av}，就是电力负荷全年平均耗用的功率，如图 3-4 所示，即

$$P_{av} = W_a / 8760 \qquad (3-6)$$

式中　W_a——电力负荷全年所耗用的电能。

负荷曲线填充系数就是将起伏波动的负荷曲线"削峰填谷"，求出平均负荷 P_{av}，与最大负荷 P_{max} 的比值，亦称负荷率或负荷系数，通常用 β 表示（亦可表示为 K_L），其定义式为

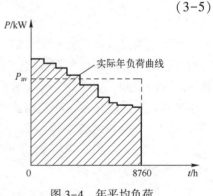

图 3-4　年平均负荷

$$\beta = \frac{P_{av}}{P_{max}} \tag{3-7}$$

负荷曲线填充系数表征了负荷曲线不平坦的程度，亦即负荷变动的程度。从发挥整个电力系统效能来说，应尽量设法提高 β 值，因此供电系统在运行中必须实行负荷调整。

3.1.3 三相用电设备组计算负荷的确定

计算负荷是一个假象的负荷值。计算负荷是通过统计计算求出，用来按发热条件选择供配电系统中各元件的负荷值。按照计算负荷选择的电气设备和导线电缆，如以计算负荷持续运行，其发热温度不致超出允许值，从而有效保证设备和导线电缆的使用寿命。

导体通过电流达到稳定温升的时间为 $(3\sim4)\tau$，τ 为发热时间常数，而截面在 $16\,mm^2$ 以上的导体的 τ 值均在 $10\,min$ 以上，也就是载流导体大约经 $30\,min$ 后可达到稳定的温升值，因此通常取半小时平均最大负荷 P_{30}（即年最大负荷 P_{max}）作为计算负荷。

计算负荷是供配电设计计算的基本依据。如果计算负荷确定过大会造成过量的设备选择，浪费资金。计算负荷确定过小则会增加电能损耗、加速设备和输电线路老化，在满负荷工作时使设备过热出现事故。因此必须正确确定电力系统的计算负荷。任何一个供配电系统的负荷都不可能是固定的，负荷与设备性能、生产组织、能源供应状况、生产环境（如季节）等多种因素有关，很难准确进行定量描述，因此计算负荷只能是一个参考数值。

确定计算负荷的方法有多种，需要系数法是常用的一种。

1. 需要系数法求计算负荷

用电设备组的计算负荷，是指用电设备组从供配电系统中取用的半小时最大负荷 P_{30}。用电设备组的设备容量 P_e，是指用电设备组所有设备（不包括备用设备）的额定容量 P_N 之和，即 $P_e = \sum P_N$。而设备的额定容量，是设备在额定条件下的最大输出功率，但实际上，运行的设备不太可能都是满负荷，同时设备和线路在运行中都有功率损耗，因此用电设备组进线上的有功计算负荷 P_{30}（常用单位 kW）应为

$$P_{30} = K_d P_e \tag{3-8}$$

式中 K_d——三相用电设备组的需要系数。

用电设备组的需要系数 K_d 不仅与其工作性质、设备台数、设备效率、线路损耗等因素有关，而且与其操作人员的技能水平和生产组织等多种因素有关，因此需要系数值尽可能实测分析确定，使之尽量接近实际。

附录 C 列出了部分工业用电设备组的需要系数，即用电设备组的需要系数 K_d，是用电设备组在最大负荷时需要的有功功率与其设备容量的比值。

确定无功计算负荷 Q_{30}（常用单位 kvar）的基本公式为

$$Q_{30} = P_{30} \tan\varphi \tag{3-9}$$

确定视在计算负荷 S_{30}（常用单位 kV·A）的基本公式为

$$S_{30} = \frac{P_{30}}{\cos\varphi} \tag{3-10}$$

确定计算电流 I_{30}（常用单位 A）的计算公式为

$$I_{30} = \frac{S_{30}}{\sqrt{3}\,U_N} \tag{3-11}$$

式中 U_N——用电设备组的额定电压（kV）。

例3-1 已知某机修车间的金属切削机床组，拥有电压为380 V，功率为11 kW的三相电动机1台、7.5 kW的3台、4 kW的12台、1.5 kW的8台和0.75 kW的10台，试求其计算负荷。

解：此机床组电动机的总容量为

$$P_e = 11\,kW \times 1 + 7.5\,kW \times 3 + 4\,kW \times 12 + 1.5\,kW \times 8 + 0.75\,kW \times 10$$

$$= 101\,kW$$

查附录C中"小批生产的金属冷加工机床电动机"项，得 $K_d = 0.16 \sim 0.2$（取0.2），$\cos\varphi = 0.5$，$\tan\varphi = 1.73$，因此可求得以下参数。

有功计算负荷：$P_{30} = K_d P_e = 0.2 \times 101\,kW = 20.2\,kW$

无功计算负荷：$Q_{30} = P_{30}\tan\varphi = 20.2\,kW \times 1.73 = 34.95\,kvar$

视在计算负荷：$S_{30} = \dfrac{P_{30}}{\cos\varphi} = \dfrac{20.2\,kW}{0.5} = 40.4\,kV \cdot A$

计算电流：$I_{30} = \dfrac{S_{30}}{\sqrt{3}\,U_N} = \dfrac{40.4\,kV \cdot A}{\sqrt{3} \times 0.38\,kV} = 61.4\,A$

2. 设备容量的确定

式（3-8）中的设备容量 P_e 不包括备用设备的容量，而且要注意 P_e 的计算与设备组的工作制有关。各用电设备按其工作制分，有长期连续工作制、短时工作制和断续周期工作制三类。因而，在计算负荷时，不能将其额定功率简单地直接相加，而需将不同工作制的用电设备额定功率换算成统一规定的工作制条件下的功率。

（1）长期连续工作制的三相设备容量

对长期工作制的用电设备有

$$P_e = P_N \tag{3-12}$$

（2）短时工作制的三相设备容量

对短时工作制的用电设备有

$$P_e = P_N \tag{3-13}$$

（3）断续周期工作制的三相设备容量

断续周期工作制设备可用"负荷持续率"来表征其工作性质。

1）电焊机组。电焊机的铭牌负荷持续率 ε_N 有50%、60%、75%和100%四种，为了计算简便可查表求需要系数，一般要求设备容量统一换算到 $\varepsilon_{100} = 100\%$。设备铭牌的容量为 P_N，其负荷持续率为 ε_N，因此设备的输出容量为

$$P_e = P_N\sqrt{\frac{\varepsilon_N}{\varepsilon_{100}}} = S_N\cos\varphi\sqrt{\frac{\varepsilon_N}{\varepsilon_{100}}} = S_N\cos\varphi\sqrt{\varepsilon_N}$$

即

$$P_e = P_N\sqrt{\varepsilon_N} = S_N\cos\varphi\sqrt{\varepsilon_N} \tag{3-14}$$

式中 P_N——电焊机的铭牌有功容量（kW）；

S_N——电焊机的铭牌视在容量（kV·A）；

ε_N——铭牌容量对应的负荷持续率，计算中换算为小数；

$\cos\varphi$——铭牌的额定功率因数，见附录C。

2）吊车电动机组。吊车电动机的铭牌负荷持续率 ε_N 有 15%、25%、40% 和 50% 四种，为了计算简便可查表求需要系数，一般要求设备容量统一换算到 $\varepsilon_{25} = 25\%$。因此对应于 ε_{25} 设备的输出容量为

$$P_e = P_N \sqrt{\frac{\varepsilon_N}{\varepsilon_{25}}} = 2P_N \sqrt{\varepsilon_N} \tag{3-15}$$

式中　ε_N——P_N 对应的负荷持续率，计算中换算为小数；

　　　P_N——吊车电动机铭牌上的有功容量（kW）；

　　　ε_{25}——其值为 25% 的负荷持续率。

3）单相用电设备的等效三相设备容量的换算。

① 接相电压的单相设备容量换算。按最大负荷相所接的单相设备容量 $P_{e.m}$ 乘以 3 计算其等效三相设备容量为

$$P_e = 3P_{e.m} \tag{3-16}$$

② 接线电压的单相设备容量换算。由于容量为 $P_{e.\varphi}$ 的单相设备接在线电压上产生的电流 $I = P_{e.\varphi}/U\cos\varphi$，这一电流应与等效三相设备容量 P_e 产生的电流 $I' = P_e/(\sqrt{3} \times U\cos\varphi)$ 相等，因此其等效三相设备容量为

$$P_e = \sqrt{3} P_{e.\varphi} \tag{3-17}$$

3. 多组用电设备计算负荷的确定

确定拥有多组用电设备的干线上或车间变电所低压母线上的计算负荷时，应考虑各组用电设备的最大负荷不同时的情况。因此在确定低压干线上或低压母线上的计算负荷时，可结合具体情况对其有功和无功计算负荷计入一个同时系数（又称参差系数或综合系数）$K_{\Sigma p}$ 和 $K_{\Sigma q}$。

对于车间干线，可取 $K_{\Sigma p} = 0.85 \sim 0.95$ 和 $K_{\Sigma q} = 0.90 \sim 0.97$；对于低压母线，由用电设备组计算负荷直接相加来计算时，可取 $K_{\Sigma p} = 0.80 \sim 0.90$ 和 $K_{\Sigma q} = 0.85 \sim 0.95$；由车间干线负荷直接相加来计算时，可取 $K_{\Sigma p} = 0.90 \sim 0.95$ 和 $K_{\Sigma q} = 0.93 \sim 0.97$。

总的有功计算负荷为

$$P_{30} = K_{\Sigma p} \sum P_{30.i} \tag{3-18}$$

总的无功计算负荷为

$$Q_{30} = K_{\Sigma q} \sum Q_{30.i} \tag{3-19}$$

总的视在计算负荷为

$$S_{30} = \sqrt{P_{30}^2 + Q_{30}^2} \tag{3-20}$$

总的计算电流为

$$I_{30} = \frac{S_{30}}{\sqrt{3} U_N} \tag{3-21}$$

式（3-18）和式（3-19）中的 $\sum P_{30.i}$ 和 $\sum Q_{30.i}$ 分别表示所有各组设备的有功和无功计算负荷之和。

由于各组设备的 $\cos\varphi$ 不一定相同，因此总的视在计算负荷和计算电流不能用各组的视在计算负荷或计算电流之和乘以 $K_{\Sigma p}$ 来计算。

3.1.4　单相用电设备组计算负荷的确定

在生产生活中，除了广泛应用三相用电设备外，还有一些单相用电设备，例如电灯、电炉、电冰箱、空调机等。单相用电设备接在三相线路中，首先应尽可能地均衡分配，使三相负荷尽可能平衡。如果三相线路中单相用电设备的总容量不超过三相设备总容量的15%，则不论单相设备如何分配，单相用电设备均可与三相用电设备综合按三相负荷平衡计算。如果单相用电设备容量超过三相用电设备容量15%，则应将单相设备容量换算为等效三相用电设备容量，再与三相用电设备容量相加。

确定计算负荷的目的，主要是为了选择供配电系统中的设备、导线和电缆，使设备、导线和电缆在最大负荷电流通过时不致过热烧毁。因此，在接有较多单相用电设备的三相线路中，不论单相用电设备接于相电压还是接于线电压，只要三相负荷不平衡，就应以最大负荷相有功负荷的3倍作为等效三相有功负荷，以满足线路安全运行的要求。

单相用电设备接于相电压时的负荷计算和单相设备接于同一线电压时的计算在3.1.3节已介绍，下面介绍另外两种情况。

（1）单相用电设备接于不同线电压时

设单相用电设备容量 $P_1 > P_2 > P_3$，且 $\cos\varphi_1 \neq \cos\varphi_2 \neq \cos\varphi_3$，$P_1$ 接于 U_{AB}，P_2 接于 U_{BC}，P_3 接于 U_{CA}。按等效发热原理，可等效为如图 3-5 所示的三种接线的叠加：①U_{AB}、U_{BC}、U_{CA} 间各接 P_3，其等效三相容量为 $3P_3$；②U_{AB} 和 U_{BC} 间各接（P_2-P_3），其等效三相容量为 $3(P_2-P_3)$；③U_{AB} 间接（P_1-P_2），其等效三相容量为 $\sqrt{3}(P_1-P_2)$。

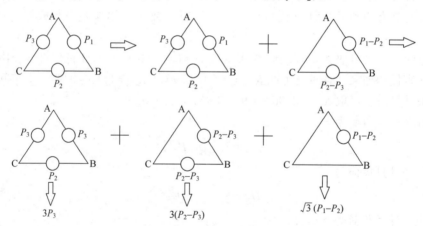

图 3-5　接于各线电压的单相负荷等效变换程序

因此，P_1、P_2、P_3 接于不同线电压时的等效三相设备容量为

$$P_e = 3P_3 + 3(P_2-P_3) + \sqrt{3}(P_1-P_2) = \sqrt{3}P_1 + (3-\sqrt{3})P_2 \tag{3-22}$$

$$Q_e = \sqrt{3}P_1\tan\varphi_1 + (3-\sqrt{3})P_2\tan\varphi_2 \tag{3-23}$$

则等效三相计算负荷同样可按需要系数法计算。

（2）单相设备分别接于线电压和相电压时

首先应将接于线电压的单相设备容量换算为接于相电压的设备容量，然后分相计算各相的设备容量，并按需要系数法计算其各相的计算负荷。而总的等效三相有功计算负荷为其最大有功负荷相的有功计算负荷 $P_{30.\,m\varphi}$ 的 3 倍，即

$$P_{30} = 3P_{30.\,m\varphi} \tag{3-24}$$

总的等效三相无功计算负荷为其最大有功负荷相的无功计算负荷 $Q_{30.\,m\varphi}$ 的 3 倍，即

$$Q_{30} = 3Q_{30.\,m\varphi} \tag{3-25}$$

关于将接于线电压的单相设备容量换算为接于相电压的设备容量问题，可按下列换算公式进行换算。

A 相
$$P_A = p_{AB\text{-}A}P_{AB} + p_{CA\text{-}A}P_{CA} \tag{3-26}$$
$$Q_A = q_{AB\text{-}A}P_{AB} + q_{CA\text{-}A}P_{CA} \tag{3-27}$$

B 相
$$P_B = p_{BC\text{-}B}P_{BC} + p_{AB\text{-}B}P_{AB} \tag{3-28}$$
$$Q_B = q_{BC\text{-}B}P_{BC} + q_{AB\text{-}B}P_{AB} \tag{3-29}$$

C 相
$$P_C = p_{CA\text{-}C}P_{CA} + p_{BC\text{-}C}P_{BC} \tag{3-30}$$
$$Q_C = q_{CA\text{-}C}P_{CA} + q_{BC\text{-}C}P_{BC} \tag{3-31}$$

式中　P_{AB}、P_{BC}、P_{CA}——接于 U_{AB}、U_{BC}、U_{CA} 的有功设备容量；

$\quad\quad$ P_A、P_B、P_C——换算接于 U_A、U_B、U_C 的有功设备容量；

$\quad\quad$ Q_A、Q_B、Q_C——换算接于 U_A、U_B、U_C 的无功设备容量；

$\quad\quad$ $p_{AB\text{-}A}$、$q_{AB\text{-}A}$——接于 U_{AB} 的相同负荷换算为接于 U_A 的相负荷。

相间负荷换算为相负荷的功率换算系数表见表 3-1。

表 3-1　相间负荷换算为相负荷的功率换算系数表

功率换算系数	负荷功率因数								
	0.35	0.4	0.5	0.6	0.65	0.7	0.8	0.9	1.0
$p_{AB\text{-}A}$、$p_{BC\text{-}B}$、$p_{CA\text{-}C}$	1.27	1.17	1.0	0.89	0.84	0.8	0.72	0.64	0.5
$p_{AB\text{-}B}$、$p_{BC\text{-}C}$、$p_{CA\text{-}A}$	-0.27	-0.17	0	0.11	0.16	0.2	0.28	0.36	0.5
$q_{AB\text{-}A}$、$q_{BC\text{-}B}$、$q_{CA\text{-}A}$	1.05	0.86	0.58	0.38	0.3	0.22	0.09	-0.05	-0.29
$q_{AB\text{-}B}$、$q_{BC\text{-}C}$、$q_{CA\text{-}C}$	1.63	1.44	1.16	0.96	0.88	0.8	0.67	0.53	0.29

3.1.5　计算负荷的估算

1. 单位面积功率法（又称负荷密度法）

将建筑物的建筑面积 A 乘以建筑物的负荷密度 K_s，即得到建筑物的计算负荷：

$$P_{30} = \frac{K_s A}{1000} \tag{3-32}$$

式中　P_{30}——有功计算负荷（kW）；

$\quad\quad$ A——建筑面积（m²）；

$\quad\quad$ K_s——负荷密度（W/m²）。

2. 单位指标法

计算公式为

$$P_{30} = \frac{K_n N}{1000} \tag{3-33}$$

式中　P_{30}——有功计算负荷（kW）；

　　　K_n——单位指标，如 W/床、W/人、W/户，可参见有关设计手册。

按照 GB/T 50293—2014《城市电力规划规范》规定的用电指标：居住建筑为 $20\sim60$ W/m²，或 $1.4\sim4$ kW/户；公共建筑为 $30\sim120$ W/m²；工业建筑为 $20\sim80$ W/m²。考虑到今后的发展，现在新设计时，负荷宜适当取大一些。

3. 功率因数、无功补偿及补偿后的计算负荷

（1）功率因数

1）瞬时功率因数可由装设在总配变电所控制室或值班室的功率因数表直接读出。它只用来了解和分析供电系统运行中无功功率变化的情况，以便考虑采取适当的补偿措施。

2）平均功率因数是指某一规定时间内（例如一个月内）功率因数的平均值，按下式计算：

$$\cos\varphi_{av} = \frac{W_p}{\sqrt{W_p^2 + W_q^2}} \tag{3-34}$$

式中　W_p——某一时间（例如一个月）内耗用的有功电能，由有功电度表读出；

　　　W_q——某一时间（例如一个月）内耗用的无功电能，由无功电度表读出。

我国电业部门每月向用户收取电费时，规定要按月平均功率因数的高低来调整电费。一般是 $\cos\varphi_{av}>0.85$ 或 0.90 时，适当少收电费；$\cos\varphi_{av}<0.85$ 或 0.90 时，适当多收电费。此措施用以鼓励用户提高功率因数，从而提高电力系统运行的经济性。

3）最大负荷时的功率因数是指在年最大负荷（即计算负荷）时的功率因数，按下式计算：

$$\cos\varphi = \frac{P_{30}}{S_{30}} \tag{3-35}$$

我国有关规程规定：高压供电的用电单位，最大负荷时的功率因数不得低于 0.9，低压供电的用电单位，最大负荷时的功率因数不得低于 0.85。如果达不到上述要求，则必须进行无功补偿。

（2）无功功率补偿

一般情况下，由于大量动力负荷（如感应电动机、电焊机、气体放电灯等）都是感性负荷，使得功率因数偏低，达不到上述要求，因此需要采用无功补偿措施来提高功率因数。

图 3-6 表示在有功功率固定不变条件下，功率因数提高与无功功率和视在功率变化的关系。当功率因数由 $\cos\varphi$ 提高到 $\cos\varphi'$ 时，无功功率 Q_{30} 和视在功率 S_{30} 将分别减小到 Q'_{30} 和 S'_{30}（在 P_{30} 不变条件下），从而使负荷电流相应减小。这就可使供电系统的电能损耗和电压损耗降低，并可选用较小容量的电气元器件（如电力变压器、开关设备等）和较小截面的载流导体，减少投资和节约有色金属。因此提高功率因数对整个供电系统大有好处。

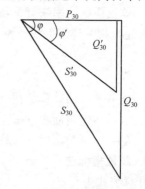

图 3-6　功率因数的提高与无功功率和视在功率的变化

要使功率因数提高到 $\cos\varphi'$，通常需装设人工补偿装置。由图 3-6 可知无功补偿容量应为

$$Q_c = P_{30}(\tan\varphi - \tan\varphi')$$

或

$$Q_c = \Delta q_c P_{30} \qquad (3-36)$$

式中　$\Delta q_c = \tan\varphi - \tan\varphi'$，称为无功补偿率，或补偿容量，单位为 kvar/kW。无功补偿率表示要使 1 kW 的有功功率由 $\cos\varphi$ 提高到 $\cos\varphi'$ 所需的无功补偿功率值。

人工补偿设备最常用的为并联电容器。在确定了总的补偿容量后，就可根据选定的并联电容器的单个容量 q_c 来确定电容器的个数：

$$n = \frac{Q_c}{q_c} \qquad (3-37)$$

由式（3-37）计算所得的电容器个数 n，对于单相电容器来说，应取 3 的倍数，以便三相均衡分配。当选用电容器柜补偿时，则可直接根据计算出的 Q_c 值来选择。

（3）无功补偿后计算负荷的确定

装设了无功补偿设备后，则在确定补偿装设地点前的总计算负荷时应扣除无功补偿容量。因此补偿后的总的无功计算负荷为（注意为 P_{30} 不变的条件下）

$$Q'_{30} = Q_{30} - Q_c \qquad (3-38)$$

总的视在计算负荷为

$$S'_{30} = \sqrt{P_{30}^2 + (Q_{30} - Q_c)^2} \qquad (3-39)$$

总的计算电流为

$$I'_{30} = \frac{S'_{30}}{\sqrt{3}\,U_N} \qquad (3-40)$$

式中　U_N——补偿地点的系统额定电压。

例 3-2　某单位拟建一降压变电所，装设一台 S9 型 10/0.4 kV 的低损耗变压器。已求出变电所低压侧有功计算负荷为 540 kW，无功计算负荷为 730 kvar。按规定，变电所高压侧的功率因数不得低于 0.9。问此变电所是否需要无功补偿。如采用低压补偿，求所需补偿容量为多少？补偿后变电所高压侧的计算负荷 P'_{30}、Q'_{30}、S'_{30} 和 I'_{30} 又各为多少？

解：（1）补偿前变电所高压侧的功率因数计算

变电所低压侧的视在计算负荷为

$$S_{30(2)} = \sqrt{540^2 + 730^2}\ \text{kV·A} = 908\ \text{kV·A}$$

降压变压器的功率损耗为

$$\Delta P_T = 0.015 S_{30(2)} = 0.015 \times 908\ \text{kW} = 13.6\ \text{kW}$$

$$\Delta Q_T = 0.06 S_{30(2)} = 0.06 \times 908\ \text{kvar} = 54.5\ \text{kvar}$$

高压侧的计算负荷为

$$P_{30(1)} = (540 + 13.6)\ \text{kW} = 553.6\ \text{kW}$$

$$Q_{30(1)} = (730 + 54.5)\ \text{kvar} = 784.5\ \text{kvar}$$

$$S_{30(1)} = \sqrt{553^2 + 784.5^2}\ \text{kV·A} = 960.2\ \text{kV·A}$$

因此，高压侧的功率因数为

$$\cos\varphi_{(1)} = 553.6/960.2 = 0.577$$

此功率因数远小于规定的 0.9，因此需进行无功补偿。

（2）无功补偿容量的计算

按题意，在低压侧装设无功补偿电容器。现高压侧的功率因数要求不低于0.9，考虑到变压器的无功损耗远大于其有功损耗，因此低压侧的功率因数一般应不得低于0.92左右才行，这里取 $\cos\varphi'_{(2)} = 0.92$。

低压侧的功率因数为

$$\cos\varphi_{(2)} = P_{30(2)}/S_{30(2)} = 540/908 = 0.595$$

因此，低压侧无功补偿容量应为

$$Q_c = 540 \times [\tan(\arccos 0.595) - \tan(\arccos 0.92)] \, \text{kvar}$$
$$= 540 \times (1.35 - 0.43) \, \text{kvar}$$
$$= 497 \, \text{kvar}$$

取 $Q_c = 500 \, \text{kvar}$。

（3）补偿后的计算负荷和功率因数

变电所低压侧补偿后的视在计算负荷为

$$S'_{30(2)} = \sqrt{540^2 + (730-500)^2} \, \text{kV} \cdot \text{A} = 587 \, \text{kV} \cdot \text{A}$$

补偿后变压器的功率损耗为

$$\Delta P'_T = 0.015 S_{30(2)} = 0.015 \times 587 \, \text{kW} = 8.805 \, \text{kW}$$
$$\Delta Q'_T = 0.06 S_{30(2)} = 0.06 \times 587 \, \text{kvar} = 35.22 \, \text{kvar}$$

因此，补偿后变电所高压侧的计算负荷为

$$P'_{30(1)} = (540+8.805) \, \text{kW} = 548.8 \, \text{kW}$$
$$Q'_{30(1)} = [(730-500)+35.2] \, \text{kvar} = 265.2 \, \text{kvar}$$
$$S'_{30(1)} = \sqrt{548.8^2 + 265.2^2} \, \text{kV} \cdot \text{A} = 609.5 \, \text{kV} \cdot \text{A}$$
$$I'_{30(1)} = 609.5/(\sqrt{3} \times 10) = 35.2 \, \text{A}$$

无功补偿后高压侧的功率因数为

$$\cos\varphi'_{(1)} = 548.8/609.5 = 0.9004$$

正好满足规定的要求。

3.1.6 尖峰电流及其计算

尖峰电流是指持续 $1 \sim 2 \text{s}$ 的短时最大负荷电流。在计算电压波动、选择熔断器和低压断路器及整定继电保护装置时，要用到尖峰电流。

1. 单台用电设备尖峰电流的计算

单台用电设备（如电动机）的尖峰电流 I_{pk}，就是其起动电流 I_{st}，即

$$I_{pk} = I_{st} = K_{st} I_N \tag{3-41}$$

式中　I_N——用电设备的额定电流；

K_{st}——用电设备的起动电流倍数，笼型异步电动机可取为 $5 \sim 7$，绕线转子异步电动机可取为 $3 \sim 5$，电焊变压器可取为 $3 \sim 4$。

2. 多台用电设备尖峰电流的计算

引至多台用电设备的线路上的尖峰电流，按下列公式计算：

$$I_{pk} = K_{\Sigma} \sum_{i=1}^{n-1} I_{N.i} + I_{st.\,max} \qquad (3-42)$$

或

$$I_{pk} = I_{30} + (I_{st} - I_N)_{max} \qquad (3-43)$$

式中　$I_{st.\,max}$——用电设备中起动电流与额定电流之差为最大的那台设备的起动电流；

$(I_{st} - I_N)_{max}$——用电设备中起动电流与额定电流之差；

$\sum_{i=1}^{n-1} I_{N.i}$——将起动电流与额定电流之差为最大的那台设备除外的其他（$n-1$）台设备的

额定电流之和；

K_{Σ}——（$n-1$）台设备的同时系数，按台数多少选取，一般为 0.7~1.0；

I_{30}——全部设备正常运行时线路的计算电流。

例 3-3　有一条 380 V 三相线路，供电给表 3-2 所示的 5 台电动机。该线路的计算电流为 50 A，试求该线路的尖峰电流。

解：由表 3-2 可知，M4 的 $I_{st} - I_N = 58\,A - 10\,A = 48\,A$，在所有电动机中为最大，因此线路的尖峰电流为

$$I_{pk} = I_{30} + (I_{st} - I_N)_{max} = 50\,A + 48\,A = 98\,A$$

表 3-2　例 3-3 电动机负荷

参　数	电　动　机				
	M1	M2	M3	M4	M5
额定电流 I_N/A	8	18	25	10	15
起动电流 I_{st}/A	40	65	46	58	36

实践内容

所在单位计算负荷统计。

知识拓展

1）按二项式法确定三相用电设备组的计算负荷。

2）用户计算负荷及年耗电量的计算方法。

3）查阅国家电网有限公司配电线路运维"1+X"等级证书相关知识内容。

总结与思考

1）三相用电设备组计算负荷的确定。

2）如何根据尖峰电流合理选择电气设备。

任务 3.2　短 路 计 算

任务要点

1）了解短路的原因、后果及其形式。

2）掌握无限大容量电力系统发生三相短路时的物理量。

3）掌握无限大容量电力系统的短路电流计算。

4）形成科学严谨的态度及归纳分析的能力，发扬吃苦耐劳、耐心钻研的职业精神。

◉ 相关知识

3.2.1　短路的原因、后果及其形式

1. 短路原因

短路是指不同电位的带电导体之间的电气连接,包含直接相连和距离相近时产生的放电。短路常见于电力系统,短路将会引起严重的电力故障。

电力系统短路故障的原因包含三个方面。

1) 绝缘损坏。由于电力设备长期运行,绝缘产生自然的老化能够使绝缘损坏,电力设备本身质量存在缺陷也会使绝缘不满足运行需求,从而导致短路。

2) 误操作。带负荷误拉高压隔离开关,很可能导致电力电源相间短路;如果误将较低电压的设备投入较高电压等级的电路中,也会造成设备的绝缘击穿,产生供电回路的短路。

3) 外力损伤。小动物跨越电力系统,同时接触裸露的不同电位的带电导体;或者动物咬坏设备或导体的绝缘,或者机械外力误伤绝缘导体且外界导体同时接触不同电位的带电导体都会引起短路故障。

2. 短路后果

电力系统的短路电流高达几万安培或几十万安培。短路电流对电力系统将产生极大的危害,表现如下。

1) 短路故障下的热现象和电动现象。短路电流将产生很大的电动力和很高的温度,可能造成电路及设备的损坏。

2) 电压骤降。短路将造成系统电压骤然下降,越靠近短路点系统的电压越低,这将严重影响电气设备的正常运行。

3) 停电事故。完备的电力系统均具有完善的保护装置。短路发生时,保护装置动作(如断路器跳闸、熔断器熔断),造成事故停电。越靠近电源短路,引起停电的范围越大。

4) 电力系统不稳定。严重的短路可使并列运行的发电机组失去同步,造成电力系统解列。现在电力网跨度越来越大,电力系统的不稳定会殃及大范围的用户。

5) 电磁干扰。单相接地短路电流,可对附近的通信线路、信号系统及电子设备等产生电磁干扰,使之无法正常运行,甚至引起误动作。

总之,短路的后果非常严重,在供配电系统的设计、安装和运行中,应针对性地采取措施,消除和限制将会引发短路故障的因素。

3. 短路的形式

在三相系统中,可有下列短路形式。

1) 三相短路如图 3-7a 所示。三相短路用文字符号 $k^{(3)}$ 表示,三相短路电流则写作 $I_k^{(3)}$。

2) 两相短路如图 3-7b 所示。两相短路用文字符号 $k^{(2)}$ 表示,两相短路电流则写作 $I_k^{(2)}$。

3) 单相接地短路和单相短路如图 3-7c 和图 3-7d 所示。单相短路用文字符号 $k^{(1)}$ 表示,单相短路电流则写作 $I_k^{(1)}$。

4) 两相接地短路如图 3-7e 所示,是由中性点不接地的电力系统中两不同相的单相接地所形成的两相短路,也指两相短路又接地的情况,如图 3-7f 所示,都用文字符号 $k^{(1,1)}$ 表

示，其短路电流则写作$I_k^{(1.1)}$。两相接地短路实质上就是两相短路。

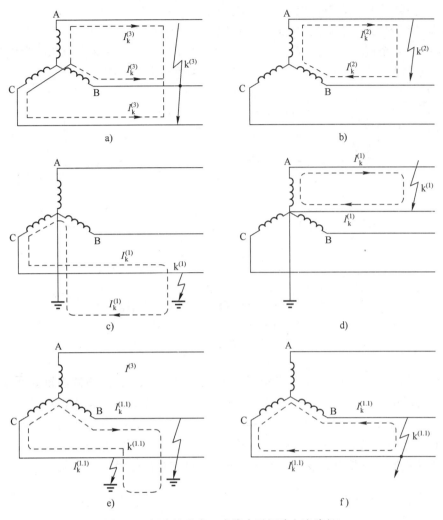

图 3-7　短路的形式（虚线表示短路电流路径）

a）三相短路　b）两相短路　c）单相接地短路　d）单相短路

e）两相接地短路　f）两相短路接地

从系统的负载端来看，三相短路属对称性短路；其他形式的短路为不对称性短路。电力系统运行中较常见的短路故障是单相短路；同一系统中同一操作位置的短路故障中，三相短路时的短路电流最大，造成的电力危害也最严重。因此，通常采用三相短路电流作为选择和校验电力系统中电器和导体的依据。

3.2.2　无限大容量电力系统发生三相短路时的物理量

1. 无限大容量的电力系统及其三相短路的物理过程

理想的无限大容量电力系统，就是容量相对于用户需求电力容量大得多的系统，该系统中，用户的负荷不论如何变化，甚至发生短路时，电力系统的供电变电所的母线的电压维持不变。在实际的电力系统中，当电力系统总阻抗不超过短路电路总阻抗的 10%，或者电力系统容量超过用户供配电系统容量的 50 倍时，就可将电力系统视为"无限大容量电力系统"。

对一般用电企业的内部供配电系统，其容量都远比区域电力系统的总容量小，其阻抗又比电力系统大得多。因此，企业的供配电系统可以被看作有无限大容量的电源供电的电力系统。

图 3-8a 是一个接受无限大容量电源供电的电力系统发生三相短路故障时的电路。由于三相短路为对称性系统，可以用图 3-8b 的等效单相电路来分析研究。

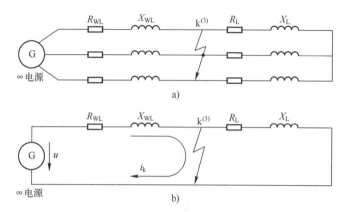

图 3-8　无限大容量系统中发生三相短路

a）三相电路图　b）等效单相电路图

R_{WL}、X_{WL}—线路阻抗　R_L、X_L—负荷阻抗

当发生三相短路时，负荷阻抗和部分线路的阻抗脱离原系统，电路阻抗骤然变得很小，短路回路的前端电路中的电流突然增大。此时，短路电路中存在着电感拟制了电流的突变，因而短路故障时存在一个过渡过程，即短路暂态过程，至短路回路达到新的稳定状态。也就是说，短路回路的短路电流稳定在一个量值有一个过渡的时间。图 3-9 表示了在一个无限大容量电力系统发生三相短路前后的电压和电流参量的变化过程。

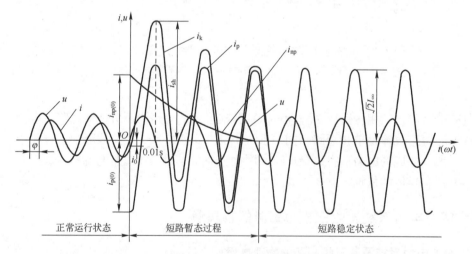

正常运行状态　　短路暂态过程　　　　短路稳定状态

图 3-9　无限大容量系统发生三相短路前后的电压和电流参量的变化过程

3-1　无限大容量

电力系统三相

短路的物理过程

2. 描述电力系统短路的物理量

（1）短路电流周期分量

假设短路发生在电压瞬时值 $u=0$ 时，这时负荷电流为 i_0。由于短路时电路阻抗减小很多，电路中将要出现一个如图 3-9 中 i_p 所示的短路电流周期分量。由于短路电路的电抗一般远大于电阻，所以这周期分量 i_p 滞后电压 u 约 90°。因此，在 $u=0$ 时短路的瞬间（$t=0$ 时），i_p 将突然增大到幅值，即

$$i_{p(0)} = I''_m = \sqrt{2}\,I'' \tag{3-44}$$

式中　I''——短路次暂态电流有效值，它是短路后第一个周期的短路电流周期分量 i_p 的有效值（一般把短路后第一个周波时的参数都加一个"次"字，本书中以加上标"表示。）

在无限大容量系统中，由于系统母线电压维持不变，所以其短路电流周期分量有效值（习惯上用 I_k 表示）在短路的全过程中也维持不变，即 $I''=I_\infty=I_k$，这里 I_∞ 为短路稳态电流有效值。

（2）短路电流非周期分量

短路电流非周期分量是由于短路电路存在电感，用以维持短路初瞬间（$t=0$ 时）电流不致突变而由电感的自感电动势所产生的一个反向电流，如图 3-9 中的 i_{np} 所示。

短路电流非周期分量 i_{np} 按指数函数衰减，其表达式为

$$i_{np} = i_{np(0)}\,\mathrm{e}^{-\frac{t}{\tau}} = (I''_m - i_0)\,\mathrm{e}^{-\frac{t}{\tau}} \approx \sqrt{2}\,I''\mathrm{e}^{-\frac{t}{\tau}} \tag{3-45}$$

式中，τ 为短路电流的时间常数，$\tau = L_\Sigma/R_\Sigma = X_\Sigma/(314R_\Sigma)$，这里 R_Σ、L_Σ 和 X_Σ 分别为短路电路的总电阻、总电感和总电抗。

（3）短路全电流

任一瞬间的短路全电流 i_k 为其周期分量 i_p 与其非周期分量 i_{np} 之和，即

$$i_k = i_p + i_{np} \tag{3-46}$$

某一瞬间 t 的短路全电流有效值 $I_{k(t)}$，是以 t 为中点的一个周期内的周期分量有效值 $I_{p(t)}$ 与 t 瞬间非周期分量值 $i_{np(t)}$ 的方均根值，即

$$I_{k(t)} = \sqrt{I^2_{p(t)} + i^2_{np(t)}} \tag{3-47}$$

如前所述，在无限大容量系统中，短路电流周期分量的有效值和幅值在短路全过程中是恒定不变的。

（4）短路冲击电流

由图 3-9 所示的短路全电流 i_k 曲线可以看出，短路后经过半个周期（即 $t=0.01\,\mathrm{s}$），短路电流瞬时值达到最大值。短路过程中的最大短路电流瞬时值，称为"短路冲击电流"，用 i_{sh} 表示。

短路冲击电流按下式计算：

$$i_{sh} = i_{p(0.01)} + i_{np(0.01)} \approx \sqrt{2}\,I''\left(1 + \mathrm{e}^{-\frac{0.01}{\tau}}\right) = K_{sh}\sqrt{2}\,I'' \tag{3-48}$$

式中　K_{sh}——短路电流冲击系数。

由式（3-48）可知，短路电流冲击系数为

$$K_{sh} = 1 + \mathrm{e}^{-\frac{0.01}{\tau}} = 1 + \mathrm{e}^{-\frac{0.01R_\Sigma}{L_\Sigma}} \tag{3-49}$$

当 $R_\Sigma \rightarrow 0$ 时，$K_{sh} \rightarrow 2$；当 $L_\Sigma \rightarrow 0$ 时，$K_{sh} \rightarrow 1$。因此，$1 < K_{sh} < 2$。

短路全电流的最大有效值，是短路后第一个周期的短路全电流有效值，用 I_{sh} 表示。它

也可称为"短路冲击电流有效值",用下式计算:

$$I_{sh} = \sqrt{I_{p(0.01)}^2 + i_{np(0.01)}^2} \approx \sqrt{I'' + (\sqrt{2}I''e^{-\frac{0.01}{\tau}})^2}$$

或

$$I_{sh} \approx \sqrt{1 + 2(K_{sh}-1)^2}\, I'' \tag{3-50}$$

在高压电路发生三相短路时,一般取 $K_{sh} = 1.8$,因此:

$$i_{sh} = 2.55I'' \tag{3-51}$$

$$I_{sh} = 1.51I'' \tag{3-52}$$

在低压电路和 1000 kV·A 及以下变压器二次侧发生三相短路时,一般取 $K_{sh} = 1.3$,因此:

$$i_{sh} = 1.84I'' \tag{3-53}$$

$$I_{sh} = 1.09I'' \tag{3-54}$$

(5)短路稳态电流

短路稳态电流是短路电流非周期分量衰减完毕以后的短路全电流,其有效值用 I_∞ 表示。在无限大容量系统中,$I'' = I_\infty = I_k$。

3.2.3　无限大容量电力系统的短路电流计算

为了正确选择电气设备,使设备具有足够的动稳定性和热稳定性,保证在所处系统发生短路时,可能出现的最大短路电流通过时也不致损坏。因此,必须知道系统的短路电流。

在选择和配置电力系统的保护环节如设置熔断器、继电保护装置时,也必须知道系统的短路电流。

1. 短路电流计算概述

电力系统短路电流的计算步骤如下。

1)绘出计算电路图。在计算电路图上,将短路计算所需的各元器件的主要参数都表示出来,并将各元器件依次编号,然后确定短路计算点。短路计算点的选择依据是能使需要进行短路校验的元器件有最大可能的短路电流通过。

2)按所选择的短路计算点绘出等效电路图,并计算电路中各主要元器件的阻抗。在等效电路图上,只需将所计算的短路电流所流经的一些主要元器件表示出来,并标明其序号和阻抗值,一般是分子标序号,分母标阻抗值(既有电阻又有电抗时,用复数形式 $R+jX$ 表示)。

3)将等效电路化简。对于一般建筑供配电系统来说,由于可将电力系统当作无限大容量电源,而且短路电路也比较简单,因此一般只需采用阻抗串并联的方法即可将电路化简。

4)求出其等效总阻抗,最后计算短路电流和短路容量。短路电流的计算方法,常用的有欧姆法(有名单位制法)和标幺制法(相对单位制法)。

工程计算中,短路计算采用的单位包含:电压为千伏(kV);电流为千安(kA);短路容量和断流容量为兆伏安(MV·A);设备容量为千瓦(kW)或千伏安(kV·A);电阻、电抗和阻抗为欧姆(Ω)。在本书中,各物理量的单位除特别标明的以外,均采用国际单位制的基本单位,此时,不在公式中标注单位。

2. 采用欧姆法进行三相短路计算

欧姆法因其短路计算中的阻抗都采用有名单位"欧姆"而得名。欧姆法又称为"有名单位制法"。

在无限大容量系统中三相短路电流周期分量有效值可按下式计算：

$$I_k^{(3)} = \frac{U_c}{\sqrt{3}\,|Z_\Sigma|} = \frac{U_c}{\sqrt{3}\sqrt{R_\Sigma^2 + X_\Sigma^2}} \qquad (3-55)$$

式中　U_c——短路计算点的短路计算电压，由于线路首端短路时其短路最为严重，因此按线路首端电压考虑，即短路计算电压取为比线路额定电压 U_N 高 5% 左右，按我国电压标准，U_c（kV）为 0.4、0.69、3.15、6.3、10.5、37、…；$|Z_\Sigma|$、R_Σ、X_Σ 分别为短路电路的总阻抗［模］、总电阻和总电抗值。

高压电路短路时，总电抗通常比总电阻大得多，所以可以只计电抗、不计电阻。在低压侧短路时，也只有当短路电路的 $R_\Sigma > X_\Sigma/3$ 时才需计算电阻。

如果不计电阻，则三相短路电流周期分量有效值为

$$I_k^{(3)} = \frac{U_c}{\sqrt{3}\,X_\Sigma} \qquad (3-56)$$

三相短路容量的计算方法：

$$S_k^{(3)} = \sqrt{3}\,U_c I_k^{(3)} \qquad (3-57)$$

短路电路的阻抗，一般可只计电力系统（电源）的阻抗、电力变压器阻抗和电力线路阻抗。而供电系统中的母线、线圈型电流互感器的一次绕组、低压断路器的过电流脱扣线圈及开关的触头等的阻抗，相对来说很小，在短路计算中一般可略去不计。

（1）电力系统的阻抗

电力系统的电阻相对于电抗来说很小，一般不予考虑。

电力系统的电抗，可从电业部门查取。实际工程计算中，采用电力系统变电所高压馈电线出口断路器的断流容量 S_{oc} 来估算，把这个 S_{oc} 就看作是电力系统的极限短路容量 S_k。因此，电力系统的电抗为

$$X_s = \frac{U_c^2}{S_{oc}} \qquad (3-58)$$

式中　U_c——高压馈电线的短路计算电压，但为了便于短路电路总阻抗的计算，免去阻抗换算的麻烦，此式的 U_c 可直接采用短路计算点的短路计算电压；
　　　S_{oc}——电力系统出口断路器的断流容量。

如只有开断电流 I_{oc} 数据，则其断流容量可按下式计算：

$$S_{oc} = \sqrt{3}\,I_{oc} U_N \qquad (3-59)$$

式中　U_N——断路器额定电压。

（2）电力变压器的阻抗

1）电力变压器的电阻 R_T：可由变压器的短路损耗 ΔP_k 近似地计算。

因为

$$\Delta P_k \approx 3I_N^2 R_T = 3 \times \left(\frac{S_N}{\sqrt{3}\,U_N}\right)^2 R_T \approx \left(\frac{S_N}{U_c}\right)^2 R_T$$

故

$$R_T \approx \Delta P_k \left(\frac{U_c}{S_N}\right)^2 \qquad (3-60)$$

式中　U_c——短路计算电压，取短路计算点的短路计算电压，以免阻抗换算；

S_N——变压器的额定容量；

ΔP_k——变压器的短路损耗，可查有关手册或产品样本。

2）电力变压器的电抗 X_T：可由变压器的阻抗电压（即短路电压）$U_k\%$ 近似地计算。

因为
$$U_k\% \approx \frac{\sqrt{3} I_N X_T}{U_c} \times 100 \approx \frac{S_N X_T}{U_c^2} \times 100$$

故
$$X_T \approx \frac{U_k\% U_c^2}{100 S_N} \tag{3-61}$$

式中　$U_k\%$——变压器的阻抗电压（即短路电压）百分值，可查有关手册或产品样本。

3）电力线路的阻抗：电力线路的电阻 R_{WL} 可由导线电缆的单位长度电阻 R_0 值求得，即
$$R_{WL} = R_0 l \tag{3-62}$$

式中　R_0——导线或电缆单位长度的电阻，可查有关手册或产品样本；

　　　l——线路长度。

电力线路的电抗 X_{WL} 可由导线电缆的单位长度电抗 X_0 值求得，即
$$X_{WL} = X_0 l \tag{3-63}$$

式中　X_0——导线电缆单位长度的电抗，可查有关手册或产品样本，若线路的结构数据不详或无法查找时，可按表 3-3 取其电抗平均值，因为同一电压的同类线路的电抗值变动的幅度一般不大；

　　　l——线路长度。

表 3-3　电力线路每相的单位长度电抗平均值

线路结构	单位长度电抗平均值（Ω/km）		
	220/380 V	6~10 kV	35 kV 及以上
架空线路	0.32	0.35	0.40
电缆线路	0.066	0.08	0.12

求出短路电路中各主要元器件的阻抗后，就可化简电路，求出其总阻抗。然后计算三相短路电流周期分量 $I_k^{(3)}$，按有关公式计算其他短路电流 $I''^{(3)}$、$I_\infty^{(3)}$、$i_{sh}^{(3)}$ 和 $I_{sh}^{(3)}$，再计算三相短路容量 $S_k^{(3)}$。

💡 **注意**：在计算短路电路的阻抗时，假如电路内含有电力变压器，则电路内各元器件的阻抗都应统一换算到短路点的短路计算电压去。阻抗等效换算的原则是元器件的功率损耗不变。

由 $\Delta P = U^2/R$ 和 $\Delta Q = U^2/X$ 可知，元器件的阻抗值与电压平方成正比，因此阻抗换算的公式为
$$R' = R \left(\frac{U_c'}{U_c} \right)^2 \tag{3-64}$$

$$X' = X \left(\frac{U_c'}{U_c} \right)^2 \tag{3-65}$$

式中　R、X 和 U_c——换算前元器件的电阻、电抗和元器件所在处的短路计算电压；

　　　R'、X' 和 U_c'——换算后元器件的电阻、电抗和短路点的短路计算电压。

短路计算中几个主要元器件的阻抗，需要在特定条件下换算的是电力线路的阻抗，例如计算低压侧的短路电流时，高压侧的线路阻抗就需换算到低压侧。而电力系统和电力变压器的阻抗，由于其阻抗计算公式均含有 U_c^2，因此计算其阻抗时，公式中 U_c^2 直接代以短路点的短路计算点电压，就相当于阻抗已经换算到短路点一侧了。

例 3-4 某供配电系统如图 3-10 所示，已知电力系统出口断路器为 SN10-10II 型。试求该用户变电所高压 10kV 母线上 k-1 点和低压 380V 母线上 k-2 点的三相短路电流和短路容量。

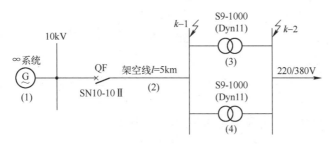

图 3-10 例 3-4 的短路计算电路图

解：（1）计算 k-1 点上的三相短路电流和短路容量（$U_{c1} = 10.5\,\text{kV}$）

1）计算短路电路中各元器件的电抗和总电抗。

① 电力系统的电抗：由附录 D 可查得 SN10-10II 型断路器的断开容量 $S_{oc} = 500\,\text{MV·A}$，因此

$$X_1 = \frac{U_{c1}^2}{S_{oc}} = \frac{(10.5\,\text{kV})^2}{500\,\text{MV·A}} = 0.22\,\Omega$$

② 架空线路的电抗：由表 3-3 查得 $X_0 = 0.35\,\Omega/\text{km}$，因此

$$X_2 = X_0 l = 0.35\,\Omega/\text{km} \times 5\,\text{km} = 1.75\,\Omega$$

③ 绘 k-1 点短路的等效电路如图 3-11a 所示，计算其总电抗为

$$X_{\Sigma(k-1)} = X_1 + X_2 = 0.22\,\Omega + 1.75\,\Omega = 1.97\,\Omega$$

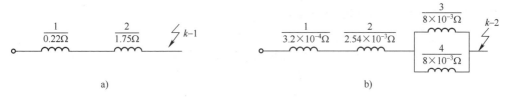

图 3-11 例 3-9 的短路等效电路图（欧姆法）

a）k-1 点短路的等效电路 b）k-2 点短路的等效电路

2）计算三相短路电流和短路容量。

① 三相短路电流周期分量有效值为

$$I_{k-1}^{(3)} = \frac{U_{c1}}{\sqrt{3}\,X_{\Sigma(k-1)}} = \frac{10.5\,\text{kV}}{\sqrt{3} \times 1.97\,\Omega} = 3.08\,\text{kA}$$

② 三相短路次暂态电流和稳态电流有效值为

$$I''^{(3)} = I_\infty^{(3)} = I_{k-1}^{(3)} = 3.08\,\text{kA}$$

③ 三相短路冲击电流及第一个周期短路全电流有效值为

$$i_{sh}^{(3)} = 2.55 I''^{(3)} = 2.55 \times 3.08\,\text{kA} = 7.85\,\text{kA}$$

$$I_{sh}^{(3)} = 1.51 I''^{(3)} = 1.51 \times 3.08 \, kA = 4.65 \, kA$$

④ 三相短路容量为

$$S_{k-1}^{(3)} = \sqrt{3} U_{c1} I_{k-1}^{(3)} = \sqrt{3} \times 10.5 \, kV \times 3.08 \, kA = 56 \, MV \cdot A$$

（2）计算 $k-2$ 点上的三相短路电流和短路容量（$U_{c2} = 0.4 \, kV$）

1）计算短路电路中各元器件的电抗和总电抗。

① 电力系统的电抗为

$$X_1' = \frac{U_{c2}^2}{S_{oc}} = \frac{(0.4 \, kV)^2}{500 \, MV \cdot A} = 3.2 \times 10^{-4} \, \Omega$$

② 架空线路的电抗为

$$X_2' = X_0 l \left(\frac{U_{c2}}{U_{c1}} \right)^2 = 0.35 \, \Omega/km \times 5 \, km \times \left(\frac{0.4 \, kV}{10.5 \, kV} \right)^2 = 2.54 \times 10^{-3} \, \Omega$$

③ 电力变压器的电抗。由附录 A 得 $U_Z\% = 5$，因此

$$X_3 = X_4 \approx \frac{U_Z\% U_{c2}^2}{100 S_N} = \frac{5}{100} \times \frac{(0.4 \, kV)^2}{1000 \, kV \cdot A} = 8 \times 10^{-6} \, k\Omega = 8 \times 10^{-3} \, \Omega$$

④ 绘 $k-2$ 点短路的等效电路如图 3-11b 所示，计算其总电抗为

$$X_{\Sigma(k-2)} = X_1' + X_2' + X_3 // X_4 = X_1' + X_2' + \frac{X_3 X_4}{X_3 + X_4}$$

$$= 3.2 \times 10^{-4} \, \Omega + 2.54 \times 10^{-3} \, \Omega + \frac{8 \times 10^{-3} \, \Omega}{2} = 6.86 \times 10^{-3} \, \Omega$$

2）计算三相短路电流和短路容量。

① 三相短路电流周期分量有效值为

$$I_{k-2}^{(3)} = \frac{U_{c2}}{\sqrt{3} X_{\Sigma(k-2)}} = \frac{0.4 \, kV}{\sqrt{3} \times 6.86 \times 10^{-3} \, \Omega} = 33.7 \, kA$$

② 三相短路次暂态电流和稳态电流有效值为

$$I''^{(3)} = I_{\infty}^{(3)} = I_{k-2}^{(3)} = 33.7 \, kA$$

③ 三相短路冲击电流及第一个周期短路全电流有效值为

$$i_{sh}^{(3)} = 1.84 I''^{(3)} = 1.84 \times 33.7 \, kA = 62 \, kA$$

$$I_{sh}^{(3)} = 1.09 I''^{(3)} = 1.09 \times 33.7 \, kA = 36.7 \, kA$$

④ 三相短路容量为

$$S_{k-2}^{(3)} = \sqrt{3} U_{c2} I_{k-2}^{(3)} = \sqrt{3} \times 0.4 \, kV \times 33.7 \, kA = 23.3 \, MV \cdot A$$

3. 采用标幺制法进行三相短路的计算

短路计算的标幺制法，又称为相对单位制法，因其短路计算中的阻抗、电流、电压等物理量均采用相对值而得名，相对值即标幺值。

（1）相对基准和标幺值的定义

某一物理量的标幺值 A_d^*，就是该物理量的实际值 A 与所选定的基准值 A_d 的比值，即

$$A_d^* = \frac{A}{A_d} \tag{3-66}$$

按标幺制法进行短路计算时，首先应选定基准容量 S_d 和基准电压 U_d。

基准容量，工程设计中通常取 $S_d = 100\,\text{MV·A}$。

基准电压，通常就取短路计算元器件所在电路的短路计算电压，即取 $U_d = U_c$。这里，U_c 比所在电路额定电压 U_N 约高 5%，即 $U_c = 1.05 U_N$。

基准电流，按下式计算：

$$I_d = \frac{S_d}{\sqrt{3}\,U_d} = \frac{S_d}{\sqrt{3}\,U_c} \qquad (3-67)$$

基准电抗，按下式计算：

$$X_d = \frac{U_d}{\sqrt{3}\,I_d} = \frac{U_c^2}{S_d} \qquad (3-68)$$

（2）标幺制法短路计算的有关公式

在无限大容量系统中发生三相短路时，其三相短路电流周期分量有效值（即三相短路稳态电流）的标幺值 $I_k^{(3)*}$ 可按下式计算：

$$I_k^{(3)*} = \frac{I_k^{(3)}}{I_d} = \frac{U_c}{\sqrt{3}\,X_\Sigma I_d} = \frac{X_d}{X_\Sigma} = \frac{1}{X_\Sigma^*} \qquad (3-69)$$

由此可得三相短路电流周期分量有效值（即三相短路稳态电流）为

$$I_k^{(3)} = I_k^{(3)*} I_d = \frac{I_d}{X_\Sigma^*} \qquad (3-70)$$

求出 $I_k^{(3)}$ 后，就可利用前面的有关公式求出 $I''^{(3)}$、$I_\infty^{(3)}$、$i_{sh}^{(3)}$ 和 $I_{sh}^{(3)}$ 等。

而三相短路容量的计算公式为

$$S_k^{(3)} = \sqrt{3}\,U_c I_k^{(3)} = \frac{\sqrt{3}\,U_c I_d}{X_\Sigma^*} = \frac{S_d}{X_\Sigma^*} \qquad (3-71)$$

下面分别讲述供电系统中三个主要元器件的电抗标幺值计算（取 $S_d = 100\,\text{MV·A}$，$U_d = U_c$）

1）电力系统的电抗标幺值为

$$X_s^* = \frac{X_s}{X_d} = \frac{U_c^2 S_d}{S_{oc} U_d^2} = \frac{S_d}{S_{oc}} \qquad (3-72)$$

式中　S_{oc}——电力系统出口断路器的断开容量。

2）电力变压器的电抗标幺值为

$$X_T^* = \frac{X_T}{X_d} = \frac{U_k\% U_c^2 S_d}{100 S_N U_d^2} = \frac{U_k\% S_d}{100 S_N} \qquad (3-73)$$

式中　$U_k\%$——电力变压器的短路电压（阻抗电压）百分值；

　　　　S_N——电力变压器的额定容量。

3）电力线路的电抗标幺值为

$$X_{WL}^* = \frac{X_{WL}}{X_d} = X_0 l\,\frac{S_d}{U_d^2} = \frac{X_0 l S_d}{U_c^2} \qquad (3-74)$$

式中　X_0——线路的单位长度电抗；

　　　　l——线路的长度。

求出短路电路中各主要元器件的电抗标幺值后，就可利用其等效电路分别针对各个短路计算点进行电路化简，按不同的短路计算点分别计算其总的电抗标幺值 X_{Σ}^{*}。由于所有元器件电抗都采用相对值，与短路计算电压无关，因此计算总电抗标幺值时，不同电压的元器件阻抗值无须进行换算。这也是标幺制法较之欧姆法方便之处。

（3）标幺制法作短路计算的步骤

1）短路计算电路图，并根据短路计算的目的确定短路计算点。

2）选定标幺值的基准，并求出所有短路计算点电压下的 I_{d}。

3）计算短路电路中所有主要元器件的电抗标幺值。

4）绘出短路电路的等效电路图，用分子标明元器件序号或代号，分母标明电抗标幺值，并在等效电路图上标出所有短路计算点。

5）针对各短路计算点分别简化电路，求出其总的电抗标幺值，然后按有关公式计算所有的短路电流和短路容量。

4. 两相短路电流的计算

在无限大容量系统中发生两相短路时的电路图如图 3-12 所示，其两相短路电流周期分量有效值（简称两相短路电流）为

$$I_{k}^{(2)}=\frac{U_{c}}{2\,|\,Z_{\Sigma}\,|} \tag{3-75}$$

式中　U_{c}——短路计算点的短路计算电压（线电压）。

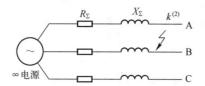

图 3-12　无限大容量系统中发生两相短路时的电路图

如果只计算电抗，则两相短路电流为

$$I_{k}^{(2)}=\frac{U_{c}}{2X_{\Sigma}} \tag{3-76}$$

其他两相短路电流 $I''^{(2)}$、$I_{\infty}^{(2)}$、$i_{sh}^{(2)}$ 和 $I_{sh}^{(2)}$ 等，都可按前面三相短路的对应短路电流的公式计算。

关于两相短路电流与三相短路电流的关系，可由 $I_{k}^{(2)}=U_{c}/2X_{\Sigma}$ 及 $I_{k}^{(3)}=U_{c}/\sqrt{3}\,X_{\Sigma}$ 求得。因

$$\frac{I_{k}^{(2)}}{I_{k}^{(3)}}=\frac{\sqrt{3}}{2}=0.866$$

故

$$I_{k}^{(2)}=\frac{\sqrt{3}}{2}I_{k}^{(3)}=0.866I_{k}^{(3)} \tag{3-77}$$

式（3-77）说明，在无限大容量系统中，同一地点的两相短路电流为三相短路电流的 0.866 倍。因此无限大容量系统中的两相短路电流，可在求出三相短路电流后利用式（3-77）直接求得。

5. 单相短路电流计算

在大接地电流系统和三相四线制配电系统中发生单相短路时如图 3-7c 和图 3-7d 所示，根据对称分量法可求得其单相短路电流为

$$I_k^{(1)} = \frac{3U_\varphi}{Z_{1\Sigma} + Z_{2\Sigma} + Z_{0\Sigma}} \tag{3-78}$$

式中　　　　U_φ——电源相电压；

$Z_{1\Sigma}$、$Z_{2\Sigma}$、$Z_{0\Sigma}$——分别为单向短路回路的正序、负序和零序阻抗。

在工程设计中，可利用下式计算单相短路电流：

$$I_k^{(1)} = \frac{U_\varphi}{|Z_{\varphi-0}|} \tag{3-79}$$

式中　U_φ——电源相电压；

$|Z_{\varphi-0}|$——单相短路回路的阻抗［模］，可查有关手册或按下式计算：

$$|Z_{\varphi-0}| = \sqrt{(R_T + R_{\varphi-0})^2 + (X_T + X_{\varphi-0})^2} \tag{3-80}$$

式中　R_T、X_T——变压器单相的等效电阻和电抗；

$R_{\varphi-0}$、$X_{\varphi-0}$——相线与 N 线或 PE 线、PEN 线的短路回路电阻和电抗，包括回路中低压断路器过电流线圈的阻抗、开关触头的接触电阻及电流互感器一次绕组的阻抗等，可查有关手册或产品样本。

单相短路电流与三相短路电流的关系如下。

在远离发电机的用户变电所低压侧发生单相短路时，$Z_{1\Sigma} \approx Z_{2\Sigma}$，因此由式（3-78）得单相短路电流：

$$I_k^{(1)} = \frac{3U_\varphi}{2Z_{1\Sigma} + Z_{0\Sigma}} \tag{3-81}$$

而三相短路时，三相短路电流为

$$I_k^{(3)} = \frac{U_\varphi}{Z_{1\Sigma}} \tag{3-82}$$

因此

$$\frac{I_k^{(1)}}{I_k^{(3)}} = \frac{3}{2 + \dfrac{Z_{0\Sigma}}{Z_{1\Sigma}}} \tag{3-83}$$

由于远离发电机发生短路时，$Z_{0\Sigma} > Z_{1\Sigma}$，因此

$$I_k^{(1)} < I_k^{(3)} \tag{3-84}$$

由式（3-77）和式（3-84）可知，在无限大容量系统中或远离发电机处发生两相短路或单相短路时，它们的短路电流都比同一地方发生三相短路的短路电流小，因此用于选择一般供配电系统中电气设备和导体的短路电流，应该采用三相短路电流。两相短路电流主要用于相间短路保护灵敏度的校验，而单相短路电流除用于检验保护灵敏度外，主要用于单相短路保护的整定及单相短路热稳定度的校验。

⊛ **实践内容**

某变电站 10 kV 进线短路电流的计算。

知识拓展

1）短路防护的综合措施。

2）查阅国家电网有限公司配电线路运维"1+X"等级证书相关知识内容。

总结与思考

1）短路有哪些形式？哪种短路形式的可能性最大？哪些短路形式的危害最为严重？

2）在无限大容量系统中发生短路时，短路电流将如何变化？

项目测验 3

一、判断题

1. 配电设计中通常采用 30 min 最大平均负荷作为按发热条件选择电器或导体的依据。

（　　）

2. 吊车电动机组的功率是指将额定功率换算到负载持续率为 25% 时的有功功率。

（　　）

3. 尖峰电流是设备工作持续时间为 1~2 s 的短时最大负荷电流。（　　）

4. 当发生三相短路时，电力系统变电所馈电母线上的电压基本保护不变。（　　）

5. 短路是指相相之间、相地之间的不正常接触。（　　）

6. 三相短路和两相接地短路称为对称短路，而单相短路和两相短路称为不对称短路。

（　　）

二、计算题

有一地区变电站通过一条长 4 km 的 10 kV 架空线路，供电给某用户装有两台并列运行的 Yyn0 联结的 S9-1000 型主变压器的变电所。地区变电站出口断路器为 SN10-10II 型。试用欧姆法求该用户变电所 10 kV 母线和 380 V 母线的短路电流 $I_k^{(3)}$、$I''^{(3)}$、$I_\infty^{(3)}$、$i_{sh}^{(3)}$、$I_{sh}^{(3)}$ 及短路容量 $S_k^{(3)}$，并列出短路计算表。

项目 ④

供配电系统的接线、结构和运行

学习目标

1) 掌握变配电所电气主接线的形式并能正确分析主电路图。
2) 掌握变配电所的选择原理并能对变配电所总体布置方案进行初步设计。
3) 掌握架空线路、电缆线路的结构和敷设要求。
4) 掌握导线和电缆截面选择的条件并进行正确选择。
5) 掌握高低压供电线路常用的接线方式并能进行设计。
6) 掌握变配电所运行与管理的相关知识。

项目概述

变配电所承担着电能变换和分配的任务，在电力系统中起着重要作用。作为一名从事电力工作的设计和运维人员，只有全面了解变配电所主接线的基本要求，对变配电所的所址选择、变配电所的类型以及中小型工业与民用建筑变配电所的基本结构、布置和安装图，架空线路导线及电力电缆型号、截面选择等内容熟练掌握后，才能安全有效地从事变配电所系统设计和运行管理等工作。

本项目主要有 6 个工作任务：

1) 变配电所的电气主接线认识。
2) 变配电所的结构与布置。
3) 供电线路导线和电缆的认识与选择。
4) 导线和电缆截面选择。
5) 供电电力网络的认识。
6) 变配电所的运行与管理。

任务 4.1　变配电所的电气主接线认识

任务要点

1) 掌握变配电所常用主接线类型、特点与应用。
2) 能进行供电系统变配电所主接线图的识别及设计。
3) 形成科学严谨的态度及归纳分析的能力，发扬精益求精的工匠精神。

⊙ **相关知识**

4.1.1 变配电所电气主接线的基本要求

工厂变配电所的电气主接线是指按照一定的工作顺序和规程要求连接变配电一次设备的一种电路形式。

变配电所的电路图按功能可分为以下两种：一种是表示电能输送和分配路线的电路图，称为主电路图或一次电路图；另一种是表示控制、指示、测量和保护一次电路及其设备运行的电路图，称为二次电路图或二次回路图。

由于电力系统为三相对称系统，所以电气主接线图通常以单线图来表示，使其简单清晰。它直观地表示了变配电所的结构特点、运行性能、使用电气设备的多少及其前后安排等，对变配电所安全运行、电气设备选择、配电装置布置和电能质量等都起着决定性作用。

工厂变配电所主接线方案的确定必须综合考虑安全性、可靠性、灵活性、经济性等多方面的要求，电气主接线应符合国家标准和有关技术规范的要求，能充分保证人身和设备的安全。此外，对主接线的选择，还应考虑受电容量和受电地点短路容量的大小、用电负荷的重要程度、对电能计量（如高压侧还是低压侧计量、动力及照明分别计费等）及运行操作技术的需要等因素。若需要高压侧计量电能的，应配置高压侧电压互感器和电流互感器（或计量柜）；受电容量大或用电负荷重要的，或对运行操作要求快速的用户，则应配置自动开关及相应的电气操作系统装置；受电容量虽小，但受电地点短路容量大的，则应考虑保护设备开、断短路电流的能力，如采用真空断路器等；一般容量小且不重要的用电负荷，可以配置跌落式熔断器控制和保护。

4.1.2 变配电所常用主接线的类型和特点

变配电所常用主接线按其基本形式可分为四种类型：线路–变压器组单元接线、单母线接线、双母线接线和桥式接线。下面分别就其接线形式和特点进行介绍。

1. 线路–变压器组单元接线

在变配电所中，当只有一路电源进线和一台变压器时，可采用线路–变压器组单元接线，如图4-1所示是线路–变压器组单元接线方案图。

根据变压器高压侧情况的不同，也可以装设图中右侧三种不同的开关电器组合。线路–变压器组单元接线所用电气设备少，配电装置简单，节约了建设投资。但是线路中任一设备发生故障或检修时，变配电所将全部停电，供电可靠性不高。适用于小容量三级负荷、小型工厂或非生产性用户。

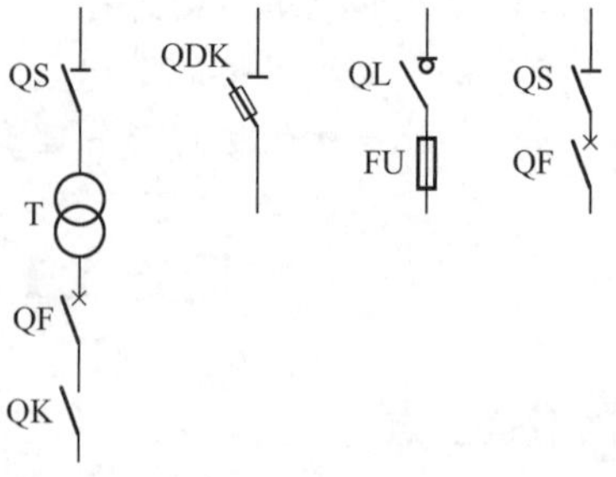

2. 单母线接线

母线又称汇流排，是用来汇集、分配电能的硬导线，文字符号为 W 或 WB。单母线接线分为单母线不分段接线、单母线分段接线和单母线带旁路接线三种类型。

图4-1 线路–变压器组单元接线方案

（1）单母线不分段接线

当只有一路电源进线时，常用这种接线方式，如图4-2所示。其每路进线和出线中都配有一组开关电器。断路器用于通断正常的负荷电流，并能切断短路电流。隔离开关有两种作用：靠近母线侧的称母线隔离开关，用于隔离母线电源和检修断路器；靠近线路侧的称线路侧隔离开关，用于防止在检修断路器时从用户侧反向送电和防止雷电过电压沿线路侵入，保证维修人员安全。

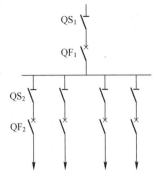

图4-2 单母线不分段接线

这种接线线路简单清晰，设备少，投资小，运行操作方便且有利于扩建，但可靠性和灵活性较差。适用于对供电可靠性和连续性要求不高的中、小型三级负荷用户或有备用电源的二级负荷用户。

（2）单母线分段接线

单母线分段接线如图4-3所示，即根据电源的数目和功率，用分段断路器将母线分为几段（一般为2~3段），单母线分段后，可提高供电的可靠性和灵活性。下面针对单母线分段接线的正常运行方式进行分析。

1）分段断路器 QF_d 接通运行。任一段母线发生短路故障时，在继电保护的作用下，分段断路器和接在故障段上的电源回路的断路器自动分闸，这时非故障段母线可以继续工作。

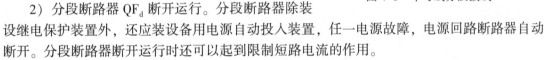

图4-3 单母线分段接线

2）分段断路器 QF_d 断开运行。分段断路器除装设继电保护装置外，还应装设备用电源自动投入装置，任一电源故障，电源回路断路器自动断开。分段断路器断开运行时还可以起到限制短路电流的作用。

这种接线方式的供电可靠性高，运行方式灵活。除母线故障或检修外，可对用户连续供电。但接线复杂，使用设备多，投资大。适用于有两路电源进线，装设了备用电源自动投入装置，分断断路器可自动投入及出线回路数较多的变配电所，可供电给一、二级负荷。

（3）单母线带旁路接线

如图4-4所示是单母线带旁路接线方式图，增加了一条母线和一组联络用开关电器，增加了多个线路侧隔离开关。

这种接线运行方式灵活，检修设备时可以利用旁路母线供电，提高了供电的可靠性，但线路总投资增加。适用于配电线路较多、负载性质较重要的主变电所或高压配电所。

3. 双母线接线

图4-5所示为双母线接线。双母线接线中有两组母线，一组为工作母线，一组为备用母线，运行可靠

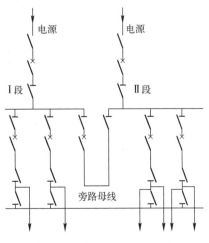

图4-4 单母线带旁路接线

性和灵活性都大大提高，但线路连接的开关设备增多，总投资增加。因此，双母线接线在中、小变配电所中很少采用。

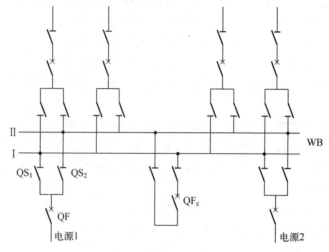

图 4-5　双母线接线

4. 桥式接线

所谓桥式接线是指在两路电源进线之间跨接一个断路器，犹如一座桥，有内桥式接线和外桥式接线两种。

图 4-6a 中一次侧的高压断路器 QF_2 处在线路断路器 QF_1 和 QF_3 的内侧，靠近主变压器，因此称"内桥式接线"。常用于电源线路较长，线路故障概率高，但变电所的变压器不需要经常切换的 35 kV 及以上总降压变电所。

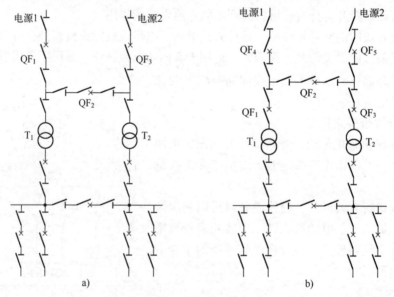

图 4-6　桥式接线

a) 内桥式接线　b) 外桥式接线

图 4-6b 中一次侧的高压断路器 QF_2 处在线路断路器 QF_1 和 QF_3 的外侧，接近电源方向，因此称"外桥式接线"。适用于电源线路较短而变电所的变压器需经常进行切换操作，需经济运行的总降压变电所。

桥式接线的特点如下。

1）接线简单，使用设备少，建造费用低，高压侧无母线。

2）可靠性高，无论哪条回路出现故障或进行检修，均可通过倒闸操作迅速切除该回路，不致使二次侧母线长时间停电。并易于发展成为单母线接线或双母线接线。

3）操作灵活，能适应多种运行方式。

4）每台断路器两侧均装有隔离开关，可形成明显的断开点，以保证设备安全检修。

桥形接线一般仅用于中、小容量发电厂和变电所的 35~110 kV 配电装置中。

5. 实例剖析

图 4-7 所示是某中型工厂供电系统中高压配电所及其附设 2 号车间变电所的主接线图。下面对此图作分析介绍。

（1）电源进线

配电所有两路 10 kV 电源进线。最常见的进线方案是一路电源来自电力系统变电站，作为正常工作电源；另一路电源则来自邻近单位的高压联络线，作为备用电源。

图中的 No. 101 和 No. 112 是专用的电能计量柜。图中的 GG-1A-J 型专用电能计量柜，实际上就是连接计费电度表的专用电压互感器和电流互感器柜。凡由地区变电站用专线供电的工厂变配电所，其专用电能计量柜宜装设在进线开关柜的前面。如果变配电所接在电力系统的公共干线上，则专用电能计量柜宜装在进线开关柜的后面。这样，当计量柜发生短路故障时，可由进线开关柜中的断路器跳闸，不致影响公共干线的正常运行。

图中的进线开关柜（No. 102 和 No. 111）采用 GG-1A（F）-11 型，内装 SN10-10 型高压断路器，便于切换操作，并可配以继电保护和自动装置，使供电可靠性较高。

（2）母线

工业与民用建筑高压配电所的母线，通常采用单母线制。若为双电源进线，则一般采用单母线分段制。要求分段开关带负荷通断时，必须用断路器（其两侧装隔离开关）。如不要求带负荷通断时，则分段开关可采用隔离开关（例如图 4-7 中的 GN6-10/100）。分段隔离开关可安装在墙上或母线桥上，也可采用专门的分段柜（亦称联络柜，例如 GG-1A-119 型）。

图 4-7 所示高压配电所通常采用一路电源工作，另一路电源备用的运行方式，即母线分段开关闭合，两段母线并列运行。当工作电源失电时，可手动或自动地投入备用电源，具有较好的可靠性和灵活性。

为了监测、保护和控制主电路设备，母线上接有电压互感器，进线和出线上均串接有电流互感器。为便于了解高压侧的三相电压情况及有无单相接地故障，应装设 $Y_0/Y_0/\triangle$ 接线的电压互感器。如果只要了解三相电压情况或计量三相电能，则可装设 V/V 接线的电压互感器。为了了解各条线路的三相负荷情况及实现相间短路保护，高压侧应在 A、C 两相装设电流互感器；低压侧总出线及照明出线因三相负荷可能不均衡而应在三相都装设电流互感器，而低压动力回路则可只在一相装设电流互感器。

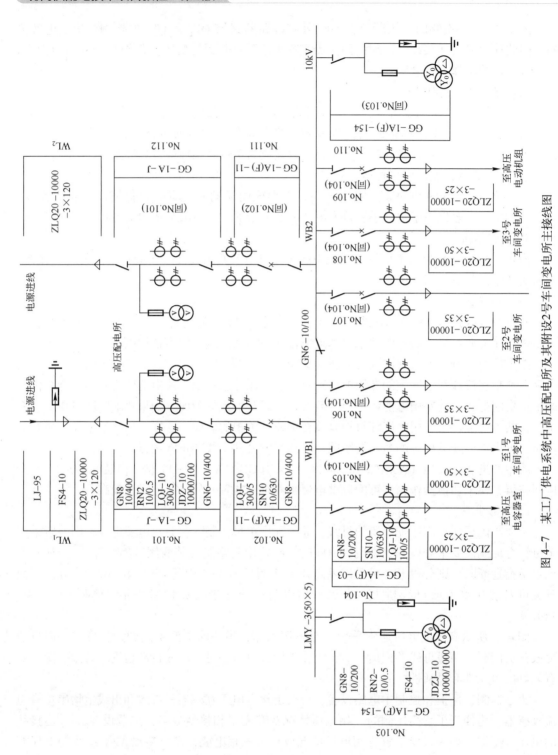

图4-7 某工厂供电系统中高压配电所及其附设2号车间变电所主接线图

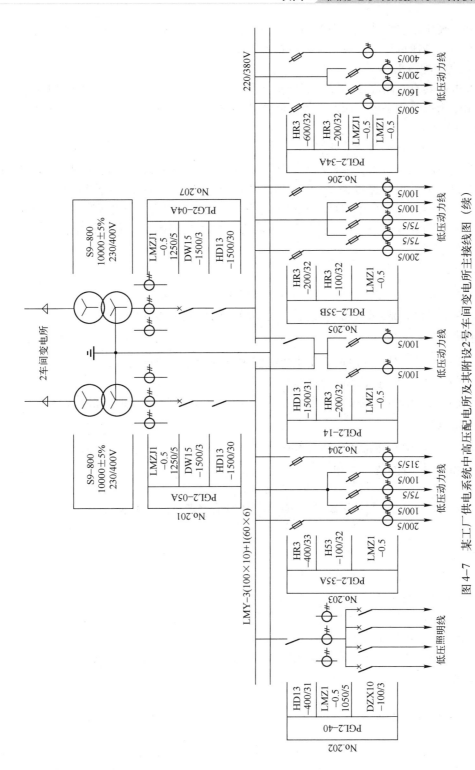

图4—7 某工厂供电系统中高压配电所及其附设2号车间变电所主接线图（续）

另外，高压架空线路的末端及高压母线上，均应装设高压避雷器以防止雷电波沿线路侵入变配电所。高压母线上的避雷器还有抑制内部过电压的作用。

（3）高压配电出线

该配电所共有6路高压出线，其中至2号车间变电所的两条出线分别来自两段母线。由于配电出线为母线侧来电，因此只需在断路器的母线侧装设隔离开关，相应高压柜的型号为GG-1A（F）-03（电缆出线）。

（4）变配电所的装置式主电路图

变配电所的主电路图有两种绘制方式。图4-7所示为系统式主电路图，该图中的高低压开关柜只示出了相互连接关系，未示出具体安装位置，这种主电路图主要用于教学和运行。在设计图样中广泛采用的是装置式主电路图，该图中的高低压开关柜要按其实际相对排列位置绘制。图4-8是图4-7高压配电所的装置式主电路图，实际图样中标注表格中的内容应更为详细。

实践内容

1）参观本单位的变配电所，并进行主接线供电模型分析。

2）结合实际情况，经资料收集后，对本单位的变配电所进行设计。

知识拓展

1）查阅书籍，对变配电所常用主接线图进行分析并总结特点。

2）观看变配电所主接线的介绍短片。

3）查阅国家电网有限公司输电线路施工及运维"1+X"等级证书相关知识内容。

总结与思考

1）单母线接线和双母线接线各有何特点？

2）桥式接线有哪些类型和特点？

任务4.2　变配电所的结构与布置

任务要点

1）了解变配电所的类型及使用场所。

2）掌握变配电所的所址选择一般原则。

3）掌握变配电所的布置要求及不同电压等级的变配电所总体布置方案。

4）掌握变配电所部分标准和管理要求。

5）了解变电所设计中应遵循的国家标准与设计规范，发扬精益求精的工匠精神。

相关知识

4.2.1　变配电所的类型

变配电所的类型应根据用电负荷情况和周围环境情况等综合确定。工厂变配电所与高层建筑变配电所的型式及所址虽有所区别，但根据安装位置、方式、结构的不同，它们大致有以下几种类型。

1. 工厂总降压变电所

工厂总降压变电所用于电源电压为35kV及以上的大中型工厂。它是从电力系统接受35kV

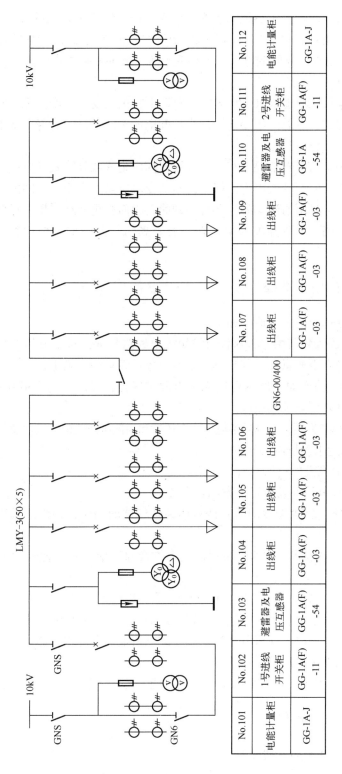

No.101	No.102	No.103	No.104	No.105	No.106		No.107	No.108	No.109	No.110	No.111	No.112
电能计量柜	1号进线开关柜	避雷器及电压互感器	出线柜	出线柜	出线柜	GN6-00/400	出线柜	出线柜	出线柜	避雷器及电压互感器	2号进线开关柜	电能计量柜
GG-1A-J	GG-1A(F)-11	GG-1A(F)-54	GG-1A(F)-03	GG-1A(F)-03	GG-1A(F)-03		GG-1A(F)-03	GG-1A(F)-03	GG-1A(F)-03	GG-1A-54	GG-1A(F)-11	GG-1A-J

图4-8 图4-7所示高压配电所装置式主电路图

或以上电压的电能后，由主变压器把电压降为 10 kV（当有 6 kV 高压设备时，一般再经 10/6.3 kV 变压器降压，也可直接采用 35/6.3 kV 变压器，但需由技术经济等指标比较确定），经 10 kV 母线分别配电到各车间变电所，这种变电所一般都是独立式的。

2. 高压配电所

高压配电所用于高压电能（10 kV 或 6 kV 及以上）的接受和分配。无总降压变电所的高压配电所一般为独立式，有总降压变电所的高压配电所有时附设于总降压变电所内。

3. 车间变电所

根据车间面积和负荷分布情况，车间可以设车间内附式或外附式变电所。车间外附式变电所占用车间面积少，安全性较内附式好；内附式变电所虽然占用了车间内部的面积，但它有利于靠近负荷中心，且不妨碍车间外环境的观瞻，因而被更多地采用。近些年，城市供电还常见将变压器柜和高、低压开关柜组装在带有金属防护外壳的箱体内的箱式（组合式）变电所等。

4.2.2　变配电所的所址选择

变配电所的所址选择的一般原则如下。

1）尽量接近或深入负荷中心，这样可缩短配电线路长度，对于节约电能、节约有色金属和提高电能质量都有重要意义。其具体位置要由各种因素综合确定。

2）进出线方便，使变配电所尽可能靠近电源进线侧，目的是为了避免高压电源线路，尤其是架空线路跨越其他建筑或设施。

3）设备运输、吊装方便。特别要考虑电力变压器和高低压开关柜等大型设备的运输方便。

4）不应设在邻近下列场所的地方。

① 有剧烈振动或高温的场所。

② 有爆炸或火灾危险的场所正下方和正上方。

③ 多尘、多水雾（如大型冷却塔）或有腐蚀性气体的场所，如无法远离时，要避免污染源的下风口。

④ 厕所、浴室、洗衣房、厨房、泵房的正下方及邻近地区和其他经常积水的场所和低洼地区。

5）高压配电所宜和邻近的车间变电所合建，以降低建筑费用，减少系统的运行维护费用。

6）高层建筑地下变配电所的位置，宜选择在通风、散热条件较好的场所，且不宜设在最底层。当地下仅有一层时，应采取适当抬高变配电所地面等防水措施，并应避免有洪水或积水从其他渠道淹没变配电所的可能性。

7）应考虑企业的发展，使变配电所有扩建可能，尤其是独立式的变配电所。

4.2.3　变配电所的总体布置

1. 变配电所总体布置的一般要求

1）便于运行维护和检修。如有人值班的变配电所应设单独值班室，且值班室应和高低压配电室相邻，有门直通；变压器室应靠近运输方便的马路侧。

2）保证运行的安全如值班室内不应有高压设备，且值班室的门应朝外开，而高低压配电室和电容器室的门朝值班室开或朝外开；油量在100 kg及以上的户内三相变压器应装设在单独的变压器室内，在双层布置的变电所内，变压器室要设在底层；所有带电部分离墙和离地的尺寸及各室的操作维护通道的宽度，须符合有关规程的要求。

3）便于进出线。例如高压配电室一般位于高压接线侧；低压配电室应靠近变压器室，且便于低压架空出线；高压电容器室宜靠近高压配电室，低压电容器室宜靠近低压配电室。

4）节约土地和建筑费用。在保证安全运行的前提下，尽量采用节约土地和建筑费用的布置方案。如值班室和低压配电室合并；条件许可下，优先选用露天或半露天变电所；当高压开关柜不多于6台时，可与低压配电屏设置在一间房内；低压电容器数量不多时，可与低压配电装置设在一间房内。

5）留有发展余地。例如变压器室应考虑扩建时更换大的变压器的可能性；高低压配电室均须留有一定数量开关柜（屏）的备用位置。

2. 变配电所的总体布置方案

1）35/10 kV的总降压变电所的布置方案。如图4-9所示是单层布置的典型方案示意图。

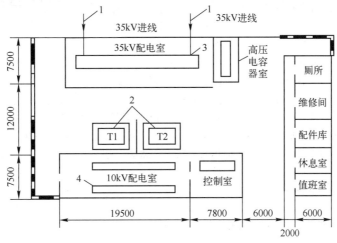

图4-9 35/10 kV总降压变电所单层布置的典型方案示意图

1—35 kV架空进线 2—主变压器（4000 kV·A） 3—35 kV高压开关柜
4—10 kV高压开关柜

2）10 kV高压配电所和附设车间变电所的布置方案。如图4-10所示是一个10 kV高压配电所和附设车间变电所的布置方案示意图。

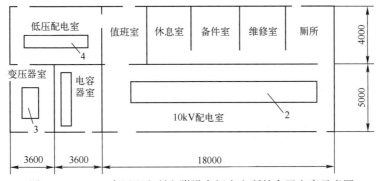

图4-10 10 kV高压配电所和附设车间变电所的布置方案示意图

3）6~10/0.4kV 的车间变电所的布置方案。图 4-11a 是一个户内式装有两台变压器的独立式变电所的布置方案图；图 4-11b 为户外式装有两台变压器的独立式变电所的布置方案示意图；图 4-11c 是装有两台变压器的附设式变电所的布置方案图；图 4-11d 为装有一台变压器的附设式变电所的布置方案示意图；图 4-11e、f 是露天或半露天变电所设有两台和一台变压器的变电所的布置方案示意图。

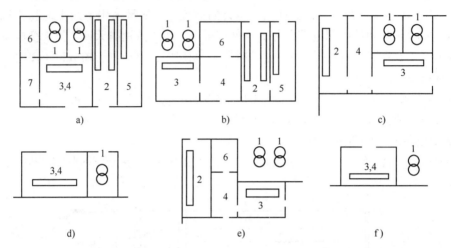

图 4-11　6-10/4kV 的车间变电所的布置方案示意图

a）户内式，有两台变压器　b）户外式，有两台变压器　c）附设式，有两台变压器　d）附设式，有一台变压器
e）露天或半露天式，有两台变压器　f）露天或半露天式，有一台变压器
1—变压器室或露天或半露变压器装置　2—高压配电室　3—低压配电室　4—值班室　5—高压电容器室
6—维修间或工具间　7—休息室或生活室

4.2.4　变配电所的结构

1. 变压器室和室外变压器台的结构

（1）变压器室的结构

变压器室的结构形式取决于变压器的形式、容量、放置方式、接线方案、进出线的方式和方向等很多因素，并应考虑运行维护的安全以及通风、防火等问题；另外，考虑到今后的发展，变压器室宜有更换大一级容量的可能性。为保证变压器安全运行及防止变压器失火时故障蔓延，根据 GB 50053—2013《20kV 及以下变电所设计规范》，可燃油油浸式变压器外廓与变压器室墙壁、门的最小净距应见表 4-1，以保证变压器安全运行和维护方便。

表 4-1　可燃油油浸式变压器外廓与变压器室墙壁、门的最小净距（单位：mm）

序号	项　目	变压器容量/kV·A	
		100~1000	1250 及以上
1	可燃油油浸式变压器外廓与后壁、侧壁净距	600	200
2	可燃油油浸式变压器外廓与门的净距	800	1000
3	干式变压器带有 IP2X 及以上防护等级的金属外壳与后壁、侧壁净距	600	800
4	干式变压器有金属网状遮拦与后壁、侧壁净距	600	800
5	干式变压器带有 IP2X 及以上防护等级的金属外壳与门的净距	800	1000
6	干式变压器有金属网状遮拦与门净距	800	1000

可燃油油浸式变压器室的耐火等级应为一级，非燃或难燃介质的电力变压器室的耐火等级不应低于二级。变压器室的门要向外开；室内只设通风窗，不设采光窗；进风窗设在变压器室前门的下方，出风窗设在变压器室的上方，并应有防止雨、雪和蛇、鼠类小动物从门、窗及电缆沟等进入室内的设施；通风窗的面积根据变压器的容量、进风温度及变压器中心标高至出风窗中心标高的距离等因素确定；通风窗应采用非燃烧材料。变压器室一般采用自然通风，夏季的排风温度不宜高于45℃，进风和排风的温差不宜大于15℃。

变压器室布置方式按变压器推进方式分为宽面推进式和窄面推进式两种。

变压器室的地坪按通风要求，分为地坪抬高和不抬高两种形式。变压器室的地坪抬高时，通风散热更好，但建筑费用较高。变压器容量在630kV·A及以下的变压器室地坪，一般不抬高。

设计变压器室的结构布置时，可参考 GB 50053—2013《20 kV 及以下变电所设计规范》、GB 50059—2011《35 kV～110 kV 变电站设计规范》、88D26《电力变压器室布置》和 97D267《附设式电力变压器室布置》标准图集。

对于非油浸式电力变压器室的结构布置，可参考 99D28《干式变压器安装》标准图集。图 4-12 是 99D28 图集中的一个干式变压器室的结构布置图。该变压器室也为窄面推进式，高压侧采用 6～10 kV 负荷开关或隔离开关，高压电缆由左侧下方进入，低压母线由右侧上方出线。

（2）室外变压器台的结构

露天或半露天变电所的变压器四周，应设不低于 1.7 m 高的固定围栏（或墙）；变压器外廓与围栏（墙）的净距不应小于 0.8 m，变压器底部距地面不应小于 0.3 m，相邻变压器外廓之间的净距不应小于 1.5 m。当露天或半露天变压器供给一级负荷用电时，相邻的可燃油油浸式变压器的防火净距不应小于 5 m，若小于 5 m，则应设置防火墙，防火墙应高出油枕顶部，且墙两端应大于挡油设施两侧各 0.5 m。设计室外变电所时，应参考上述的 GB 50053—2013 和 GB 50059—2011 以及 86D266《落地式变压器台》标准图集。图 4-13 是 86D266 图集中的一个露天变电所的变压器台结构图。该变电所为一路架空进线，高压侧设 RW10-10（F）型跌开式熔断器和避雷器，避雷器和变压器低压侧的中性点及变压器外壳一起接地。

2. 高、低压配电室的结构

高、低压配电室的结构形式，主要取决于高、低压开关柜［屏］的形式、尺寸和数量，同时要考虑运行、维护的方便和安全，留有足够的操作维护通道，并兼顾今后的发展，留有适当数量的备用开关柜（屏）的位置，但占地面积不宜过大，建筑费用不宜过高。为了布线和检修的需要，高压开关柜下面设有电缆沟。

高压配电室内各种通道的最小宽度，按 GB 50053—2013 规定，见表 4-2。

低压配电室内成列布置的配电屏，其屏前、屏后的通道最小宽度规定见表 4-3。

表 4-2　高压配电室内各种通道的最小宽度

开关柜布置方法	柜后维护通道/mm	柜前操作通道/mm	
		固定柜式	手车柜式
单列布置	800	1500	单长度+1200
双列面对面布置	800	2000	双车长度+900
双列背对背布置	1000	1500	单长度+1200

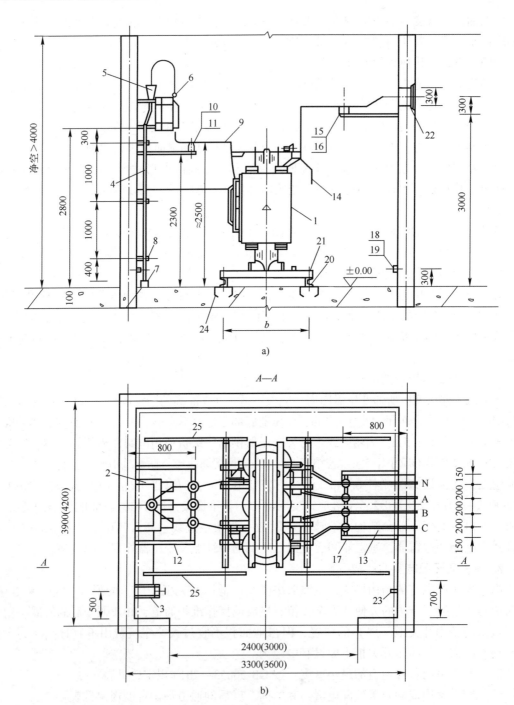

图 4-12　干式变压器室的结构布置图

1—主变压器（6~10/0.4 kV）　2—负荷开关或隔离开关　3—负荷开关或隔离开关的操作结构

4—高压电缆　5—电缆头　6—电缆芯端接头　7—电缆保护管　8—电缆支架　9—高压母线

10—高压母线夹具　11—高压支柱绝缘子　12—高压母线支架　13—低压母线　14—接地线

15—低压母线夹具　16—电缆线路绝缘子　17—低压母线支架　18—PE 接地干线　19—固定钩

20—安装底座　21—固定螺栓　22—低压母线穿墙板　23—临时接地的接线端子　24—预埋钢板　25—木栅栏

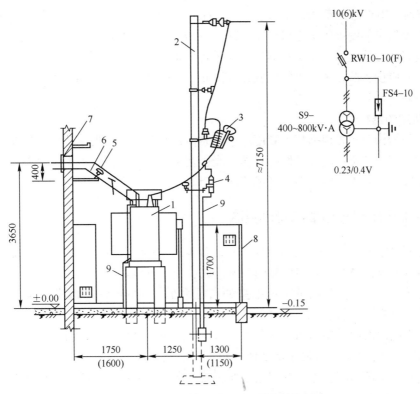

图 4-13 露天变电所的变压器台结构图

1—变压器（6~10/0.4kV） 2—电杆 3—跌开式熔断器 4—避雷器 5—低压母线 6—中性母线 7—穿墙隔板
8—围墙或栅栏 9—接地线（注：括号内的尺寸适合容量为 630kV·A 及以下的变压器）

表 4-3 低压配电室内屏前、屏后通道最小宽度

配电柜形式	配电柜布置形式	屏前通道/mm	屏后通道/mm
固定式	单列布置	1500	1000
	双列面对面布置	200	1000
	双列背对背布置	1500	1500
抽屉式	单列布置	1800	1000
	双列面对面布置	2300	1000
	双列背对背布置	1800	1000

低压配电室的高度，应与变压器室综合考虑，以便于变压器低压出线；当配电室与抬高地坪的变压器室相邻时，配电室高度不应小于 4m；当配电室与不抬高地坪的变压器相邻时，配电室高度不应小于 3.5m；为了布线需要，低压配电屏下面也设有电缆沟。

高压配电室的耐火等级不应低于二级，低压配电室的耐火等级不应低于三级。高压配电室宜设不能开启的自然采光窗，低压配电室可设能开启的自然采光窗，配电室临街的一面不宜开窗。配电室应设置防止雨、雪的设施以及防止小动物从采光窗、通风窗、门、电缆沟等进入室内的设施。长度大于 7m 的配电室应设两个出口，并宜设在配电室的两端；长度大于 60m 时，宜再增加一个出口。

3. 高、低压电容器室的结构

高、低压电容器室采用的电容器柜通常为成套的。按 GB 50053—2013 规定，成套电容器柜单列布置时，柜正面和墙面距离不应小于1.5m；双列布置时，柜面之间距离不小于2.0m。

高压电容器室的耐火等级不得低于二级，低压电容器室的耐火等级不得低于三极。电容器室应有良好的自然通风，当自然通风不能满足要求时，可增设机械排风。电容器室应设温度指示器，并应设置防止雨、雪的设施以及防止小动物从采光窗、通风窗、门、电缆沟等进入室内的设施。

4. 值班室的结构

值班室的结构形式要根据整个变配电所的总体布置和值班制度来确定，以便于变配电所的运行维护。例如值班室应有良好的自然采光；在采暖地区，值班室的采暖装置应采用排管焊接；值班室通往外面的门应朝外开或双向开启。

4.2.5 变配电所部分标准和管理要求

新建变配电室的配电装置应选用具有五防功能的成套电气装置。运行中的配电装置，应根据电气装置的具体情况，采用可靠的技术措施，使配电装置具备五防功能，并保持五防功能的完好有效。一、二类负荷的变配电室的高压手车柜、低压抽屉柜应至少各设一台备用柜，并保持始终在备用状态。

变配电室的地面应采用防滑、不起尘、不发火的耐火材料。放有酸性物质房间的地面（如蓄电池室）应采用耐酸且便于清洗的材料。配电室的顶棚、墙面及地面的建筑装修应少积灰和不起灰；顶棚不应抹灰。变配电室变压器、高压开关柜、低压开关柜操作面地面应铺设绝缘胶垫。变配电室应设置防止雨、雪和小动物从采光窗、通风窗、门、电缆沟等进入室内的设施。变配电室的电缆夹层、电缆沟和电缆室应采取防水、排水措施。出入口应设置高度不低于400mm的挡板。长度大于7m的配电室应有两个出入口，并宜布置在配电室的两端。当变配电室的长度超过60m时，应增设一个中间安全出口。当变配电室为多层建筑时，应有一个出口通向室外楼梯平台，平台应有固定的护栏。

变配电室出入口的两个门应为防火门，金属门或包铁皮门应做保护接地，门向外开；其中有一个门的几何尺寸应考虑到室内最大的设备搬运时进出方便。在地下室的变配电室最好有一个门直通室外，通道宽度不应小于1.2m，并应畅通无杂物。通往室外的门应向外开。设备间与附属房间之间的门应向附属房间方向开。高压间与低压间之间的门，应向低压间方向开。配电装置室的中间门应采用双向开启门。变配电室内经常开启的门窗，不应直通相邻的酸、碱、腐蚀性气体、粉尘和噪声严重的场所。

油浸变压器室不应开设窗户，通风口应采用金属百叶窗，百叶窗内侧应加装金属网，网孔不大于10mm×10mm。高压配电室应设不能开启的自然采光窗，窗台距室外地坪不应低于1.8m，低压配电室可设能开启的自然采光窗，配电室临街的一面不宜开窗，非封闭式开关柜的后方可采用不能开启的窗户采光，外侧应加护网。通往室外的开启式的窗户应装有纱窗。

变压器室宜采用自然通风，当采用机械通风时，夏季的排风温度不应高于45℃，进风和排风的温差不应大于15℃，且其通风管道应采用非燃烧材料制作。电容器室应有良好的自然通风，当自然通风不能满足排热要求时，可增设机械通风，电容器室应设温度指示装置。

高低压配电装置室层高不应低于3.5m，且应根据不同的运行环境装设通风散热装置。靠近居民区采用机械通风的新建变配电室应使用低噪风机，以减少变配电室投运后（如夏季换风、抽湿时）噪声扰民现象。

变配电室应配备以下用具,并应保证数量充足、质量合格。

1)低压作业应具备的安全用具:绝缘夹钳、验电笔、绝缘鞋、接地线、标示牌、护目眼镜等,各种登高作业的安全用具,如安全带、绝缘绳、安全帽等。

2)高压作业应具备的安全用具:高压绝缘拉杆、绝缘夹钳、高压验电器、绝缘手套、绝缘靴及绝缘台垫,有足够数量的接地线,各种标示牌、安全遮栏,各种登高作业的安全用具,如安全带、绝缘绳、安全帽或非金属性材质梯子等。

3)其他安全用具:应急照明灯具、非金属外皮手电筒。

4)检修工具:螺钉旋具、扳手、钢锯、电工刀、电工钳等。

5)测量仪表:万用表、1000 V兆欧表、2500 V兆欧表、接地电阻测量仪等。

各种安全用具应有明显的编号。绝缘拉杆、验电器等绝缘用具应具有电压等级、试验日期的标志。各种安全用具首次使用前应进行试验或检验和定期复检,合格后方可使用,安全用具不应超期使用,安全用具使用完毕后应妥善保管,存放在干燥通风的处所。

有人值班的变配电室应每班巡视1次,无人值班的变配电室至少应每周巡视1次;处在污秽环境的变配电室,对室外电气设备的巡视周期,应根据污染性质、污秽影响程度及天气情况来确定。

配电室电气设备应根据DL/T 596要求进行电气设备预防性试验,以判断设备是否符合运行条件,预防设备事故,保证安全运行。变配电室配电装置应根据设备污秽情况、负荷重要程度及负荷运行情况等条件安排设备的清扫检查工作。一般情况下至少应每年一次,检修和清扫完成后应清点工具数目,以免遗漏。

实践内容

1)参观当地市、县电业局、企业集团等单位的变配电所,加深对变配电所类型、结构、安全生产操作的认识并进行供电模式分析。

2)结合实际情况,经资料收集后,对本单位的变配电所进行设计。

知识拓展

1)参看变配电所设计手册,进一步掌握变配电所类型、结构和设计原则。

2)绘制本单位中心配电室和各个分变配电室的联络图。

3)观看变配电所的介绍短片。

4)查阅国家电网有限公司输电线路施工及运维"1+X"等级证书相关知识内容。

总结与思考

1)你所见过的变配电所有哪些类型?结构如何?

2)通过资料查阅,总结变配电所设计的原则。

任务4.3 供电线路导线和电缆的认识与选择

任务要点

1)了解架空线路和电缆的结构。

2)掌握架空线路和电缆敷设的相关知识。

3)能正确进行导线和电缆截面选择。

4）形成科学严谨的态度及归纳分析的能力，发扬精益求精的工匠精神。

相关知识

电力电路是供电系统的重要组成部分，按其作用可分为供配电线路和输电线路，按其结构则分为架空线路和电缆线路。

架空线路是将导线悬挂在杆塔上，电缆线路是将电缆敷设在地下、水底、电缆沟、电缆桥架或电缆隧道中。由于架空线路具有投资少，施工、维护和检修方便等优点，因而被广泛采用，但它的运行安全受自然条件的影响较大，现代城市为了提高供电安全水平和美化环境，35 kV 及以下供电系统已基本采用电缆线路。

4.3.1 架空线路的结构与敷设

1. 架空线路的结构

架空线路由导线、电杆、绝缘子和线路金具等主要部件组成，如图 4-14 所示。为了防止雷击的侵害，有的架空线路上还架设避雷线。为了加强电杆的稳固性，有的电杆还安装拉线或扳桩。

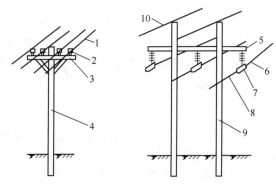

图 4-14 架空线路的结构

1—低压导线 2—针式绝缘子 3、5—横担 4—低压电杆 6—高压悬式绝缘子 7—线夹

8—高压导线 9—高压电杆 10—避雷线

（1）架空线路的导线

导线是架空线路的主体，担负着输送电能的任务。它架设在电杆上，须承受自重和各种外力作用，并受到环境中各有害物质的侵蚀。因此，导线必须考虑导电性能、截面、绝缘、防腐性、机械强度等要求；此外，还要求重量轻、投资省、施工方便、使用寿命长。

架空导线按电压分，有低压导线和高压导线两类。

按导线材料分，有铜、铝和钢 3 种。铜线的导电性能好，机械强度高，耐腐蚀，但价格贵。铝导线的导电性能、机械强度和耐腐蚀性虽比铜导线差，但它质轻价廉。钢的机械强度很高，且价廉，但导电性差，功率损耗大，并且易生锈，所以，钢线一般只用作避雷线，而且必须镀锌，其最小使用截面不得小于 25 mm^2。

按导线结构分，有裸导线和绝缘导线。高压架空导线一般采用裸导线，低压架空导线大多采用绝缘导线。裸导线又有单股线和多股绞线两种。架空导线一般采用多股绞线，有铜绞线（TJ）、铝绞线（LJ）和钢芯铝绞线（LGJ）。架空线路的导线一般采用铝绞线，但机械强度要求较高和 35 kV 及以上的架空线路上宜采用钢芯铝绞线（外层为铝线，作为载流部分；

内层线芯是钢线，以增强机械强度）。如图4-15所示是钢芯铝绞线示意图。

（2）电杆和横担

电杆是支持导线及其附属的横担、绝缘子等的支柱，是架空线路最基本的部件之一。电杆按材料分有水泥杆、木杆和金属杆。金属杆分钢管杆和铁塔，铁塔主要用于35 kV及以上线路和10 kV线路的终端杆，城市架空线近几年多采用钢管杆。木杆虽便于加工和运输，但寿命短，又浪费木材，现已基本淘汰。

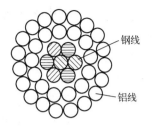

图4-15 钢芯铝绞线示意图

按电杆在架空线路中的地位和功能分，有直线杆（中间杆）、分段杆（耐张杆）、分支杆、转角杆、终端杆、跨越杆等。

横担安装在电杆的上部，用于安装绝缘子以固定导线。常用的有铁横担、木横担和瓷横担。从保护环境和经久耐用看，现在普遍采用的是铁横担和瓷横担。瓷横担具有良好的电气绝缘性能，兼有横担和绝缘子的双重功能，可节约木材和钢材，而且一旦发生断线故障时它能做相应的转动，以避免事故的扩大；而且瓷横担结构简单，安装方便，能加快施工进度，又便于维护，因此，常在10 kV及以下的高压架空线路中应用，但瓷横担脆而易碎，在运输和安装中要注意。高压电杆上安装的瓷横担如图4-16所示。

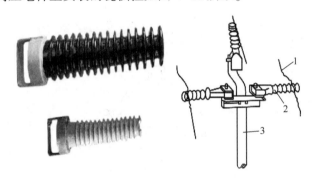

图4-16 高压电杆上安装的瓷横担
1—高压导线 2—磁横担 3—电杆

拉线用于平衡电杆所受到的不平衡作用力，并可抵抗风压防止电杆倾倒，如图4-17所示。在受力不平衡的转角杆、分段杆、终端杆上需装设拉线，拉线必须具有足够的机械强度并要保证拉紧，为了保证其绝缘性能，其上把、腰把和底把用钢绞线制作，且均须安装拉线绝缘子进行电气绝缘。

（3）绝缘子和金具

按照材质，绝缘子分为钢化玻璃绝缘子、陶瓷绝缘子、复合绝缘子（又称瓷瓶），用于支持和固定户内、外配电装置的软、硬母线、隔离开关的动、静触头，并使之与地绝缘；用于母线或引线墙壁、天花板以及由户内、外的引出或引入；用于固定架空输电线路的导线和户外配电装置的软母线，并使之与地绝缘。因此绝缘子

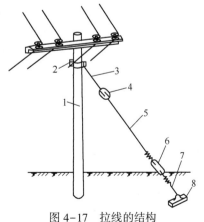

图4-17 拉线的结构
1—电杆 2—抱箍 3—上把 4—拉线
5—腰把 6—花篮螺钉 7—底把 8—地盘

应有足够的电气绝缘强度和机械强度，线路绝缘子有高压和低压两类。

按照安装与作用分为套管绝缘子、支持（柱）绝缘子、线路绝缘子。

金具是用于安装和固定导线、横担、绝缘子、拉线等的金属附件。常用的金具如图4-19所示。圆形抱箍（见图4-19a）把拉线固定在电杆上；花篮螺钉（见图4-19b）可调节拉线的松紧度；用横担垫铁（见图4-19c）和横担抱箍（见图4-19d）把横担固定在电杆上；支撑扁铁（见图4-19e）从下面支撑横担，防止横担歪斜，而支撑扁铁

图4-18　常用的绝缘子

需用带凸抱箍（见图4-19f）进行固定；穿心螺栓（见图4-19g）用来把木横担固定在木电杆上。

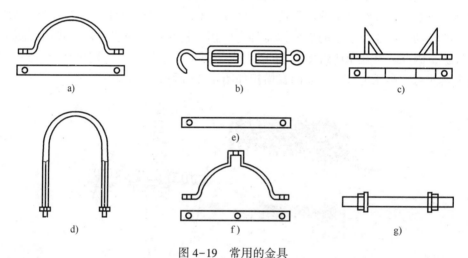

图4-19　常用的金具

a）圆形抱箍　b）花篮螺钉　c）横担垫铁　d）横担抱箍　e）支撑扁铁　f）带凸抱箍　g）穿心螺栓

2. 架空线路的敷设

（1）敷设要求

敷设架空线路必须严格遵守有关技术规程和操作规程，自始至终重视安全教育，采取安全保障措施，防止发生事故，并严格保证工程质量，竣工后必须严格按规定的手续和项目进行检查验收，才能投入使用。

（2）架空线路路径的选择

架空线路路径的选择应符合下列要求。

1）路径要短，转角要小，尽量减少与其他设施交叉。当与其他架空电力线路或弱电线路交叉时，其间距及交叉点（或交叉角）应符合GB 50061—2010《66 kV及以下架空电力线路设计规范》的有关规定。

2）尽量避开河洼和雨水冲刷地带、不良地质及易燃、易爆等危险场所。

3）不应引起机耕、交通和人行困难。

4）不宜跨越房屋，应与建筑物保持一定的安全距离。

5）应与工厂和城镇的总体规划协调配合，并适当考虑今后的发展。

（3）导线的排列

三相四线制低压架空线路的导线一般采用水平排列，如图4-20a所示。其中，因中性线的截面较小，机械强度较差，一般架设在中间靠近电杆的位置。如线路沿建筑物架设，应靠近建筑物。中性线的位置不应高于同一回路的相线，同一地区内中性线的排列应统一。

三相三线制架空线可采用三角形排列，如图4-20b、c所示，也有水平排列，如图2-22d所示。

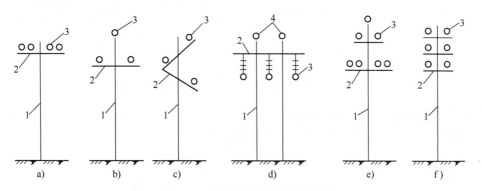

图4-20　导线在电杆上的排列方式

1—电杆　2—横担　3—导线　4—避雷线

a）三相四线制水平排列　b）、c）三相三线制三角形排列　d）三相三线制水平排列　e）混合排列　f）垂直排列

多回路导线同杆架设时，可混合排列或垂直排列，如图4-20e、f所示。但对同一级负荷供电的双电源线路不得同杆架设。而且不同电压的线路同杆架设时，电压较高的导线在上方，电压较低的导线在下方。动力线与照明线同杆架设时，动力线在上，照明线在下。仅有低压线路时，广播通信线在最下方。

架空线路的排列相序应符合下述规定。

1）高压线路：面向负荷从左至右为L1、L2、L3。

2）低压线路：面向负荷从左至右为L1、N、L2、L3。

（4）架空线路的档距、弧垂和其他距离

架空线路的档距（跨距）是指同一线路上相邻两根电杆之间的水平距离，如图4-21所示。

架空线路导线的弧垂，又称弛垂，是指架空线路一个档距内导线最低点与两端电杆上导线固定点间的垂直距离，如图4-21所示。导线的弧垂不宜过小，也不宜过大。因为弧垂过小会使导线所受的内应力增大，遇大风时易吹断，而天冷时又容易收缩绷断；如果弧垂过大，则不但浪费导线材料，而且导线摆动时容易导致相间短路。

此外，架空线路的线间距离、导线对地面和水面的距离、架空线和各种设施接近、交叉的距离以及上述的档距、弧垂等，在GB 50061—2010技术规程中都有规定，设计和安装时须严格遵守。

3. 架空绝缘线路

架空绝缘导线和架空裸导线相比较，耐压水平高，尤其是当发生断线故障时，仅在两个断头上有电，减少了对周围的危害范围和程度；而且，采用绝缘线可缩小线间距离，降低线

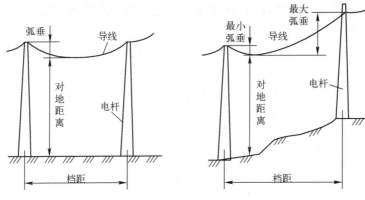

图4-21　架空导线的档距和弧垂

a）平地架空线路　b）坡地架空线路

路上的电压降；同时，绝缘线受环境影响小，因此使用寿命比裸导线要长；其载流量比同截面的裸绞线的载流量大，而且截面越大，超过的也越大。

4.3.2　电缆的认识与选择

1. 电缆线路的特点

电缆线路与架空线路相比虽具有成本高、投资大、维修不便等缺点，但它与架空线路比有以下优点。

1）由于电力电缆大部分敷设于地下，所以不受外力破坏（如雷击、风害、鸟害、机械碰撞等），不受外界影响，运行可靠，发生故障的概率较低。

2）供电安全，不会对人身造成各种伤害。

3）维护工作量少，无须频繁地巡视检查。

4）不需要架设杆塔，使市/厂容整洁，交通方便，还能节省钢材。

5）电力电缆的充电功率为容性，有助于提高功率因数。

所以电缆线路在现代化工厂和城市中，得到了越来越广泛的应用。

2. 电缆的类型

1）按电压可分为高压电缆和低压电缆。

2）按线芯数可分为单芯、双芯、三芯、四芯和五芯等。

单芯电缆一般用于工作电流较大的电路、水下敷设的电路和直流电路；双芯电缆用于低压 TN-C、TT、IT 系统的单相电路；三芯电缆用于高压三相电路、低压 IT 系统的三相电路和 TN-C 系统的两相三线电路、TN-S 系统的单相电路；四芯电缆用于低压 TN-C 系统和 TT 系统的三相四线电路；五芯电缆用于低压 TN-S 系统的电路。

3）按线芯材料可分为铜芯和铝芯两类。

其中，控制电缆应采用铜芯，以及需耐高温、耐火、有易燃、易爆危险和剧烈振动的场合等也须选择铜芯电缆。其他情况下，一般可选用铝芯电缆。

4）按绝缘材料可分为油浸纸绝缘电缆、塑料绝缘电缆和橡胶绝缘电缆等，还有正在发展的低温电缆和超导电缆。油浸纸绝缘电缆耐压强度高，耐热性能好，使用寿命长，且易于安装和维护。但因为其内部的浸渍油会流动，因此不宜用在高度差较大的场所。塑料绝缘电缆结构简单，成本低，制造加工方便，且不受敷设高度差的限制及抗腐蚀性好，因此其应用日益广泛，但塑料受热易老化变形。橡胶绝缘电缆弹性好，性能稳定，防水防潮，一般用作低压电缆。

3. 电缆构造

（1）线芯

线芯起传导电流的作用，一般由铜或铝的多股线绞合而成。电缆线芯的断面形状有圆形、半圆形、扇形、空心形和同心形圆筒等，线芯采用扇形，可减小电缆外径。

（2）绝缘层

绝缘层用于承受电压，起线芯之间或线芯和大地之间的绝缘作用。电缆的绝缘可分为两种：相绝缘是每个线芯的绝缘；带绝缘是将多芯电缆的绝缘线合在一起，然后再于其上施加的绝缘，这样可使线芯不仅互相绝缘，还与外皮绝缘。绝缘层所用的材料很多，如橡胶、聚氯乙烯、聚乙烯、交联聚乙烯、棉、麻、纸、矿物油等。

（3）保护覆盖层

保护覆盖层是用于密封并保持一定机械强度的保护电缆的绝缘层，使电缆在运输、敷设和运行中不受外力损伤和水分侵入。保护覆盖层又分为内保护层和外保护层。

1）内保护。直接包紧在绝缘层上，保护绝缘层不与空气、水分或其他物质接触。

2）外保护层。保护内护层不受机械损伤和腐蚀。为了防止外力破坏，在电缆外层以铅皮包绕包钢带铠装，并在铅包与钢带铠装之间，用浸沥的麻布作衬垫隔开，以防止铅皮被钢带扎破，铠装的外面再用麻带浸渍沥青作保护层，以防锈蚀。没有外保护层的电缆，如裸铅包电缆，则用在无机械损伤和化学腐蚀的地方。常用电缆的构造如图4-22所示。

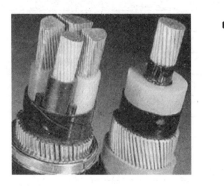
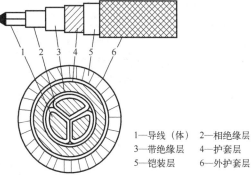

1—导线（体）　2—相绝缘层
3—带绝缘层　　4—护套层
5—铠装层　　　6—外护套层

图4-22　常用电缆的构造

4. 电缆接头

电缆敷设完后，将各段连接起来，使其成为一个连续的线路。连接电缆的接点叫作电缆接头，又叫中间接头，如图4-23所示。

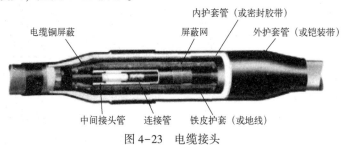

图4-23　电缆接头

5. 终端头

电缆终端的作用是实现电缆和其他电气设备之间的连接，如图4-24所示是电缆终端头示意图。电缆终端有多种结构和种类；如干包式、室外环氧树脂式等终端头结构。电缆线路的故障大部分情况发生在电缆接头处，所以电缆中间接头和电缆终端是线路中的薄弱环节，其安装质量需特别重视，要求密封性好，应具足够的机械强度，内压强度不低于电缆本身的机械耐压强度。

图 4-24　电缆终端头

6. 电缆的型号

每一个电缆的型号表示这种电缆的结构，同时也表明这种电缆的使用场合、绝缘种类和某些特征。电缆型号的表示顺序如下，其各字母和数字含义见表4-4。

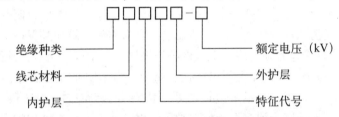

表 4-4　电缆型号中各字母和数字含义

项目	型号	含　义	项目	型号	含　义
类别	Z	油浸纸绝缘		02	聚氯乙烯套
	V	聚氯乙烯绝缘		03	聚乙烯套
	YJ	交联聚乙烯绝缘		20	裸钢带铠装
	X	橡皮绝缘		(21)	钢带铠装纤维外被
导体	L	铝芯		22	钢带铠装聚氯乙烯套
	T	铜芯（一般不注）		23	钢带铠装聚乙烯套
内护套	Q	铅包		30	裸细钢丝铠装
	L	铝包	外护套	(31)	细圆钢丝铠装纤维外被
	V	聚氯乙烯护套		32	细圆钢丝铠装聚氯乙烯套
特征	P	滴干式		33	细圆钢丝铠装聚乙烯套
	D	不滴流式		(40)	裸粗圆钢丝铠装
	F	分相铅包式		41	粗圆钢丝铠装纤维外被
				(42)	粗圆钢丝铠装聚氯乙烯套
				(43)	粗圆钢丝铠装聚乙烯套
				441	双粗圆钢丝铠装纤维外被

7. 电缆的敷设

（1）电缆的敷设方法

电缆敷设的基本方法有直接埋地敷设（见图4-25）、采用电缆隧道敷设（见图4-26）、电缆排管敷设（见图4-27）、利用电缆沟敷设和电缆桥架敷设（见图4-28）等。

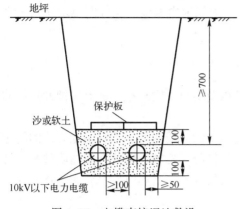

图4-25 电缆直接埋地敷设

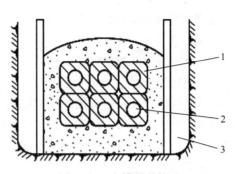

图4-26 电缆隧道敷设

1—电缆 2—支架 3—维护走廊

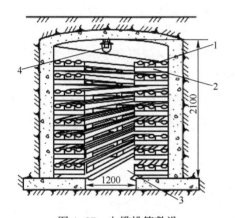

图4-27 电缆排管敷设

1—水泥排管 2—电缆孔（穿电缆用）

3—电缆沟 4—照明灯具

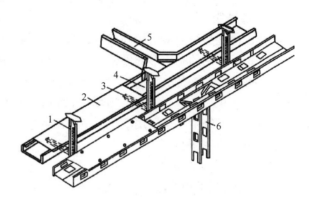

图4-28 电缆桥架敷设

1—支架 2—盖板 3—支臂 4—线槽

5—水平分支线槽 6—垂直分支线槽

对于工厂配电所、车间、大型商厦和科研单位等场所，因其电缆数量较多或较集中，且设备分散或经常变动，一般采用电缆桥架的方式敷设电缆线路。电缆桥架使电缆的敷设更标准、更通用，且结构简单、安装灵活，使配电线路的敷设成本大大降低。

（2）电缆的敷设要求

电缆敷设要严格遵守技术规程和设计要求，竣工后，要按规定的手续和要求检查和验收，以保证电缆线路的质量。具体的规定和要求可查阅 GB 50217—2018《电力工程电缆设计标准》。

（3）电缆敷设路径的选择

电缆敷设路径的选择应符合以下要求。

1）避免电缆遭受机械性外力、过热和腐蚀等的危害。

2）在满足安全条件下尽可能缩短电缆敷设长度。

3）便于运行维护。

4）避免将要挖掘施工的场所。

4.3.3 低压配电线路的导线和敷设

低压配电线路包括室内配电线路和室外配电线路。室内（厂房内）配电线路大多采用绝缘导线，但配电干线则多采用裸导线（母线），少数采用电缆。室外配电线路指沿外墙或屋檐敷设的低压配电线路。

1. 低压配电线路的导线种类和结构

（1）绝缘导线

按芯线材料分为铜芯和铝芯两种。重要线路以及高温、剧烈振动和有腐蚀性气体的场所应采用铜芯绝缘导线。

绝缘导线按绝缘材料分有橡皮绝缘导线和塑料绝缘导线两种。塑料绝缘导线的绝缘性能好，耐油和酸碱腐蚀，且价格较低，又可节约大量橡胶和棉纱，因此在室内明敷和穿管敷设中应优先选用塑料绝缘导线。但塑料在低温下易变硬发脆，高温时又易软化老化，因此室外敷设应优先选用橡皮绝缘导线。

常用的绝缘导线型号有：BX（铜芯橡皮绝缘导线）、BLX（铝芯橡皮绝缘导线）、BV（铜芯聚氯乙烯绝缘导线）、BLV（铝芯聚氯乙烯绝缘导线）、BXS（铜芯橡皮绝缘双股软导线）。

（2）裸导线

低压配电裸导线大多采用硬母线的结构，其截面形状有圆形、管形和矩形等，其材质有铜、铝和钢。常用的有矩形的硬铝母线（LMY）和硬铜母线（TMY）。为了识别裸导线（裸母线）的相序，现在的方法是在导线上刷贴不同颜色的油漆来代表其相序。如：三相交流系统中的L1、L2、L3分别用黄、绿、红表示；PEN和N线用淡蓝表示；PE线用黄绿双色表示。在直流系统中，正极用红色，负极用蓝色。

2. 低压配电线路的敷设

（1）绝缘导线的敷设

1）绝缘导线的敷设方式。

绝缘导线的敷设方式分明敷和暗敷两种。在明敷情况下，导线每隔一定距离，固定在夹持件上，或者穿过硬塑料管、钢管、线槽等保护体内，再直接固定在建筑物的墙壁上、顶棚的表面或支架上。这种敷设方式广泛用于潮湿的房间、地下室和过道内。而暗敷是导线直接或者穿在保护它的管子、线槽内，敷设在墙壁、顶棚、地坪、楼板等的内部或水泥板孔内。

按照绝缘导线在敷设时是否穿管或线槽又有以下几种方式：塑料护套绝缘导线的直敷布线（建筑物顶棚内不得采用）；绝缘导线穿金属管（钢管）、电线管的明敷和暗敷（不宜用在有严重腐蚀的场所）；绝缘导线穿塑料管的明敷、暗敷（不宜用在易受机械损伤的场所）；穿金属线槽的明敷（适用于无严重腐蚀的室内）和地面内暗装金属线槽布线（适用于大空间且隔断变化多、用电设备移动多或同时敷设有多种功能线路的室内，一般暗敷在水泥地面、楼板或楼板垫层内）。

2）绝缘导线的敷设要求。

① 线槽布线和穿管布线的导线，在中间不许直接接头，接头必须经专门的接线盒。

② 穿金属管和穿金属线槽的交流线路，应将同一回路的所有相线和中性线（如有中性线时）穿于同一管、槽内；如果只穿部分导线，则由于线路电流不平衡而产生交变磁场作用于金属管、槽，导致涡流损耗的产生，对钢管还将产生磁滞损耗，使管、槽发热，而导致其中的绝缘导线过热甚至可能烧毁。

③ 导线管槽与热水管、蒸汽管同侧敷设时，应敷设在水、汽管的下方；有困难时，可敷设在其上方，但相互间的距离应适当增大，或采取隔热措施。

3. 裸导线的敷设方式

在现代化的生产车间内，裸导线大多采用封闭式母线（又称母线槽）布线。封闭式母线安全、灵活、美观、容量大，但耗用金属材料多，投资大。封闭式母线水平敷设时，至地面的距离不应小于 2.2 m。垂直敷设时，距地面 1.8 m 以下部分应采取防止机械损伤的措施。但敷设在电气专用房间内如配电室、电机室时除外。封闭式母线槽常采用插接式母线槽。其特点为容量大、绝缘性能好、通用性强、拆装方便、安全可靠、使用寿命长等，并且可通过增加母线槽的数量来延伸线路。

4. 竖井内布线

该方式适用于多层和高层建筑物内垂直配电干线的敷设。可采用金属管、金属线槽、电缆、电缆桥架、封闭式母线等敷设方式。

实践内容

1）分析某企业 10 kV 高压架空线。

2）分析学院中心变电站到实训楼、教学楼的电缆敷设。

3）观看电缆敷设短片。

知识拓展

1）了解我国 1000 kV 超高压输电线路。

2）高压架空线路工艺要求及常用金具。

3）了解新型高压电缆相关知识。

4）电缆头制作。

5）查阅国家电网有限公司电力电缆安装运维"1+X"等级证书相关知识内容。

总结与思考

1）架空线路的结构和敷设要求。

2）电缆的分类、结构和敷设方式。

任务 4.4 导线和电缆截面选择

任务要点

1）了解导线和电缆截面选择的意义。

2）掌握导线和电缆截面选择的条件并能正确进行截面选择。

3）形成科学严谨的态度及归纳分析的能力，发扬吃苦耐劳、耐心钻研的职业精神。

相关知识

4.4.1 导线和电缆截面选择必须满足的条件

1. 发热条件

导线和电缆（包括母线）在通过正常最大负荷电流即线路计算电流（I_{30}）时产生的发热温度，不应超过其正常运行时的最高允许温度。

2. 电压损耗条件

导线和电缆在通过正常最大负荷电流即线路计算电流（I_{30}）时产生的电压损耗，不应超过正常运行时允许的电压损耗（对于工厂内较短的高压线路，可不进行电压损耗校验）。

3. 经济电流密度

35 kV 及以上的高压线路及电压在 35 kV 以下但长距离、大电流的线路，其导线和电缆截面宜按经济电流密度选择，以使线路的年费用支出最小，所选截面称为"经济截面"。此种选择原则，称为"年费用支出最小"原则。

4. 机械强度

导线（包括裸线和绝缘导线）截面不应小于其最小允许截面。

5. 短路时的动、热稳定度校验

和一般电气设备一样，导线也必须具有足够的动稳定度和热稳定度，以保证在短路故障时不会损坏。

6. 与保护装置的配合

导线和安装在其线路上的保护装置（如熔断器、低压断路器等）必须互相配合，才能有效地避免短路电流对线路造成的危害。

在工程设计中，根据经验，一般对 6~10 kV 及以下的高压配电线路和低压动力线路，先按发热条件选择导线截面，再校验其电压损耗和机械强度；对 35 kV 及以上的高压输电线路和 6~10 kV 长距离、大电流线路，则先按经济电流密度选择导线截面，再校验其发热条件、电压损耗和机械强度；对低压照明线路，先按电压损耗选择导线截面，再校验发热条件和机械强度。通常按以上顺序进行截面选择，比较容易满足要求，较少返工，从而减少计算的工作量。

4.4.2 按发热条件选择导线和电缆的截面

1. 三相系统相线截面的选择

电流通过导线（包括电缆、母线等）时，由于线路的电阻而使导线发热，当发热超过其允许温度时，会使导线接头处的氧化加剧，增大接触电阻而导致进一步的氧化，如此恶性循环会发展到触头烧坏而引起断线。而且绝缘导线和电缆的温度过高时，可使绝缘加速老化甚至损坏，或引起火灾。因此，导线的正常发热温度不得超过各类线路在额定负荷时的最高允许温度。当在实际工程设计中，通常用导线和电缆的允许载流量不小于通过相线的计算电流来校验其发热条件，即

$$I_{al} \geq I_{30} \tag{4-1}$$

导线的允许载流量 I_{al} 是指在规定的环境温度条件下，导线或电缆能够连续承受而不致使其稳定温度超过允许值的最大电流。如果导线敷设地点的实际环境温度与导线允许载流量所规定的环境温度不同时，则导线的允许载流量须乘以温度校正系数，其计算公式为

$$K_\theta = \sqrt{\frac{\theta_{al} - \theta_0'}{\theta_{al} - \theta_0}} \tag{4-2}$$

式中　θ_{al}——导线额定负荷时的最高允许温度；

　　　θ_0——导线允许载流量所规定的环境温度；

θ'_0——导线敷设地点的实际环境温度。

这里所说的"环境温度",是按发热条件选择导线和电缆所采用的特定温度。在室外,环境温度一般取当地最热月平均最高气温。在室内,则取当地最热月平均最高气温加5℃。对土中直埋的电缆,取当地最热月地下 $0.8\sim1\,\mathrm{m}$ 的土壤平均温度,亦可近似地采用当地最热月平均气温。

按发热条件选择导线所用的计算电流 I_{30} 时,对降压变压器高压侧的导线,应取为变压器额定一次电流。对电容器的引入线,由于电容器放电时有较大的涌流,因此,应取为电容器额定电流的1.35倍。

2. 中性线和保护线截面的选择

(1) 中性线(N线)截面的选择

三相四线制系统中的中性线,要通过系统的三相不平衡电流和零序电流,因此中性线的允许载流量应不小于三相系统的最大不平衡电流,同时应考虑谐波电流的影响。

一般三相线路的中性线截面 A_o,应不小于相线截面 A_φ 的50%,即

$$A_o \geqslant 0.5A_\varphi \tag{4-3}$$

由三相线路引出的两相三线线路和单相线路,由于其中性线电流与相线电流相等,因此它们的中性线截面 A_o 应与相线截面 A_φ 相同,即

$$A_o = A_\varphi \tag{4-4}$$

对于三次谐波电流较大的三相四线制线路及三相负荷很不平衡的线路,要使得中性线上通过的电流可能接近甚至超过相电流。因此在这种情况下,中性线截面 A_o 宜等于或大于相线截面 A_φ,即

$$A_o \geqslant A_\varphi \tag{4-5}$$

(2) 保护线(PE线)截面的选择

保护线要考虑三相系统发生单相短路故障时单相短路电流通过时的短路热稳定度。

根据短路热稳定度的要求,保护线(PE线)的截面 A_{PE},按 GB 50054—2011《低压配电设计规范》规定:

当 $A_\varphi \leqslant 16\,\mathrm{mm}^2$ 时　　　　　　　　$A_{PE} \geqslant A_\varphi$ $\tag{4-6}$

当 $16\,\mathrm{mm}^2 < A_\varphi \leqslant 35\,\mathrm{mm}^2$ 时　　　$A_{PE} \geqslant 16\,\mathrm{mm}^2$ $\tag{4-7}$

当 $A_\varphi > 35\,\mathrm{mm}^2$ 时　　　　　　　　$A_{PE} \geqslant 0.5A_\varphi$ $\tag{4-8}$

(3) 保护中性线(PEN线)截面的选择

保护中性线兼有保护线和中性线的双重功能,因此其截面选择应同时满足上述保护线和中性线的要求,并取其中的最大值。

按 GB 50054—2011 规定,采用单芯导线为 PEN 干线时,铜芯截面不应小于 $10\,\mathrm{mm}^2$,铝芯截面不应小于 $16\,\mathrm{mm}^2$;采用多芯电缆的芯线为 PEN 干线时,截面不应小于 $4\,\mathrm{mm}^2$。

例 4-1　有一条采用 BLV 型绝缘导线塑料管暗敷的 $380/220\,\mathrm{V}$ 的三相四线制线路,采用保护中性线 PEN 线,负荷主要是三相电动机,计算电流为 $60\,\mathrm{A}$,当地最热月的平均最高气温为30℃,试按发热条件选择此线路的截面。

解:(1) 相线截面选择

计算电流 $I_{30} = 60\,\mathrm{A}$,查附录 E 得,环境温度为30℃时,$35\,\mathrm{mm}^2$ 的 BLV 型绝缘导线四芯穿塑料管敷设时,I_{al} 为 $65\,\mathrm{A}$,满足 $I_{al} \geqslant I_{30}$ 的要求。因此按发热条件,相线截面选为 $35R_{sk}$,

穿线的 PC 管内径选为 35 mm。

（2）PEN 线截面的选择

按式（4-3）选 N 线截面积为 $A_o \geqslant 0.5 A_\varphi$，故选择 $A_o = 25$ mm^2。

按式（4-8）选 PE 线截面积为 $A_{PE} \geqslant 0.5 A_\varphi$，故选择 $A_{PE} = 25$ mm^2。因此 PEN 线截面积为 25 mm^2。

4.4.3　按经济电流密度选择导线和电缆的截面

导线（包括电缆）的截面越大，电能损耗就越小，但是线路投资，维修管理费用和有色金属消耗量却要增加。因此从经济方面考虑，导线应选择一个比较合理的截面，使电能损耗小，又不致过分增加线路投资、维修管理费和有色金属消耗量。

图 4-29 是年费用 C 与导线截面 A 的关系曲线。其中曲线 1 表示线路的年折旧费（线路投资除以折旧年限之值）和线路的年维修管理费之和与导线截面的关系曲线；曲线 2 表示线路的年电能损耗费与导线截面的关系曲线；曲线 3 为曲线 1 与曲线 2 的叠加，表示线路的年运行费用（包括线路的年折旧费、维修费、管理费和电能损耗费）与导线截面的关系曲线。由曲线 3 可知，与年运行费最小值 C_a（a 点）相对应的导线截面 A_a 不一定是最经济合理的导经截

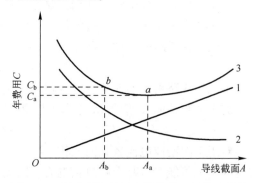

图 4-29　线路的年费用和导线截面的关系曲线

面，因为 a 点附近，曲线 3 比较平坦，如果将导线截面再选小一些，例如选为 A_b（b 点），年运行费用 C_b 增加不多，但导线截面即有色金属消耗量却显著减少。因此，从全面的经济效益来考虑，导线截面选为 A_b 比选 A_a 更为经济合理。这种从全面的经济效益考虑，使线路的年运行费用接近最小，同时又适当考虑有色金属节约的导线截面，称为经济截面，用符号 A_{ec} 表示。

经济电流密度是指与经济截面对应的导线电流密度。我国现行的经济电流密度规定见表 4-5。

表 4-5　导线和电缆的经济电流密度

线路类别	导线材质	年最大负荷利用小时		
		3000 h 以下	3000~5000 h	5000 h 以上
架空线路	铝	1.65	1.15	0.90
	铜	3.00	2.25	1.75
电缆线路	铝	1.92	1.73	1.54
	铜	2.50	2.25	2.00

按经济电流密度 j_{ec} 计算经济截面 A_{ec} 的公式为

$$A_{ec} = I_{30} / J_{ec} \tag{4-9}$$

式中　I_{30}——线路的计算电流。

按式（4-9）计算出 A_{ec} 后，应选最接近的标准截面（可取较小的标准截面），然后检验

其他条件。

例 4-2 某企业欲从距离该地区最近的 35 kV 变电站采用钢芯铝绞线对其进行供电，该企业的用电负荷为 4800 kW，功率因数为 0.92，$T_{\max} = 4500$ h，该地区环境温度为 40℃，试选择导线截面。

解：（1）按经济电流密度选择

$$I_{30} = 4800/(\sqrt{3} \times 35 \times 0.92)\,\text{A} = 86.1\,\text{A}$$

有 $T_{\max} = 4500$ h，查表 4-5 得 $j_{ec} = 1.15$（钢芯铝绞线中钢心为增加强度，导电部分仍以铝线为主）。

因此可得 $A_{ec} = 86.1/1.15\,\text{mm}^2 = 74.9\,\text{mm}^2$，选相近的标准截面 70 mm²。

（2）校验发热条件

查附录 F 得 LGJ-70 的 $I_{al} = 222$ A$> I_{30}$，故满足发热条件。

（3）校验机械强度

查附录 G 得 35 kV 架空 LGJ 线路的 $A_{\min} = 35$ mm²，故满足机械强度条件。

4.4.4 按电压损耗选择导线和电缆的截面

由于线路阻抗的存在，因此当负荷电流通过线路时就会产生电压损耗。所谓电压损耗，是指线路首端线电压和末端线电压的代数差。为保证供电质量，按规定，高压配电线路(6~10 kV) 的允许电压损耗不得超过线路额定电压的 5%；从配电变压器一次侧出口到用电设备受电端的低压输配电线路的电压损耗，一般不超过设备额定电压（220 V、380 V）的 5%；对视觉要求较高的照明线路，则不得超过其额定电压的 2%~3%。如果线路的电压损耗超过了允许值，则应适当加大导线或电缆的截面，使之满足允许电压损耗的要求。

1. 电压损耗的计算公式介绍

（1）集中负荷的三相线路电压损耗的计算公式

下面以带两个集中负荷的三相线路（见图 4-30）为例，说明集中负荷的三相线路电压损耗的计算方法。

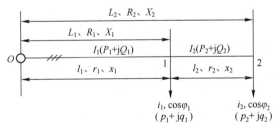

图 4-30 带两个集中负荷的三相线路

在图 4-30 中，以 P_1、Q_1、P_2、Q_2 表示各段线路的有功功率和无功功率，p_1、q_1、p_2、q_2 表示各个负荷的有功功率和无功功率，l_1、r_1、x_1、l_2、r_2、x_2 表示各段线路的长度、电阻和电抗；L_1、R_1、X_1、L_2、R_2、X_2 为线路首端至各负荷点的长度、电阻和电抗。

线路总的电压损耗为

$$\Delta U = \frac{(p_1 L_1 + p_2 L_2) R_0 + (q_1 L_1 + Q_2 L_2) X_0}{U_N} = \frac{\sum (pR + qX)}{U_N} \tag{4-10}$$

对于"无感"线路，即线路的感抗可省略不计或线路负荷的 $\cos\varphi \approx 1$，则线路的电压损耗为

$$\Delta U = \sqrt{3}\sum(iR) = \sqrt{3}\sum(Ir) = \frac{\sum(pR)}{U_N} = \frac{\sum(Pr)}{U_N} \tag{4-11}$$

如果是"均一无感"的线路，即不仅线路的感抗可省略不计或线路负荷的 $\cos\varphi \approx 1$，而且全线采用同一型号规格的导线，则其电压损耗为

$$\Delta U = \frac{\sum(pL)}{\gamma AU_N} = \frac{\sum(Pl)}{\gamma AU_N} = \frac{\sum M}{\gamma AU_N} \tag{4-12}$$

线路电压损耗的百分值为

$$\Delta U\% = \frac{\Delta U}{U_N} \times 100 \tag{4-13}$$

式中 γ——导线的电导率；

A——导线的截面；

L——线路首端至负荷 p 的长度；

$\sum M$——线路的所有有功功率矩之和。

对于"均一无感"的线路，其电压损耗的百分值为

$$\Delta U\% = \frac{100\sum M}{\gamma AU_N} = \frac{\sum M}{CA} \tag{4-14}$$

式中 C——计算系数，见表4-6。

表4-6 计算系数 C

线 路 类 型	线路额定电压/V	计算系数 $C/(kW \cdot m \cdot mm^{-2})$	
		铝导线	铜导线
三线四线或三相三线	220/380	46.2	16.5
两相三线		20.5	34.0
单线相直流	220	7.74	12.8
	110	1.94	3.21

注：表中 C 值是在导线工作温度为50℃、功率矩 M 的单位为 kW·m、导线截面单位为 mm² 时的数值。

（2）均匀分布负荷的三相线路电压损耗的计算

如图4-31所示，对于均匀分布负荷的线路，单位长度线路上的负荷电流为 I_k，均匀分布负荷产生的电压损耗，相当于全部负荷集中在线路的中点时的电压损耗，因此可用下式计算其电压损耗：

$$\Delta U = \sqrt{3}\,i_0 L_2 R_0(L_1 + L_2/2) = \sqrt{3}\,IR_0(L_1 + L_2/2) \tag{4-15}$$

式中 I——与均匀分布负荷等效的集中负荷，$I = i_0 L_2$；

R_0——导线单位长度的电阻值（Ω/km）；

L_2——均匀分布负荷线路的长度（km）。

2. 按允许电压损耗选择、校验导线截面

按允许电压损耗选择导线截面分两种情况：一是各段线路截面相同，二是各段线路截面不同。

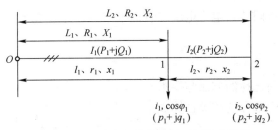

图4-31 均匀分布负荷线路的电压损失计算

（1）各段线路截面相同时按允许电压损耗选择、校验导线截面

一般情况下，当供电线路较短时常采用统一截面的导线。可直接采用式（4-13）来计算线路的实际电压损耗百分值 $\Delta U\%$，然后根据允许电压损耗 $\Delta U_{al}\%$ 来校验其导线截面是否满足电压损耗的条件：

$$\Delta U\% \geqslant \Delta U_{al}\% \tag{4-16}$$

如果是"均一无感"线路，还可以根据式（4-14），在已知线路的允许电压损耗 $\Delta U_{al}\%$ 条件下，计算该导线的截面，即

$$A = \frac{\sum M}{C\Delta U_{al}\%} \tag{4-17}$$

式（4-17）常用于照明线路导线截面的选择。据此计算截面即可选出相应的标准截面，再校验发热条件和机械强度。

（2）各段线路截面不同时按允许电压损耗选择、校验导线截面

当供电线路较长时，为尽可能节约有色金属，常将线路依据负荷大小的不同采用截面不同的几段。由前面的分析可知，影响导线截面的主要因素是导线的电阻值（同种类型不同截面的导线电抗值变化不大）。因此在确定各段导线截面时，首先用线路的平均电抗 X_0（根据导线类型）计算各段线路由无功负荷引起的电压损耗；其次依据全线允许电压损耗确定有功负荷及电阻引起的电压损耗（$\Delta U_p\% = \Delta U_{al}\% - \Delta U_q\%$）；最后根据有色金属消耗最少的原则，逐级确定每段线路的截面。这种方法比较烦琐，故这里只给出各段线路截面的计算公式，有兴趣的读者可自己查阅相关手册。

设全线由 n 段线路组成，则第 j（j 为整数，$1 \leqslant j \leqslant n$）段线路的截面由下式确定：

$$A = \frac{\sqrt{p_j}}{100\gamma\Delta U_p\%U_N^2}\sum(\sqrt{p_j}L_j) \tag{4-18}$$

如果各段线路的导线类型与材质相同，只是截面不同，则可按下式计算：

$$A = \frac{\sqrt{p_j}}{C\Delta U_p\%}\sum(\sqrt{p_j}L_j) \tag{4-19}$$

🔧 **实践内容**

1）参观所在单位的变配电所。

2）采用不同方法，对所在单位供配电系统的导线和电缆截面进行计算。

👤 **知识拓展**

1）查看资料，熟练掌握选择导线和电缆截面时，按发热条件、经济电流密度和电压损耗计算的内容。

2）查阅国家电网有限公司电力电缆安装运维"1+X"等级证书考核标准，进行电力电缆安装训练。

总结与思考

1）导线和电缆截面选择的方法与要求。

2）导线和电缆截面选择的相关计算。

任务4.5 供电电力网络的认识

任务要点

1）掌握高低压供电线路常用的接线方式及特点。

2）能对高低压供电线路进行接线方式的设计。

3）形成科学严谨的态度及归纳分析的能力，发扬精益求精的工匠精神。

相关知识

4.5.1 高压配电线路的认识与选择

末端用户高压供配电线路常用的接线方式有放射式、树干式和环形三种。

1. 高压放射式接线

高压放射式接线是指电能在高压母线汇集后，以单独用户专线向各高压配电线路输送，沿线不分接其他负荷，一般采用电缆线路。

如图4-32a所示是高压单回路放射式接线。这种接线方式的优点是接线清晰，操作维护方便，各供电线路互不影响，供电可靠性较高，便于装设自动装置，保护装置也较简单，但高压开关设备用得较多，投资高，而且某一线路发生故障或需检修时，该线路供电的全部负荷都要停电。因此只能用于二、三级负荷或容量较大及较重要的专用设备。

对二级负荷供电时，为提高供电可靠性，可根据具体情况增加公共备用线路，如图4-32b所示是采用公共备用干线的放射式接线。该接线方式的供电可靠性得到了提高，但开关设备的数量和导线材料的消耗量也有所增加，一般用于供电给二级负荷。如果备用干线采用独立电源供电且分支较少，则可用于一级负荷。

图3-32c所示是双回路放射式接线。该接线方式采用两路电源进线，然后经分段母线用双回路对用户进行交叉供电。其供电可靠性高，可供电给一、二级的重要负荷，但投资相对较大。

图3-32d所示是采用低压联络线路作备用干线的放射式接线。该方式比较经济、灵活，除了可提高供电可靠性以外，还可实现变压器的经济运行。

2. 高压树干式接线

高压树干式接线是指由变配电所高压母线上引出的每路高压配电干线上均沿线连接了数个负荷点的接线方式。如图4-33所示是高压树干式接线。

单回路树干式接线如图4-33a所示。该接线方式与单回路放射式接线相比，变配电所的出线大大减少，高压开关柜数量也相应减少，同时可节约有色金属的消耗量。但因多个用户采用一条公用干线供电，各用户之间互相影响，当某条干线发生故障或需检修时，将引起干线上的全部用户停电，所以供电可靠性差，且不容易实现自动化控制。一般用于对三极负荷

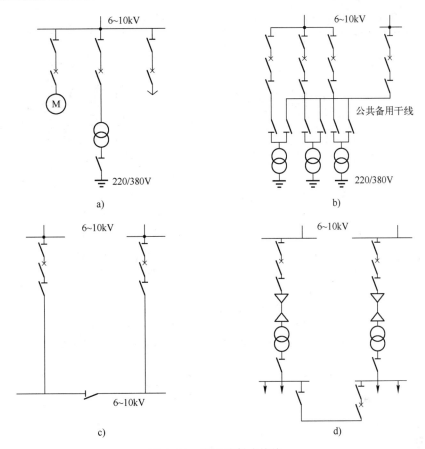

图4-32 高压放射式接线

a）单回路放射式接线 b）采用公共备用干线的放射式接线

c）双回路放射式接线 d）采用低压联络线作备用干线的放射式接线

配电，而且干线上连接的变压器不得超过 5 台，总容量不应大于 2300 kV·A，这种接线在城镇街道应用较多。

为提高供电可靠性，可采用单侧供电的双回路树干式接线方式，如图 4-33b 所示。该接线方式可供电给二、三极负荷，但投资也相应有所增加。

两端供电的单回路树干式接线如图 4-33c 所示。若一侧干线发生故障，可采用另一侧干线供电。正常运行时，由一侧供电或在线路的负荷分界处断开，发生故障时要手动切换，但寻查故障时也需中断供电。所以，只可用于对二、三极负荷供电。

两端供电的双回路树干式接线如图 4-33d 所示。它的供电可靠性比单侧供电的双回路树干式有所提高，主要用于对二级负荷供电；当供电电源足够可靠时，亦可用于一级负荷。而且其投资不比单侧供电的双回路树干式增加很多，关键是要有双电源供电的条件。

3. 高压环形接线

如图 4-34 所示是高压环形接线，从变电站一条母线或该变电站设有母联开关的另一母线各引出一条线路向用户供电，也就是两路树干式接线连接起来就构成了环形接线，用户之间采用"手拉手"环形接线。这种接线运行灵活，供电可靠性高，线路检修时可切换电源，故障时可切除故障线段，缩短停电时间。可供二、三级负荷，在现代化城市电网中应用较广泛。

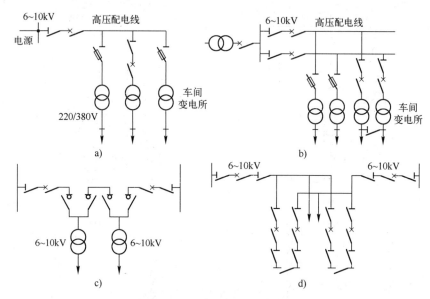

图 4-33　高压树干式接线

a）单回路树干式接线　b）单侧供电的双回路树干式接线

c）两端供电的单回路树干式接线　d）两端供电的双回路树干式接线

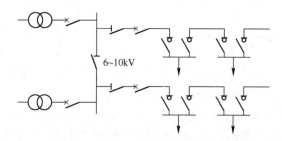

图 4-34　高压环形接线

环形接线分开环与闭环，单环与双环。由于闭环运行时继电保护整定较复杂，同时也为避免环形线路上发生故障时影响整个电网，因此，为了简化继电保护，大多数环形线路采用单环开环运行方式，即环形线路中有一处开关是断开的，通常采用以负荷开关为主开关的高压环网柜作为配电设备。

实际供配电系统的高压接线，往往是几种接线方式的组合。究竟采用什么接线方式，应根据具体情况，考虑对供电可靠性的要求，经过技术经济综合比较后才能确定。一般来说，对大中型工厂，高压配电系统宜优先考虑采用放射式接线，因为放射式接线的供电可靠性较高，便于运行管理。但放射式的投资较大，对于供电可靠性要求不高的辅助生产区和生活住宅区，可考虑采用树干式或环形配电。

4.5.2　低压配电线路的认识与选择

低压配电线路基本接线方式也分为放射式、树干式和环形三种。

1. 低压放射式接线

如图 4-35 所示是低压放射式接线图。由变配电所低压母线将电能分配出去，经各个配电干线（配电屏）再供电给配电箱或低压用电设备。

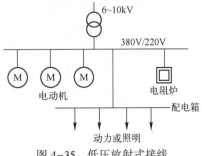

这种接线方式的各低压配电出线互不影响，供电可靠性较高。但所用配电设备及导线材料较多，且运行不够灵活。该接线多用于用电设备容量大、负荷集中或性质重要的负荷，以及需要集中连锁起动、停车的用电设备和有爆炸危险的场所。对于特别重要的负荷，可采用由不同母线段或不同电源供电的双回路放射式接线。

图4-35　低压放射式接线

2. 低压树干式接线

低压树干式接线引出配电干线较少，采用的开关设备较少，金属消耗量也少，但干线发生故障时，停电的范围大，因此和放射式接线相比，其供电的可靠性较低。

图4-36a所示是低压母线放射式配电的树干式接线。这种接线多采用成套的封闭式母线槽，运行灵活方便，也比较安全，适宜于用电容量较小而分布均匀的场所，如机械加工车间、工具车间和机修车间的中小型机床设备以及照明配电。

图4-36b为低压"变压器—干线组"树干式接线，该接线方式省去了变电所低压侧的整套低压配电装置，简化了变电所的结构，大大减少了投资。为了提高母干线的供电可靠性，该接线方式一般接出的分支回路数不宜超过10条，而且不适用于需频繁起动、容量较大的冲击性负荷和对电压质量要求高的设备。

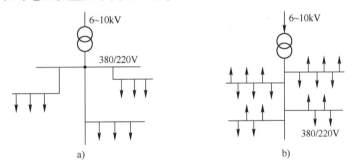

图4-36　低压树干式接线

a）低压母线放射式配电的树干式接线　b）低压"变压器-干线组"的树干式接线

图4-37是变形的树干式接线，叫作低压链式接线，该接线适用于用电设备彼此距离近、容量都较小的情况。链式连接的用电设备台数不能超过5台，配电箱不能超过3台，且总容量不宜超过10 kW。

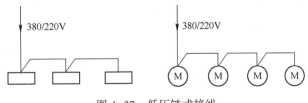

图4-37　低压链式接线

3. 低压环形接线

在一些车间变电所的低压侧，可以通过低压联络线相互连接起来构成环形接线，如

图4-38所示是低压环形接线。这种接线方式供电可靠性较高，任一段线路发生故障或需要检修，一般可不中断供电，或只是短时停电，经切换操作后即可恢复供电，使电能损耗和电压损耗减少。但环形接线的保护装置及其整定配合比较复杂，如果整定配合不当，容易发生误动作，反而扩大故障停电范围，所以低压环形线路通常采用"开环"方式运行。

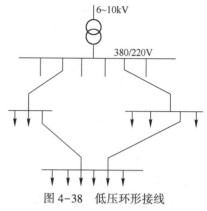

图4-38　低压环形接线

实际低压配电系统的接线，往往是上述几种接线的综合。一般在正常环境的车间或建筑内，当大部分用电设备容量不大而且无特殊要求时，宜采用树干式配电。一方面是因为树干式比放射式经济，另一方面是因为我国大多数技术人员对树干式接线的运行和管理较有经验。

总之，电力线路的接线应力求简单、有效。运行经验证明，供配电系统的接线不宜太过复杂，且层次不宜过多，否则不但会造成投资的浪费，而且还会增大故障概率，延长停电时间。GB 50052—2009《供配电系统设计规范》中规定："供配电系统应简单可靠，同一电压供电系统的配电级数不宜多于两级。"此外，高低压配电线路应尽量深入负荷中心，以减少线路的电能损耗和金属的消耗量，并提高电能的质量。

实践内容

到企业加工车间进行低压配电线路检修。

知识拓展

1）认识矿山企业低压供配电线路。

2）查阅国家电网有限公司输电线路施工及运维"1+X"等级证书相关知识内容。

总结与思考

1）低压配电线路的接线方式。

2）低压配电线路的结构和敷设。

任务4.6　变配电所的运行与管理

任务要点

1）了解变配电所的值班制度和值班员职责。

2）掌握倒闸操作基本知识。

3）能正确进行倒闸操作票的记录与填写。

4）掌握安全操作与文明生产相关知识，提升集体意识和团队合作精神。

相关知识

4.6.1　变配电所的值班制度和值班员职责

1. 变配电所的值班制度

工厂变配电所的值班制度，主要有轮换值班制和无人值班制。采用无人值班，可以节约人力，减少运行费用。

2. 变配电所值班员的职责

1）遵守变配电所值班工作制度，坚守工作岗位，不进行与工作无关的活动，确保变配电所的安全运行。

2）积极钻研本职工作，熟悉变配电所的设备和接线及其运行维护和倒闸操作要求，掌握安全用具和消防器材的使用方法及触电急救法，了解变配电所的运行方式、负荷情况及负荷调整、电压调节等措施。

3）监视所内各种设备的运行情况，定期巡视检查，按照规定抄报各种运行数据，记录运行日志。发现设备缺陷和运行不正常时，及时处理，并做好有关记录，以备查考。

4）按上级调度命令进行操作，发生事故时进行紧急处理，并做好记录，以备查考。

5）保管所内各种资料图表、工具仪器和消防器材等，并做好和保持所内设备和环境的清洁卫生。

6）按规定进行交接班。值班员未办好交接手续时，不得擅离岗位。在处理事故时，一般不得交接班。接班的值班员可在当班的值班员要求和主持下，协助处理事故。如果事故一时难以处理完毕，在征得接班的值班员同意或上级同意后，可进行交接班。

必须指出：不论高压设备带电与否，值班员不得单独移开或越过遮栏进行工作；如有必要移开遮拦时，必须有监护人在场，并符合《电力安全工作规程》规定的设备不停电时的安全距离。在雷雨天巡视露天高压设备时，必须穿绝缘靴，且不得靠近避雷器和接闪杆（避雷针）。当高压设备发生接地故障时，室内不得接近故障点 4 m 以内，室外不得接近故障点 8 m 以内。进入上述范围的人员必须穿绝缘靴，接触设备的外壳和构架时，应戴绝缘手套。

4.6.2 电气设备巡检方法

巡检人员在设备巡检过程中，严格按照安全规程，用高度的责任心和"望、闻、问、切"的巡检方法，可以及时发现和消除事故隐患，防止事故的发生。

1. 望，就要做到眼勤

在巡检设备时，巡检人员要眼观六路，充分利用自己的眼睛，从设备的外观发现跑、冒、滴、漏，通过设备甚至零部件的位置、颜色的变化，发现设备是否在正常状态，防止事故苗头在你眼皮底下跑掉。

2. 闻，要做到耳、鼻勤

巡检人员要耳听八方，充分利用自己的鼻子和耳朵，发现设备气味是否有变化，声音是否正常，从而找出异常状态下的设备，进行针对性的处理。

3. 问，要做到嘴勤

巡检人员要多问，其一是多问几个为什么，问也是个用脑的过程，不用脑就会视而不见。其二是在交接班过程中，对前班工作和未能完成的工作，要问清楚，进行详细的了解，做到心中有数；交班的人员要交代清楚每个细节，防止事故出现在交接班的间隔中。

4. 切，要做到手勤

巡检人员对设备只要能用手或通过专用工具来感觉设备运行中的温度变化、振动情况。在操作设备前，要空手模拟操作动作与程序，切忌乱摸乱碰，引起误操作。

4.6.3 变配电室主要电气设备巡视项目

1. 主变压器的正常巡视检查项目

变压器运行声音是否正常；变压器油色、油位是否正常，各部位有无渗漏油现象；变压器油温及温度计指示是否正常，远方测控装置指示是否正确；变压器两侧母线有无悬挂物，金具连接是否紧固，引线不应过松或过紧，接头接触良好，试温蜡片无融化现象；吸湿器是否通畅，硅胶是否变色，气体继电器是否充满油，压力释放器（安全气道）是否完好无损；瓷绝缘子、套管是否清洁，有无破损裂纹、放电痕迹及其他异常现象；主变外壳接地点接触是否良好；有载分接开关的分接指示位置及电源指示是否正常；冷却系统的运行是否正常；各控制箱及二次端子箱是否关严，电缆穿孔封堵是否严密，有无受潮；警告牌悬挂是否正确，各种标志是否齐全明显。

2. 真空断路器的巡视检查项目

分、合闸位置指示是否正确，与实际运行位置是否相符；断路器及重合器指示灯是否正确；支柱绝缘子及套管有无裂痕或放电现象；引线驰度是否适中，接触是否良好，试温蜡片有无融化；断路器支架接地是否完好。

3. 油断路器的巡视检查项目

分、合闸位置指示是否正确，与实际运行位置是否相符；油色、油位是否正常，有无渗漏油痕迹，放油阀关闭是否紧密；排气管是否完好，有无喷油现象；表面是否清洁，各部件连接是否牢靠，有无发热变色现象。

4. 弹簧操动机构的巡视检查项目

机构箱门是否平整、开启灵活、关闭紧密；储能电动机的电源刀开关或熔丝接触是否良好；检查分、合闸线圈有无变色、变形或异味；断路器在分闸备用状态时，合闸弹簧是否储能；各辅助接点、继电器位置是否正确。

5. 电磁操动机构的巡视检查项目

机构箱门是否平整、开启灵活、关闭紧密；检查分、合闸线圈及合闸接触器有无变色、变形或异味；直流电源回路接线端子有无松脱、锈蚀。

6. 隔离开关的巡视检查项目

绝缘子是否完整无裂纹、无放电现象；机械部分是否正常；闭锁装置是否正常；触头接触是否良好，接触点是否发热，有无烧伤痕迹，引线有无断股、折断现象；接地刀开关接地是否良好。

7. 电力电缆的巡视检查项目

电力电缆头是否清洁完好，有无放电发热现象；检查电缆沟有无积水、盖板有无破损、放置是否平稳、沟边有无倒塌现象；检查电缆终端防雷设施是否完好；检查电力电缆外壳、外皮等接地是否良好。

8. 微机综合保护装置的巡视检查项目

保护装置自检试验时，动作信号是否正确；运行监视灯指示是否正确；保护装置是否有装置故障的告警信号；检查液晶显示信息量（如电压、电流、功率一次值，保护投入情况等）是否正确；检查保护装置显示时间是否正确。

9. 高、低压柜巡检项目

各绝缘子、互感器、断路器表面应清洁、干燥、无破损、无放电；油断路器的油位不能过低或过高，油色要透明呈淡黄色，无黑色碳化物，无漏油现象；柜内、柜顶无杂物；柜内各连接头温度不能超过 70℃，无异味；转换开关、断路器、指示灯显示状态要对应。

实践内容

1）到本单位或企业变配电所值班室进行值班巡查。

2）参与本单位或企业变配电所倒闸操作环节。

知识拓展

1）观看变配电所倒闸操作的介绍短片。

2）查阅国家电网有限公司变配电运维"1+X"等级证书相关知识内容。

总结与思考

1）变电所倒闸操作必须具备的条件。

2）倒闸操作顺序和基本规定。

项目测验 4

一、判断题

1. 民用建筑高压配电所的母线，通常采用单母线制。若为双电源进线，则一般采用单母线分段制。　　　　　　　　　　　　　　　　　　　　　　　　　　　　（　　）

2. 高压架空线路的末端及高压母线上均应装设避雷器，以防雷电波沿线路侵入变配电所。　　　　　　　　　　　　　　　　　　　　　　　　　　　　　　　（　　）

3. 单电源放射式接线的优点是高压开关设备少，耗用导线少，投资省。　（　　）

4. 三相负荷基本平衡的低压线路中的中性线截面积 A_0，宜不小于相线截面 A_φ 的 50%。

　　　　　　　　　　　　　　　　　　　　　　　　　　　　　　　　　（　　）

二、简答题

1. 简述变配电所一次电路图和二次电路图的概念？

2. 变配电所常用主接线的形式有哪些类型？各有何特点？

3. 什么是桥式接线？具体有哪些类型？各有何特点？

4. 变配电所的所址选择原则有哪些？

5. 试比较架空线路和电缆线路的优缺点及适用范围。

6. 敷设电缆应注意哪些事项？

7. 请说明导线标注 BLV-500(3×70+PEN35) 的各文字符号的含义。

8. 末端用户常用高压供配电线路常用的接线方式有哪些？各有何特点？

9. 电气设备巡检方法有哪些？

10. 有一条采用 BV-500 型铜芯塑料线穿硬塑料管（PC）暗敷的 220/380 V TN-S 线路，计算电流为 140 A，当地最热月平均气温为 30℃。试按发热条件选择该线路的导线截面。

11. 某供电线路采用的是 LJ 型铝绞线架设的长 3 km 的 35 kV 架空线，计算负荷数值为 5000 kW，$\cos\varphi=0.8$，$T_{max}=4500\,h$，试按经济电流密度选择该钢芯铝绞线的截面。

项目 5

供配电系统运行保障措施

📋 **学习目标**

1）了解电力系统继电保护的概念、组成与要求。

2）理解与掌握电力线路和电力变压器继电保护的组成、整定计算。

3）了解微机保护的组成和工作原理。

4）了解熔断器保护和低压断路器保护的方法。

5）了解电气设备的防雷与接地。

💬 **项目概述**

在正常运行过程中，供电系统和各种电气设备难免会因为各种自然或人为的原因，如绝缘老化、负载过大、外部机械力的破坏、操作失误等，造成各种故障，使供电系统不能正常运行。而供电系统出现故障，将涉及整个电力系统的安全运行。如何对供配电系统进行故障检测、故障报警、事故切除，是供配电系统保护装置所承担的任务。

本项目主要有 7 个工作任务：

1）继电保护的认识。

2）电力线路的继电保护。

3）电力变压器的继电保护。

4）供配电系统的微机保护。

5）低压供电系统保护。

6）防雷。

7）接地。

任务 5.1 继电保护的认识

🔧 **任务要点**

1）理解继电保护的原理与要求。

2）掌握常用保护继电器的工作原理。

3）了解继电保护的接线方式。

4）掌握安全操作与文明生产相关知识，提升集体意识和团队合作精神。

 相关知识

5.1.1 继电保护的任务及要求

在供电系统中，最常见的故障是各种形式的短路。短路故障一旦发生，对电力系统将造成极大危害。

如图 5-1 所示网络中，当 d 点发生短路时：

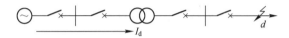

图 5-1 简单的电力网络短路示意图

1）很大的短路电流 I_d 在故障点燃起的电弧将使故障元器件损坏。

2）短路电流 I_d 流过一些非故障元器件（如发电机、变压器、母线等）引起的发热和电动力将损坏这些非故障元器件。

3）故障点附近的电压大大下降，使电力用户的正常工作和生活遭到破坏。

4）破坏电力系统并列运行的稳定性，引起系统振荡，甚至使系统瓦解和崩溃。

另外，还有系统的不正常运行状态。系统的不正常运行状态是指系统中电气元器件没有发生故障，但由于某种干扰，电气参数偏离正常值，如设备的过负荷、系统发生振荡、功率缺额引起的频率降低、发电机甩负荷引起的过电压等，都属于不正常运行状态。这些不正常运行状态若不及时处理，就有可能发展成故障。

系统中电气元器件发生故障和不正常运行虽然无法避免，但系统发生事故却可以预防。因为系统事故的发生，除了由于自然条件（如遭受雷击等）外，一般都由设备制造质量不高、设计安装错误、运行或维护不当等原因造成。如果能一方面加强电气设备的维护和检修，另一方面在电力系统中的每个元器件上装设一种有效的装置，当电气元器件发生故障或不正常运行状态时，该装置能快速切断故障元器件的供电或向工作人员发出信号进行处理，则可以大大减少事故发生的概率。在电力系统中起这种作用的装置即称为继电保护装置。

1. 继电保护装置的任务

1）自动、快速、有选择性地将故障元器件从电力系统中切除，使故障元器件免于继续遭到破坏，使非故障元器件能继续正常运行。

2）对电气元器件的不正常运行状态能根据运行维护的条件发出信号、减负荷或跳闸。

2. 继电保护装置的基本要求

供配电系统对继电保护装置有下列基本要求。

（1）选择性

继电保护动作的选择性是指在供配电系统发生故障时，只将电源一侧距离故障点最近的继电保护装置动作，将故障元器件切除，以保证系统中的无故障部分仍然继续安全运行。如图 5-2 所示，当 d 点发生短路时，继电保护装置动作只使断路器 QF_4 跳闸，而其他断路器都不跳闸，则故障元件所在的 CD 线路及变电站母线 D 停电，满足这一要求的运作称为"选择性动作"。如果 QF_4 不动作，其他断路器跳闸，则称为"失去选择性动作"。

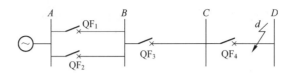

图 5-2　继电保护装置动作选择性示意图

（2）速动性

速动性就是快速切除故障。当系统内发生短路故障时，保护装置应尽快动作，快速切除故障，使电压降低的时间缩短，减少对用电设备的影响，缩小故障影响的范围，提高电力系统运行的稳定性；速动性还可减少故障对电气设备的损坏程度。（如果故障能在 0.2s 内切除，则一般电动机就不会停转。）

（3）可靠性

可靠性指保护装置该动作时就应动作（不拒动），不该动作时不误动。前者为信赖性，后者为安全性，即可靠性包括信赖性和安全性。为了提高可靠性，继电保护装置接线方式应力求简单，触点回路少。

（4）灵敏性

灵敏性是指保护装置在其保护范围内对故障和不正常运行状态的反应能力。如果保护装置对其保护区内极轻微的故障都能及时地反应动作，则说明保护装置的灵敏度高。灵敏性通常用灵敏系数衡量。

对于过电流保护装置，其灵敏系数定义为

$$S_p = \frac{I_{k.\,min}}{I_{op.\,1}} \qquad (5-1)$$

式中　$I_{k.\,min}$——保护装置的保护区末端在系统最小运行方式下的最小短路电流；

　　　$I_{op.\,1}$——保护装置的一次侧动作电流。

对于低电压保护装置，其灵敏系数定义为

$$S_p = \frac{U_{op.\,1}}{U_{k.\,max}} \qquad (5-2)$$

式中　$U_{k.\,max}$——保护装置的保护区末端短路时，在保护装置安装处母线上最大残余电压；

　　　$U_{op.\,1}$——保护装置的一次侧动作电压，即保护装置动作电压换算到一次电路的电压。

以上 4 项要求对熔断器和低压断路器保护也是适用的。但这 4 项要求对于一个具体的继电保护装置，不一定都是同等重要，应根据保护对象而有所侧重。例如对电力变压器，一般要求灵敏性和速动性较好；对一般的电力线路，灵敏度可略低一些，但对选择性要求较高。

继电保护装置除满足上面的基本要求外，还要求投资省，便于调试及维护，并尽可能满足系统运行时所要求的灵活性。

5.1.2　继电保护装置的组成及常用保护继电器

1. 继电保护装置的组成

现在常用的继电保护装置是由电磁型、感应型或电动型继电器组成的，这些继电器都有机械转动部分，由这些继电器组成的保护装置称为机电式保护装置。如图 5-3 所示，它是过电流继电保护装置框图，所接的继电器都为电磁型继电器。当线路上发生短路时，起动用的电流继电器 KA 瞬时动作，使时间继电器 KT 起动，KT 经整定的一定时限后，接通信号继电器 KS 和中间继电器 KM，KM 触头接通断路器 QF 的跳闸回路，使断路器 QF 跳闸，从而切除短路故障。

保护继电器按其动作于断路器的方式分，有直接动作式（直动式）和间接动作式两大类。断路器操动机构内的脱扣器（跳闸线圈）实际上就是一种直动式继电器，而一般的保护继电器均为间接动作式，需通过接通断路器的跳闸线圈才能使断路器跳闸。

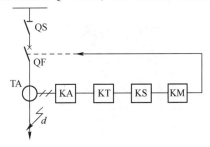

图 5-3　过电流继电保护装置框图
KA—电流继电器　KT—时间继电器
KS—信号继电器　KM—中间（出口）继电器

2. 常用的保护继电器

继电器是继电保护装置的基本元器件，继电器的分类方式很多，按其应用分，有控制继电器和保护继电器两大类。机床控制电路应用的继电器多属于控制继电器；供电系统中应用的继电器多属于保护继电器。

保护继电器按其组成元器件分，有机电型、晶体管型和集成型。机电型按其结构原理分，又分为电磁式和感应式等。由于机电型继电器具有简单可靠、便于维护等优点，故我国供配电系统中仍普遍采用。近些年，集成型静态保护继电器因其精度高、功耗小、返回系数高等特点而被越来越多地采用。

保护继电器按其反应的物理量分，有电流继电器、电压继电器、功率继电器、气体继电器等。

保护继电器按其反应的数量变化分，有过量继电器和欠量继电器。如过电流继电器和欠电压继电器等。

保护继电器按其在保护装置中的功能分，有起动继电器、时间继电器、信号继电器和中间继电器（或出口继电器）等。

保护继电器按其与一次电路的联系分，有一次式继电器和二次式继电器。一次式继电器的线圈是与一次电路直接相连的。如低压断路器的过电流脱扣器和失电压脱扣器，实际上都是一次式继电器。二次式继电器的线圈是连接在电流互感器或电压互感器二次侧的，通过互感器再与一次电路相联系。高压系统应用的保护继电器一般都属于二次式继电器。

在供电系统中常用的保护继电器，有电磁型继电器、感应型继电器以及晶体管继电器。前两种是机电式继电器，它们工作可靠，而且有成熟的运行经验，所以目前仍普遍使用。晶体管继电器具有动作灵敏、体积小、能耗低、耐振动、无机械惯性、寿命长等一系列优点，但由于晶体管的特性受环境温度变化影响大，器件的质量及运行维护的水平都影响到保护装置的可靠性，目前国内较少采用。但随着电力系统向集成电路和微机保护方向的发展，晶体管继电器的应用也不断提高。下面将主要介绍保护继电器及继电保护电路。

（1）电磁式电流继电器

电磁式电流继电器在继电保护装置中，通常用作起动元器件，因此又称起动继电器。常用的 DL-10 系列电磁式电流继电器的实物图如图 5-4a 所示。

如图 5-4b 所示，当线圈 3 通过电流时，电磁铁 1 中产生磁通，力图使 Z 型钢舌簧片 2 向凸出磁极偏转。与此同时转轴 4 上的反作用弹簧 5 又力图阻止钢舌簧片偏转。当继电器线圈中的电流增大到使钢舌簧片所受到的转矩大于弹簧的反作用力矩时，钢舌簧片便被吸近磁

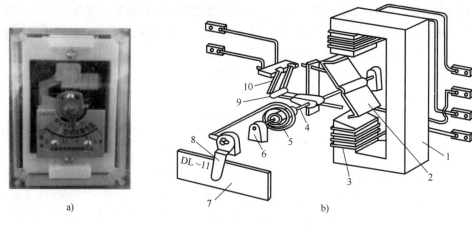

图 5-4　DL-10 系列电磁式电流继电器

a）实物图　b）内部结构图

1—电磁铁　2—钢舌簧片　3—线圈　4—转轴　5—反作用弹簧　6—轴承

7—标度盘（铭牌）　8—起动电流调节转杆　9—动触点　10—静触点

极，使常开触点闭合，常闭触点断开，这就叫继电器的动作或起动。

能使过电流继电器动作（触点闭合）的最小电流称继电器的动作电流，用 I_{op} 表示。

过电流继电器动作后，减小通入继电器线圈的电流到一定值时，钢舌簧片在弹簧作用下返回起始位置（触点断开）。使继电器由动作状态返回到起始位置的最大电流，称为继电器的返回电流，用 I_{re} 表示。

继电器返回电流 I_{re} 与动作电流 I_{op} 的比值，称为继电器的返回系数，用 K_{re} 表示，即

$$K_{re} = \frac{I_{re}}{I_{op}} \tag{5-3}$$

对于过电流继电器，返回系数总是小于 1 的（欠电流继电器则大于 1）。返回系数越接近于 1，说明继电器越灵敏，如果返回系数过低，可能使保护装置误动作。

DL-10 系列继电器的返回系数一般不小于 0.8。

电磁式电流、电压继电器型号的含义如下：

（2）感应式电流继电器

感应式电流继电器可实现过电流保护和电流速断保护，使继电保护装置大大简化，减少投资，因此在用户的中小型变配电所中应用极为广泛。

常用的感应式电流继电器的实物图和内部结构图如图 5-5 所示。它由感应系统和电磁系统两大部分组成。感应系统主要包括线圈 1、带短路环 3 的铁心 2 及装在可偏转的铝框架 6 上的转动铝盘 4 等元器件。电磁系统主要包括线圈 1、铁心 2 和衔铁 15。线圈 1 和铁心 2 是两组系统共用的。

感应式电流继电器的工作原理可参看图 5-6。当线圈 1 有电流 I_{KA} 流过时，铁心 2 在短路环 3 的作用下，产生在时间和空间位置上不相同的两个磁通 ϕ_1 和 ϕ_2，且 ϕ_1 超前于 ϕ_2。

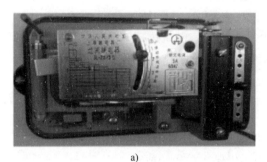

a)

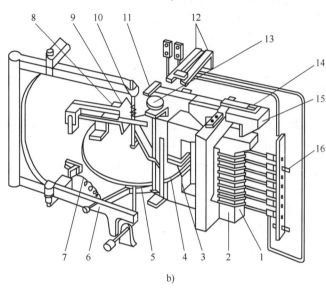

b)

图 5-5 感应式电流继电器

a) 实物图 b) 内部结构图

1—线圈 2—铁心 3—短路环 4—铝盘 5—钢片 6—铝框架 7—调节弹簧 8—制动永久磁铁 9—扇形齿轮 10—蜗杆 11—扁杆 12—触点 13—时限调节螺钉 14—速断电流调节螺杆 15—衔铁 16—动作电流调节插销

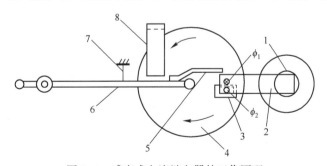

图 5-6 感应式电流继电器的工作原理

1—线圈 2—铁心 3—短路环 4—铝盘 5—钢片 6—铝框架 7—调节弹簧 8—制动永久磁铁

这两个磁通均穿过铝盘 4,这时作用于铝盘上的转动力矩为

$$M_1 \propto \phi_1 \phi_2 \sin\psi \tag{5-4}$$

式中,ψ 为 ϕ_1 与 ϕ_2 之间的相位差,是一常数。此式通常称为感应式机构的基本转矩方程。

由于 $\phi_1 \propto I_{KA}$，$\phi_2 \propto I_{KA}$，且 ψ 为常数，因此

$$M_1 \propto I_{KA}^2 \tag{5-5}$$

铝盘在 M_1 的作用下开始转动。铝盘转动后，切割制动永久磁铁 8，产生反向的制动力矩 M_2。它与铝盘的转速 n 成正比，即

$$M_2 \propto n \tag{5-6}$$

这个制动力矩在某一转速下，与电磁铁产生的转动力矩相平衡，因而在一定的电流下保持铝盘匀速旋转。

在上述 M_1 和 M_2 的作用下，铝盘受力虽有使铝框架 6 和铝盘 4 向外推出的趋势，但由于受到调节弹簧 7 的拉力，仍保持在初始位置。

当继电器线圈的电流增大到继电器的动作电流 I_{op} 时，由电磁铁产生的转动力矩亦增大，并使铝盘转速随之增大，永久磁铁产生的制动力矩也随之增大。这两个力克服弹簧的反作用力矩，从而使铝盘带动框架前偏，使蜗杆 10 与扇形齿轮 9 啮合，这叫"继电器动作"。由于铝盘继续转动，使扇形齿轮沿着蜗杆上升，最后使触点 12 切换，同时使信号牌掉下，从观察孔内看到其红色或白色的信号指示，表示继电器已经动作。

通入线圈的电流越大，铝盘转得越快，扇形齿轮沿蜗杆上升的速度也越快，则动作时间越短，这就是感应式电流继电器的"反时限特性"，如图 5-7 中曲线的 ab 部分。随着电流增大，继电器铁心磁路饱和，特性曲线逐渐过渡到"定时限特性"，如图 5-7 中曲线的 bcd 部分。

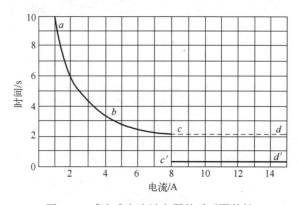

图 5-7　感应式电流继电器的反时限特性

这种继电器还装有瞬动元器件，当流入继电器线圈的电流继续增加到某一预先整定的倍数（例如为 8 倍）时，则瞬动元器件起动，继电器的电流时间特性如图 5-7 中曲线的 c'd' 部分，这就是"瞬时速断特性"。因此这种电磁元器件又称为电流速断元器件。动作曲线上对应于开始速断时间的动作电流倍数，称速断电流倍数，即

$$n_{qb} = \frac{I_{qb}}{I_{op}} \tag{5-7}$$

式中　I_{op}——感应式电流继电器的动作电流；

　　　I_{qb}——感应式电流继电器的速断电流，即继电器线圈中使速断元器件动作的最小电流。

感应式电流继电器的这种有一定限度的反时限动作特性，称为"有限反时限特性"。

实际的 GL-10、20 系列电流继电器的速断电流整定为动作电流 2~8 倍,在速断电流调节螺钉上面标度。

继电器的动作电流则是利用动作电流调节插销 16 选择插孔位置来进行调节,实际上是改变线圈 1 的匝数来进行动作电流的级进调节,也可利用调节弹簧 7 的拉力来进行平滑的微调。

继电器的速断电流倍数 n_{qb} 可利用速断电流调节螺杆 14 改变衔铁 15 与铁心 2 之间的气隙大小来调节。气隙越大,n_{qb} 越大。

继电器感应元器件的动作时间(动作时限),是利用时限调节螺钉 13 来改变扇形齿轮顶杆行程的起点,以使动作特性曲线上下移动。不过要注意,继电器动作时限调节螺杆的标度尺,是以 10 倍动作电流的动作时限来标度的,也就是标度尺上所标示的动作时间,是继电器线圈通过的电流为其整定的动作电流的 10 倍时的动作时间。因此继电器实际的动作时间,与实际通过继电器线圈的电流大小无关,须从相应的动作特性曲线上去查得。

(3)J 系列静态继电器

静态型继电器是相对于靠机械部件运动带动触点的电磁式继电器而言,它是由电子(电模拟量,例如电流或电压)、磁(磁通量)、光(光通量)或其他无机械运动的元器件产生预定响应的一种电气继电器。

由晶体管和集成电路构成的静态型继电器基本特点是基于信号处理的电子电路,是靠逻辑判断的纯硬件电路来实现的。

电力保护型静态继电精度高,整定直观方便,外形壳体结构和底座固定尺寸和 DL 系列电磁式继电器相同,是 DL 系列电磁式继电器的更新换代产品。

图 5-8 JL 静态电流继电器实物图

1)JL 静态电流继电器。

① 作用。JL 静态电流继电器,适用于发电机、变压器和输电线路的过负荷和短路保护装置中,作为起动元器件。图 5-8 是 JL 静态电流继电器实物图。

② 原理说明。由图 5-9 的原理框图看出,被测量的交流电流 i 经隔离变压器后,在其次级得到与被测电流成正比的电压 U_i,经定值整定后进行整流、滤波,得到与 U_i 成正比的直流电压 U_o,在电平检测中 U_o 与直流参考电压 U_N 进行比较,若 U_o 低于 U_N,则电平检测器输出高电平,出口继电器动作,反之,电平检测器输出低电平,出口继电器不动作。

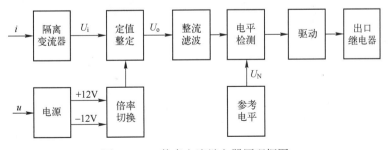

图 5-9 JL 静态电流继电器原理框图

③ 型号分类及含义如下。

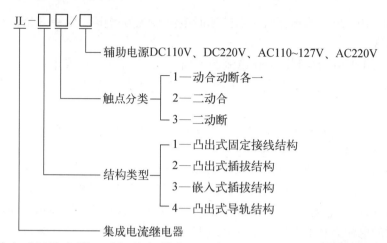

辅助电源DC110V、DC220V、AC110~127V、AC220V

触点分类 —— 1——动合动断各一
2——二动合
3——二动断

结构类型 —— 1——凸出式固定接线结构
2——凸出式插拔结构
3——嵌入式插拔结构
4——凸出式导轨结构

集成电流继电器

2）JSS 静态时间继电器。时间继电器在继电保护装置中，用作时限元器件，使保护装置的动作获得一定的延时。图 5-10 是 JSS 静态时间继电器实物图。

JSS-32B 静态时间继电器用于电力系统继电保护、控制回路或工业控制的直流、交流电路中作为延时控制元器件之用。尤其适用于时间测量精度要求高，配合时间级差小的场合。

3）JX 静态信号继电器。信号继电器在继电保护装置中，用来发出指示信号，指示保护装置已经动作，提醒运行值班人员注意。图 5-11 是 JX 静态信号继电器实物图。

图 5-10　JSS 静态时间继电器实物图

4）JZ 静态中间继电器。中间继电器主要用于各种保护和自动装置中，以增加保护和控制回路的触点数量和触点容量。它通常用在保护装置的出口回路中，用来接通断路器的跳闸回路，故又称为出口继电器。图 5-12 是 JZ 静态中间继电器实物图。

图 5-11　JX 静态信号继电器实物图　　图 5-12　JZ 静态中间继电器实物图

3. 保护装置的接线方式

继电器与电流互感器之间的连接，主要有两相两继电器式和两相一继电器式两种接线方式。

1）两相两继电器式接线如图 5-13 所示。这种接线，如一次电路发生三相短路或任意两相短路，至少有一个继电器动作，从而使一次电路的断路器跳闸，流入继电器的电流 I_{KA}

就是电流互感器的二次电流 I_2。

为了表征继电器电流 I_{KA} 与电流互感器二次电流 I_2 间的关系，特引入一个接接线系数 K_w。

$$K_w = \frac{I_{KA}}{I_2} \qquad (5-8)$$

两相两继电器式接线属相电流接线，在一次电路发生任何形式的相间短路，其 $K_w = 1$，即保护灵敏度都相同。

2）两相一继电器式接线如图 5-14 所示。这种接线又称两相电流差式接线，或两相交叉接线。正常工作和三相短路时，流入继电器的电流 I_{KA} 为 A 相和 C 相两相电流互感器二次电流的相量差，即 $\dot{I}_{KA} = \dot{I}_a - \dot{I}_c$。

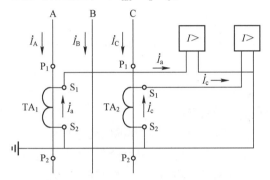

图 5-13　两相两继电器式接线图

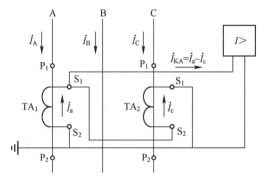

图 5-14　两相一继电器式接线图

在其一次电路发生三相短路时，流入继电器的电流为互感器二次电流的 $\sqrt{3}$ 倍，即 $K_w^{(3)} = \sqrt{3}$，如图 5-15a 所示。

在 A、C 两相短路时，流进继电器的电流为电流互感器二次电流的两倍，即 $K_w^{(A,C)} = 2$，如图 5-15b 所示。

在 A、B 或 B、C 两相短路时，流进电流继电器的电流等于电流互感器二次侧的电流，即 $K_w^{(A,B)} = K_w^{(B,C)} = 1$，如图 5-15c 所示。

由以上分析可知，两相一继电器式接线能反映各种相间短路故障，但不同相间短路的保护灵敏度不同，有的相差一倍，因此不如两相两继电器式接线。但这种接线少用一个继电器，较为简单经济。它主要用于高压电动机保护。

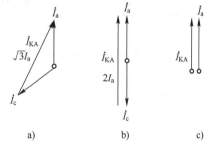

图 5-15　两相电流差接线在不同
短路形工下电流相量图

a）一次电路发生三相短路时　b）A、C 两相短路时
c）A、B 或 B、C 两相短路时

🔷 **实践内容**

在实验室观察电磁式电流继电器结构，通过实验理解动作电流和返回电流的定义。

🔷 **知识拓展**

1）微机继电保护的介绍短片。

2）查阅国家电网有限公司变电二次安装"1+X"等级证书相关知识内容。

总结与思考

1) 为什么要安装继电保护装置？继电保护装置安装在何处？
2) 电磁式继电器结构特点是什么？是如何动作的？

任务5.2 电力线路的继电保护

任务要点

1) 了解电力线路需要装设哪些继电保护。
2) 掌握定时限电流继电保护组成和原理。
3) 掌握电流速断继电保护组成和原理。
4) 形成科学严谨的态度及归纳分析的能力，发扬吃苦耐劳、耐心钻研的职业精神。

相关知识

按 GB/T 50062—2008《电力装置的继电保护和自动装置设计规范》规定：对 3~66 kV 电力线路，应装设相间短路保护、单相接地保护和过负荷保护。

作为线路的相间短路保护，主要采用带时限的过电流保护和瞬时动作的电流速断保护（按 GB/T 50062—2008 规定，过电流保护的时限不大于 0.5~0.7 s 时，可不装设瞬时动作的电流速断保护）。相间短路保护应动作于断路器的跳闸机构，使断路器跳闸，切除短路故障部分。

作为单相接地保护，一般有以下两种方式。

1) 绝缘监视装置，装设在变配电所的高压母线上，动作于信号。
2) 有选择性地单相接地保护（零序电流保护），亦动作于信号，但当危及人身和设备安全时，则应动作于跳闸。

对可能经常过负荷的电缆线路，按 GB 50062—2008 规定，应装设过负荷保护，动作于信号。

5.2.1 带时限的过电流保护

1. 定时限过电流保护

（1）定时限过电流保护装置的组成及动作原理

线路定时限过电流保护装置的原理电路图如图 5-16 所示。其中图 5-16a 是集中表示的原理图，通常称为接线图。这种电路图的所有电器的组成部件是各自归总在一起的，因此过去也称为归总式电路图。图 5-16b 是分开表示的原理电路图，通常称为展开图。这种电路图的所有电器的组成部件按各部件所属回路来分开表示，全称是展开式原理电路图。从原理分析的角度来说，展开图简明清晰，在二次回路（包括继电保护电路）中应用最为普遍。

下面分析图 5-16 所示定时限过电流保护的工作原理。

当一次电路发生相间短路时，电流继电器 KA$_1$、KA$_2$ 中至少一个瞬时动作，闭合其动合触点，使时间继电器 KT 起动。KT 经过整定限时后，其延时触点闭合，使串联的信号继电器（电流型）KS 和中间继电器 KM 动作。KM 动作后，其触点接通断路器的跳闸线圈 YR 的回路，使断路器 QF 跳闸，切除短路故障。与此同时，KS 动作，其信号指示牌掉下，接通灯光和音响信号。在断路器跳闸时，QF 的辅助触点随之断开跳闸回路，以切断其回路中的电流，在短路故障被切除后，继电保护装置中除 KS 外的其他所有继电器均自动返回起始状态，而 KS 可手动复位。

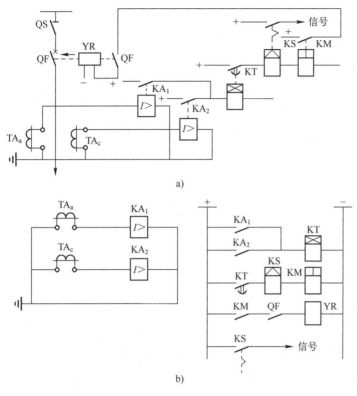

图 5-16 定时限过电流保护装置的原理电路图

a）原理图 b）展开图

QF—高压断路器 TA₁、TA₂—电流互感器 KA₁、KA₂—DL 型电流继电器 KT—DS 型时间继电器

KS—DX 型信号继电器 KM—DZ 型中间继电器同 YR—跳闸线圈

（2）动作电流的整定

动作电流的整定必须满足下面两个条件。

1）应该躲过线路的最大负荷电流（包括正常过负荷电流和尖峰电流），以免在最大负荷通过时保护装置误动作。

2）保护装置的返回电流也应该躲过线路的最大负荷电流，以保证保护装置在外部故障切除后，能可靠地返回到原始位置，避免发生误动作。为说明这一点，现以图 5-17 为例来说明。

当线路 WL₂ 的首端 k 点发生短路时，由于短路电流远远大于正常最大负荷电流，所以沿线路的过电流保护装置 KA₁、KA₂ 等都要起动。在正确动作情况下，应该是靠近故障点 k 的保护装置 KA₂ 动作，断开 QF₂，切除故障线路 WL₂。这时线路 WL₁ 恢复正常运行，其保护装置 KA₁ 应该返回起始位置。若 KA₁ 在整定时其返回电流未躲过线路 WL₁ 的最大负荷电流，即 KA₁ 返回系数过低，则 KA₂ 切除 WL₂ 后，WL₁ 虽然恢复正常运行，但 KA₁ 继续保持起动状态（由于 WL₁ 在 WL₂ 切除后，还有其他出线，因此还有负荷电流），从而达到它所整定的时限（KA₁ 的动作时限比 KA₂ 的动作时限长）后，必将错误地断开 QF₁ 造成 WL₁ 停电，扩大了故障停电范围，这是不允许的。所以保护装置的返回电流也必须躲过线路的最大

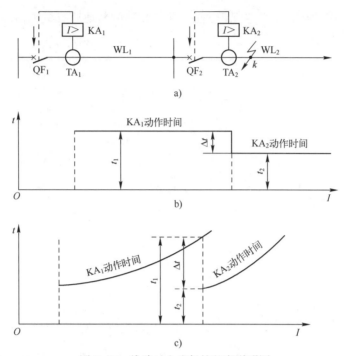

图5-17　线路过电流保护整定说明图

a）电路　b）定时限过电流保护的时间整定说明　c）反时限过电流保护的时间整定说明

负荷电流。线路的最大负荷电流$I_{L.max}$，应据线路实际的过负荷情况，特别是尖峰电流（包括电动机的自起动电流）情况来确定。

　　设电流互感器的变流比为K_i，保护装置的接线系数为K_w，保护装置的返回系数为K_{re}，线路最大负荷电流换算到继电器中的电流为$K_w I_{L.max}/K_i$。由于继电器的返回电流I_{re}也要躲过最大负荷电流$I_{L.max}$，即$I_{re}>K_w I_{L.max}/K_i$。而$I_{re}=K_{re}I_{op}$，因此$K_{re}I_{op}>K_w I_{L.max}/K_i$。将此式改写成等式，并计入一个可靠系数$K_{rel}$，由此得到过电流保护装置动作电流的整定计算公式为

$$I_{op}=\frac{K_{rel}K_w}{K_{re}K_i}I_{L.max} \tag{5-9}$$

式中　K_{rel}——保护装置的可靠系数，对DL型继电器可取1.2，对GL型继电器可取1.3；

　　　K_w——保护装置的接线系数，按三相短路来考虑，对两相两继电器接线（相电流接线）为1，对两相一继电器接线（两相电流差接线）为$\sqrt{3}$；

　　$I_{L.max}$——线路的最大负荷电流（含尖峰电流），可取为$(1.5\sim3)I_{30}$，I_{30}为线路的计算电流。

　　如果用断路器手动操作机构中的过电流脱扣器YR作过电流保护，则脱扣器动作电流按下式整定：

$$I_{op(YR)}=\frac{K_{rel}K_w}{K_i}I_{L.max} \tag{5-10}$$

式中，K_{rel}为脱扣器的可靠系数，取可靠系数2~2.5，这里已考虑了脱扣器的返回系数。

　　（3）动作时间整定

　　为了保证前后级保护装置动作时间的选择性，过电流保护装置的动作时间（也称动作时限），应按"阶梯原则"进行整定，也就是在后一级保护装置所保护的线路首端（见图5-17a中的

k点）发生三相短路时，前一级保护的动作时间 t_1 应比后一级保护中最长的动作时间 t_2 都要大一个时间差 Δt，如图 5-17b 所示，即

$$t_1 \geq t_2 + \Delta t \tag{5-11}$$

在确定 Δt 时，应考虑到断路器的动作时间，前一级保护装置动作时限可能发生提前动作的负误差，后一级保护装置可能滞后动作的正误差，还考虑到保护的动作有一定的惯性误差，为了确保前后级保护的动作选择性，还应该考虑加上一个保险时间。对于定时限过电流保护，因采用 DL 型电流继电器，其可动部分惯性小，可取 $\Delta t = 0.5\,\text{s}$。

2. 反时限过电流保护

（1）电路组成及原理

图 5-18 是一个交流操作的反时限过电流保护装置的原理电路图，KA_1、KA_2 为 GL 型感应式带有瞬时动作元器件的反时限过电流继电器，继电器本身动作带有时限，并有动作及指示信号牌，所以回路不需要时间继电器和信号继电器。

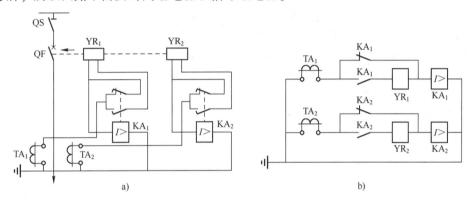

图 5-18　反时限过电流保护装置的原理电路图
a）按集中表示法绘制　b）按分开表示法绘制
TA_1、TA_2—电流互感器　KA_1、KA_2—感应型电流继电器　YR_1、YR_2—断路器跳闸线圈

当一次电路发生相间短路时，电流继电器 KA_1、KA_2 至少有一个动作，经过一定延时后（延时长短与短路电流大小成反比关系），其常开触点闭合，紧接着其常闭触点断开，这时断路器跳闸线圈 YR 因"去分流"而通电，从而使断路器跳闸，切除短路故障部分。在继电器去分流跳闸的同时，其信号牌自动掉下，指示保护装置已经动作。在短路故障被切除后，继电器自动返回，信号牌则需手动复位。

一般继电器转换触点的动作顺序都是常闭触点先断开后，常开触点再闭合。而这种继电器的常开、常闭触点，动作时间的先后顺序必须是：常开触点先闭合，常闭触点后断开（见图 5-19）。这里采用具有特殊结构的先合后断的转换触点，不仅保证了继电器的可靠动作，而且还保证了在继电器触点转换时电流互感器

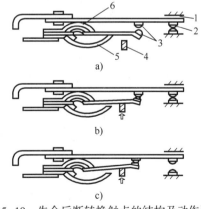

图 5-19　先合后断转换触点的结构及动作说明
a）正常位置　b）动作后常开触点先闭合
c）接着常闭触点再断开
1—上止挡　2—常闭触点　3—常开触点
4—衔铁杠杆　5—下止挡　6—簧片

二次侧不会带负荷开路。

（2）动作电流的整定

动作电流的整定方式与定时限过电流保护相同，只是式（5-9）中的 K_{rel} 取 1.3。

例 5-1　某高压线路的计算电流为 90A，线路末端的三相短路电流为 1300 A。现采用 GL-15/10 型电流继电器，组成两相电流差接线的相间短路保护，电流互感器变流比为 315/5。试整定此继电器的动作电流。

解：取 $K_{re}=0.8$，$K_w=\sqrt{3}$，$K_{rel}=1.3$，$I_{L.max}=2I_{30}=2\times90\ A=180\ A$，根据式（5-9）得此继电器的动作电流

$$I_{op}=\frac{K_{rel}K_w}{K_{re}K_i}I_{L.max}=\frac{1.3\times\sqrt{3}}{0.8\times(315/5)}\times180\ A=8.04\ A$$

根据 GL-15 型继电器的规格，动作电流可整定为 8 A。

（3）动作时间的整定

由于 GL 型继电器的时限调节机构是按 10 倍动作电流的动作时间来标度的，而实际通过继电器的电流一般不会恰恰为动作电流的 10 倍，因此必须根据继电器的动作特性曲线来整定。

假设图 5-17a 所示电路中，后一级保护 KA_2 的 10 倍动作电流动作时间已经整定为 t_2，现在要求整定前一级保护 KA_1 的 10 倍动作电流动作时间 t_1，整定计算步骤如下（参见图 5-20）。

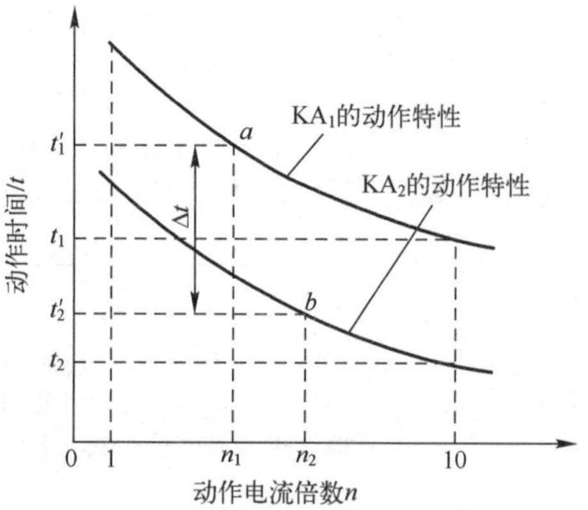

1）计算 WL_2 首端（WL_1 末端）三相短路电流 I_k 反映到 KA_2 中的电流值。

$$I'_{k(2)}=\frac{K_{w(2)}}{K_{i(2)}}I_k \qquad (5\text{-}12)$$

式中　　$K_{w(2)}$——KA_2 与 TA_2 的接线系数；

　　　　$K_{i(2)}$——TA_2 所连电流互感器的变流比。

2）计算 $I'_{k(2)}$ 对 KA_2 的动作电流 $I_{op(2)}$ 的倍数。

$$n_2=\frac{I'_{k(2)}}{I_{op(2)}} \qquad (5\text{-}13)$$

图 5-20　反时限过电流保护的动作时间整定

3）确定 KA_2 的实际动作时间。

在图 5-20 所示 KA_2 的动作特性曲线的横坐标轴上，找出 n_2，然后向上找到该曲线上 b 点，该点所对应的动作时间 t'_2 就是 KA_2 在通过 $I'_{k(2)}$ 时的实际动作时间。

4）计算前一级保护 KA_1 的实际动作时间。

根据保护选择性的要求，采用 GL 型电流继电器，其可动部分惯性大，可取 $\Delta t=0.7\ s$，所以 KA_1 的实际动作时间应为 $t'_1=t'_2+\Delta t=t'_2+0.7\ s$

5）计算 WL_2 首端三相短路电流反映到 KA_1 中的电流值。

$$I'_{k(1)}=\frac{K_{w(1)}}{K_{i(1)}}I_k \qquad (5\text{-}14)$$

式中　　$K_{w(1)}$——KA_1 与 TA_1 的接线系数；

　　　　$K_{i(1)}$——TA_1 所连电流互感器的变流比。

6）计算 $I'_{k(1)}$ 对 KA_1 的动作电流 $I_{op(1)}$ 的倍数。

$$n_1=\frac{I'_{k(1)}}{I_{op(1)}} \qquad (5\text{-}15)$$

式中　$I_{op(1)}$——KA_1 的动作电流（已整定）。

7）确定 KA_1 的 10 倍动作电流的动作时间。先从图 5-20 所示 KA_1 的动作特性曲线的横坐标上找出 n_1，再根据 n_1 与 KA_1 的实际动作时间 t'_1，从 KA_1 的动作特性曲线的坐标图上找到其坐标点 a 点，则此点所在曲线的 10 倍动作电流的动作时间 t_1 即为所求。如果 a 点不在两条曲线之间，则只能从上下两条曲线来粗略地估计其 10 倍动作电流的动作时间。

3. 定时限与反时限过电流保护的比较

定时限过电流保护的优点是：动作时间较为准确，容易整定，误差小。缺点是：所用继电器的数目比较多，因此接线较为复杂，继电器触点容量较小，需直流操作电源，投资较大。此外，靠近电源处的保护动作时间较长，而此时的短路电流又较大，故对设备的危害较大。

反时限过电流保护的优点是：继电器的数量大为减少，故其接线简单，只用一套 GL 系列继电器就可实现不带时限的电流速断保护和带时限的过电流保护。由于 GL 继电器触点容量大，因此可直接接通断路器的跳闸线圈，而且适于交流操作。缺点是：动作时间的整定和配合比较麻烦，而且误差较大，尤其是瞬时动作部分，难以进行配合；且当短路电流较小时，其动作时间可能很长，延长了故障持续时间。

由以上比较可知，反时限过电流保护装置具有继电器数目少，接线简单，以及可直接采用交流操作跳闸等优点，所以在 $6\sim10\,kV$ 供电系统中广泛采用。

4. 过电流保护的灵敏度

根据式（5-1），灵敏系数 $S_p = \dfrac{I_{k.min}}{I_{op.1}}$。对于线路过电流保护，$I_{k.min}$ 应取被保护线路末端在系统最小运行方式下的两相短路电流 $I_{k.min}^{(2)}$。而 $I_{op.1} = I_{op}K_i/K_w$。因此按规定过电流保护的灵敏系数必须满足的条件为

$$S_p = \frac{K_w I_{k.min}^{(2)}}{K_i I_{op}} \geqslant 1.5 \tag{5-16}$$

当过电流保护作后备保护时，如满足式（5-16）有困难，可以取 $S_p \geqslant 1.2$。

当过电流保护灵敏系数达不到上述要求时，可采用低电压闭锁保护来提高灵敏度。

5.2.2　电流速断保护

上述带时限的过电流保护有一个明显的缺点，就是它越靠近电源，其动作时间越长，而且短路电流也是越靠近电源越大，因此危害也就更加严重。因此 GB 50062—2008 规定，在过电流保护动作时间超过 $0.5\,s\sim0.7\,s$ 时，应装设瞬时动作的电流速断保护装置。

1. 电流速断保护的组成及速断电流的整定

电流速断保护实际上就是一种瞬时动作的过电流保护。对于采用 DL 型电流继电器的速断保护来说，就相当于定时限过电流保护中抽去时间继电器，即在起动用的 DL 型电流继电器之后，直接接信号继电器和中间继电器，最后由中间继电器接通断路器的跳闸回路。图 5-21 是电力线路上同时装设有定时限过电流保护和电流速断保护的电路图。图中，KA_1、KA_2、KT、KS_1 和 KM 属定时限过电流保护，KA_3、KA_4、KS_2 和 KM 属电流速断保护，其中 KM 是两种保护共用的。

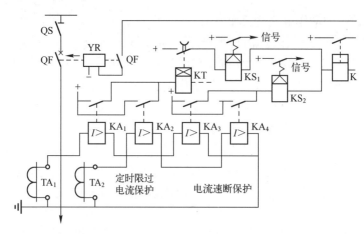

图5-21　电力线路定时限过电流保护和电流速断保护电路图

如果采用 GL 型电流继电器，直接利用继电器本身结构，利用该继电器的电磁元器件来实现电流速断保护，而其感应元器件则用来实现反时限过电流保护，不用额外增加设备，非常简单经济。

为了保证保护装置动作的选择性，电流速断保护继电器的动作电流（即速断电流）I_{qb} 应按躲过它所保护线路末端的最大短路电流（即三相短路电流）$I_{k.max}$ 来整定。只有这样，才能避免在后一级速断保护所保护线路的首端发生三相短路时，它可能发生的误跳闸（因后一段线路距离很近，阻抗很小，所以速断电流应躲过其保护线路末端的最大短路电流）。如图5-22 所示电路中，WL_1 末端 $k-1$ 点的三相短路电流，实际上与其后一段 WL_2 首端 $k-2$ 点的三相短路电流是近乎相等的，因为 $k-1$ 点与 $k-2$ 点之间距离很近。因此可得电流速断保护动作电流（速断电流）的整定计算公式为

$$I_{qb} = \frac{K_{rel}K_w}{K_i}I_{k.max} \tag{5-17}$$

式中，K_{rel} 为可靠系数，对 DL 型继电器，取 1.2~1.3；对 GL 型继电器，取 1.4~1.5；对过电流脱扣器，取 1.8~2.0。

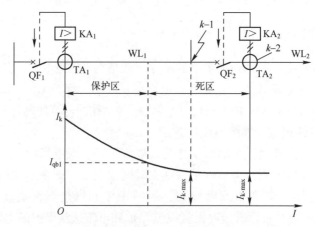

图5-22　线路电流速断保护的保护区和死区

$I_{k.max}$—前一级保护应躲过的最大短路电流　$I_{op.1}$—前一级保护整定的一次动作电流

2. 电流速断保护的"死区"及其弥补

由于电流速断保护的动作电流是按躲过线路末端的最大短路电流来整定的，因此在靠近线路末端的一段线路上发生的不一定是最大的短路电流（例如两相短路电流）时，电流速断保护装置就不可能动作，也就是说电流速断保护实际上不能保护线路的全长，这种保护装置不能保护的区域，就称为"死区"，如图5-22所示。

为了弥补速断保护存在死区的缺陷，一般规定，凡装设电流速断保护的线路，都必须装设带时限的过电流保护。且过电流保护的动作时间比电流速断保护至少长一个时间级差 $\Delta t = 0.5 \sim 0.7\,\text{s}$，而且前后级过电流保护的动作时间符合前面所说的"阶梯原则"，以保证选择性。

在速断保护区内，速断保护作为主保护，过电流保护作为后备保护；而在速断保护的"死区"内，则过电流保护为基本保护。

3. 电流速断保护的灵敏度

按规定，电流速断保护的灵敏度应按其保护装置安装处（即线路首端）的最小短路电流 $I_{\text{k.min}}$（可用两相短路电流来代替 $I_{\text{k}}^{(2)}$）来校验。因此电流速断保护的灵敏度必须满足的条件是

$$S_p = \frac{K_w I_{\text{k}}^{(2)}}{K_i I_{\text{qb}}} \geq 1.5 \sim 2 \tag{5-18}$$

一般宜取 $S_p \geq 2$；有困难时可取 $S_p \geq 1.5$。

例5-2　试整定例5-1中的 GL-15/10 型电流继电器的电流速断倍数。

解：已知线路末端 $I_{\text{k}}^{(2)} = 1300\,\text{A}$，且 $K_w = \sqrt{3}$，$K_i = 315/5$，取 $K_{\text{rel}} = 1.5$，故由式（5-17）得

$$I_{\text{qb}} = \frac{1.5 \times \sqrt{3}}{315/5} \times 1300\,\text{A} = 53.6\,\text{A}$$

而在例5-1已经整定的 $I_{\text{op}} = 8\,\text{A}$，故速断电流倍数应整定为

$$n_{\text{qb}} = \frac{53.6}{8} = 6.7$$

由于 GL 型电流继电器的速断电流倍数 n_{qb} 在 $2 \sim 8$ 间可平滑调节，因此 n_{qb} 不必修正为整数。

5.2.3　单相接地保护

$6 \sim 10\,\text{kV}$ 电网为小接地电流系统。由项目1已知，中性点不接地系统发生单相接地故障时，只有很小的接地电容电流，而线电压值不变，故障相对地电压为零，非故障相的电压要升高为原对地电压（相电压）的 $\sqrt{3}$ 倍，所以对线路的绝缘增加了威胁，如果长此下去，可能引起非故障相对地绝缘击穿而导致两相接地短路，这时将引起线路开关跳闸，造成停电。为此，对于中性点不接地的供电系统，一般应装设绝缘监察装置或单相接地保护装置，用它来发出信号，通知值班人员及时发现和处理。

1. 有选择性的单相接地保护装置的基本原理

单相接地保护又称"零序电流保护"，它利用单相接地故障线路的零序电流（较非故障电流大）通过零序电流互感器，在铁心中产生磁通。二次侧相应地感应出零序电流，使电

流继电器动作接通信号回路，发出报警信号。如图 5-23 所示，在电力系统正常运行及三相对称短路时，因在零序电流互感器二次侧由三相电流产生的三相磁通相量之和为零，即在零序电流互感器中不会感应出零序电流，继电器不动作。当发生单相接地时，就有接地电容电流通过，此电流在二次侧感应出零序电流，使继电器动作，并发出信号。

这种单相接地保护装置能够较灵敏地监察小接地电流系统的对地绝缘，而且从各条线路的接地保护信号可以准确判断出发生单相接地故障的线路，它适用于高压出线较多的供电系统。

架空线路的单相接地保护，一般采用由三个电流互感器同极性并联所组成的零序电流互感器。如图 5-23a 所示。但一般供电用户的高压线路不长，很少采用。

对于电缆线路，则采用图 5-23b 和专用零序电流互感器的接线。注意电缆头的接地线必须穿过零序电流互感器的铁心，否则零序电流（不平衡电流）不穿过零序电流互感器的铁心，保护就不会动作。

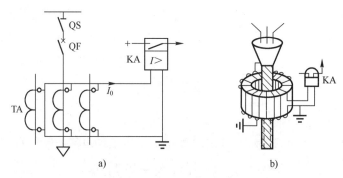

图 5-23　零序电流保护装置

a）架空线路用　b）电缆线路用

2. 单相接地保护动作电流的整定

由图 5-23 的电路可知，当系统中某一线路发生单相接地故障时，其他线路上都会出现不平衡的电容电流，而这些非故障线路上的接地保护装置不应动作，因此单相接地保护的动作电流 $I_{op(E)}$ 应躲过在其他线路上发生单相接地故障时在本线路上引起的电容电流 I_C，即单相接地保护动作电流的整定计算公式为

$$I_{op(E)} = \frac{K_{rel}}{K_i} I_C \qquad (5-19)$$

式中　K_{rel} 为保护装置的可靠系数，保护装置不带时限时，其值取 4~5，以躲过本身线路发生两相短路时所出现的不平衡电流；保护装置带时限时，其值取 1.5~2，这时接地保护装置的动作时间应比相间短路的过电流保护的动作时间大 Δt，以保证选择性。I_C 为其他线路发生单相接地时，在被保护的线路上产生的电容电流，此电流按项目 1 中电容计算公式计算，只是式中的 l_{oh} 和 l_{cab} 按被保护线路的总长度计（除被保护的电缆外，还包括其后面有电气连续的架空和电缆线路）。K_i 为零序电流互感器的变流比。

3. 单相接地保护的灵敏度

单相接地保护的灵敏度，应按被保护线路末端发生单相接地故障时流过接地线的不平衡电流作为最小故障电流来检验，而这一不平衡电流为被保护线路有电气联系的总电网电容电

流 $I_{C.\Sigma}$ 与该线路本身电容电流 I_C 之差。因此单相接地保护的灵敏度必须满足的条件为

$$S_p = \frac{I_{C.\Sigma} - I_C}{K_i I_{op(E)}} \geqslant 1.5 \tag{5-20}$$

式中　K_i——零序电流互感器的变流比。

5.2.4　线路的过负荷保护

线路的过负荷保护只对有可能经常出现过负荷的电缆线路才予以装设。它一般延时动作于信号。过负荷保护的动作电流按大于线路的计算电流 I_{30} 来整定，其整定计算公式为

$$I_{op(OL)} = \frac{1.2 \sim 1.3}{K_i} I_{30} \tag{5-21}$$

式中　K_i 为电流互感器的电流比。动作时间一般取 $10 \sim 15\,\text{s}$。

🏅 **实践内容**

在供配电技术实训室做定时限和反时限继电保护实验，掌握动作电流和动作时间如何调整。

☁️ **知识拓展**

1）了解微机继电保护的组成和原理。

2）查阅国家电网有限公司变电二次安装 "1+X" 等级证书相关知识内容。

👆 **总结与思考**

1）定时限过电流保护电流如何整定？时间如何整定？

2）反时限过电流保护电流如何整定？时间如何整定？

3）定时限过电流保护和反时限过电流保护有哪些优缺点？

4）电流速度保护由哪些继电器组成？

任务5.3　电力变压器的继电保护

🎖️ **任务要点**

1）了解电力变压器需要装设哪些继电保护。

2）掌握纵联差动保护工作原理。

3）了解气体保护工作原理。

4）形成科学严谨的态度及归纳分析的能力，发扬吃苦耐劳、耐心钻研的职业精神。

◎ **相关知识**

5.3.1　变压器的过电流保护、电流速断保护和过负荷保护

1. 变压器的过电流保护

变压器的过电流保护装置一般都装设在变压器的电源侧。无论是定时限还是反时限，变压器过电流保护的组成和原理与电力线路的过电流保护完全相同。

变压器过电流保护的动作电流整定计算公式，与电力线路过电流保护基本相同，只是式

（5-9）和式（5-10）中的 $I_{L.max}$ 应取 $(1.5 \sim 3)I_{1N.T}$，这里的 $I_{1N.T}$ 为变压器的额定一次电流。

变压器过电流保护的动作时间，也按"阶梯原则"整定。但对电力系统的终端（用户）变电所来说，其动作时间可整定为最小值 $0.5s$。

变压器过电流保护的灵敏度，按变压器低压侧母线在系统最小运行方式时发生两相短路换算到高压侧的电流值 $I'_{k.min}$ 来校验。要求灵敏度 $S_p \geqslant 1.5$；如果 S_p 达不到要求，可采用低电压闭锁的过电流保护。

2. 变压器的电流速断保护

变压器的过电流保护动作时限大于 $0.5s$ 时，必须装设电流速断保护。电流速断保护的组成、原理与电力线路的电流速断保护完全相同。

变压器电流速断保护的动作电流（速断电流）的整定计算公式，与电力线路的电流速断保护基本相同，只是式（5-17）中的 $I_{k.max}$ 应取低压母线三相短路电流周期分量有效值换算到高压侧的电流值，即变压器电流速断保护的动作电流按躲过低压母线三相短路电流来整定。

变压器速断保护的灵敏度，按变压器高压侧在系统最小运行方式时发生两相短路的短路电流 $I_k^{(2)}$ 来校验，要求 $S_p \geqslant 1.5 \sim 2$。

变压器的电流速断保护与电力线路的电流速断保护一样，也有死区（不能保护变压器的全部绕组）。弥补死区的措施，也是配备带时限的过电流保护。

考虑到变压器在空载投入或突然恢复电压时将出现一个冲击性的可高达 $(8 \sim 10)I_{1N.T}$ 励磁涌流，为避免速断保护误动作，可在速断保护整定后，将变压器空载试投若干次，以检验速断保护是否会误动作。根据经验，当速断保护的一次动作电流比变压器额定一次电流大 $2 \sim 3$ 倍时，速断保护一般能躲过励磁涌流，不会误动作。

3. 变压器的过负荷保护

变压器的过负荷保护是用来反应变压器正常运行时出现的过负荷情况，只在变压器确有过负荷可能的情况下才予以装设，一般动作于信号。

变压器的过负荷在大多数情况下都是三相对称的，因此过负荷保护只需要在一相上装一个电流继电器。在过负荷时，电流继电器动作，再经过时间继电器给予一定延时，最后接通信号继电器发出报警信号。

过负荷保护的动作电流整定计算公式，与电力线路的过负荷保护基本相同，只是式（5-21）中的 I_{30} 应取为变压器的额定一次电流 $I_{1N.T}$。其动作时间一般取 $10 \sim 15s$。

图 5-24 为变压器的定时限过电流保护、电流速断保护和过负荷保护的综合电路图。

例5-3 某降压变电所装有一台 $10/0.4kV$、$1000kV \cdot A$ 的电力变压器。已知变压器低压母线三相短路电流 $I_k^{(3)} = 13kA$，高压侧继电保护用电流互感器电流比为 $100/5$，继电器采用 GL-25 型，接成两相两继电器式。试整定该继电器的反时限过电流保护的动作电流、动作时间及电流速断保护的速断电流倍数。

解：1）过电流保护的动作电流整定。取 $K_w = 1$，$K_i = 100/5$，$K_{rel} = 1.3$，$K_{re} = 0.8$，$I_{L.max} = 2I_{1N.T} = 2 \times 1000kV \cdot A/(\sqrt{3} \times 10kV) = 115.5A$，故

$$I_{op} = \frac{1.3 \times 1}{0.8 \times (100/5)} \times 115.5A = 9.4A$$

因此，动作电流 I_{op} 整定为 $9A$。

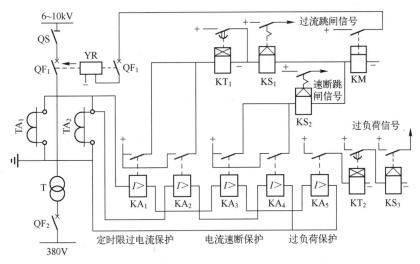

图5-24 变压器的定时限过电流保护、电流速断保护和过负荷保护的综合电路图

2）过电流保护动作时间的整定。考虑此为终端变电所的过电流保护，故其10倍动作电流的动作时间整定为最小值0.5s。

3）电流速断保护的速断电流的整定。取$K_{rel}=1.5$，而

$$I_{k.max}=13\,kA\times0.4\,kV/10\,kV=520\,A\,,\ 故\ I_{qb}=\frac{1.5\times1}{100/5}\times520\,A=39\,A$$

因此，速断电流倍数整定为$n_{qb}=\dfrac{I_{qb}}{I_{op}}=\dfrac{39}{9}\approx4.3$

5.3.2 变压器的差动保护

差动保护分纵联差动和横联差动两种形式，纵联差动保护用于单回路，横联差动保护用于双回路。差动保护利用故障时产生的不平衡电流来动作，保护灵敏度很高，而且动作迅速。这里将重点讲述变压器的纵联差动保护。

按GB 50062—2008规定：10000 kV·A及以上单独运行的变压器和6300 kV·A及以上并列运行的变压器，应装设纵联差动保护；6300 kV·A及以下单独运行的重要变压器，也可装设纵联差动保护。当电流速断保护灵敏度不符合要求时，亦可装设纵联差动保护。

1. 变压器的差动保护基本原理

变压器的纵联差动保护，主要用来保护变压器内部以及引出线和绝缘套管的相间短路故障，也可用于保护变压器内的匝间短路，其保护区在变压器一、二次侧所装电流互感器之间。

图5-25是变压器纵联差动保护的单相原理电路图。将变压器两侧的电流互感器同极性串联起来，使继电器跨接在两联结线之间，于是流入差动继电器的电流就是两侧电流互感器二次电流之差，即$I_{KA}=I_1''-I_2''$。在变压器正常运行或差动保护的保护区外k-1点发生短路时，流入继电器KA（或差动继电器KD）的电流相等或相差极小，继电器KA（或KD）不动作，而在差动保护的保护区内k-2点发生短路时，对于单端供电的变压器来说，$I_2''=0$，所以$I_{KA}=I_1''$，超过继电器KA（或KD）所整定的动作电流$I_{op(d)}$，使KA（或KD）瞬时动作，然

后通过出口继电器 KM 使断路器 QF₁、QF₂ 同时跳闸，将故障变压器退出，切除短路故障，同时由信号继电器 KS 发出信号。综上所述，变压器差动保护的工作原理是：正常工作或外部故障时，流入差动继电器的电流为不平衡电流，在适当选择好两侧电流互感器的电压比和接线方式的条件下，该不平衡电流值很小，并小于差动保护的动作电流，故保护不动作；在保护范围内发生故障，流入继电器的电流大于差动保护的动作电流，差动保护动作于跳闸。因此它不需要与相邻元器件的保护在整定值和动作时间上进行配合，可以构成无延时速动保护。其保护范围包括变压器绕组内部及两侧套管和引出线上所出现的各种短路故障。

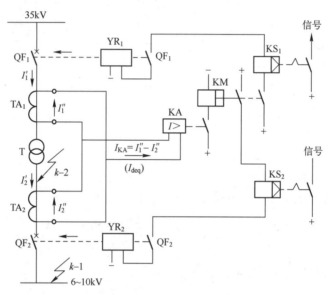

图 5-25　变压器纵联差动保护的单相原理电路图

通过对变压器差动保护工作原理分析可知，为了防止保护误动作，必须使差动保护的动作电流大于最大的不平衡电流。为了提高差动保护的灵敏度，又必须设法减小不平衡电流。

2. 变压器差动保护动作电流的整定

变压器差动保护的动作电流 $I_{op(d)}$ 应满足以下三个条件。

1）应躲过变压器差动保护区外短路时出现的最大不平衡电流 $I_{dsq.max}$，即

$$I_{op(d)} = K_{rel} I_{dsq.max} \tag{5-22}$$

式中　K_{rel}——可靠系数，可取 1.3。

2）应躲过变压器励磁涌流，即

$$I_{op(d)} = K_{rel} I_{1N.T} \tag{5-23}$$

式中　$I_{1N.T}$——变压器的额定一次电流；

　　　K_{rel}——可靠系数，可取 1.3～1.5。

3）动作电流应大于变压器最大负荷电流，防止在电流互感器二次回路断线且变压器处于最大负荷时，差动保护误动作，因此

$$I_{op(d)} = K_{rel} I_{L.max} \tag{5-24}$$

式中　$I_{L.max}$——最大负荷电流，取 (1.2～1.3)$I_{1N.T}$；

　　　K_{rel}——可靠系数，取 1.3。

5.3.3 变压器的气体保护

1. 气体继电器结构原理

气体继电保护是保护油浸式变压器内部故障的一种基本的继电保护装置。按 GB/T 50062—2008 规定，800 kV·A 及以上的一般场所的油浸式变压器和 400 kV·A 及以上的车间内油浸式变压器，均应装设气体继电保护。

气体继电器旧称瓦斯继电器，是气体继电保护的基本元器件，它装在变压器的油箱和油枕（储油柜）之间的联通管上，如图 5-26 所示。为了使油箱内产生的气体能够顺利地通过气体继电器排往油枕（储油柜），变压器安装应取 1%~1.5% 的倾斜度；而变压器在制造时，连通管对油箱顶盖也有 2%~4% 的倾斜度。

气体继电器主要有浮筒式和开口杯式两种类型。现在广泛应用的是开口杯式气体继电器，其内部结构如图 5-27 所示。

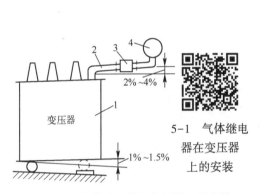

图 5-26 气体继电器在变压器上的安装
1—变压器油箱　2—联通管
3—气体继电器　4—油枕（储油柜）

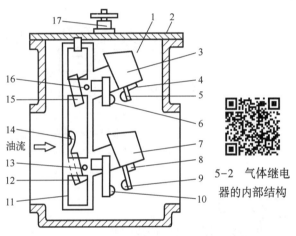

图 5-27 FJ-80 气体继电器的内部结构示意图
1—容器　2—盖　3—上油杯　4—永久磁铁　5—上动触点
6—上静触点　7—下油杯　8—永久磁铁　9—下动触点
10—下静触点　11—支架　12—下油杯平衡锤　13—下油杯转轴
14—挡板　15—上油杯平衡锤　16—上油杯转轴　17—放气阀

在变压器正常工作时，气体继电器的上、下油杯中都是充满油的，油杯因其平衡锤的作用使其上下触点都是断开的。当变压器油箱内部发生轻微故障致使油面下降时，上油杯因其中盛有剩余的油使其力矩大于平衡锤的力矩而降落，从而使上触点接通，发出报警信号，这就是"轻瓦斯动作"。当变压器油箱内部发生严重故障时，由于故障产生的气体很多，带动油流迅猛地由变压器油箱通过联通管进入油枕（储油柜），在油流经过气体继电器时，冲击挡板，使下油杯降落，从而使下触点接通，直接动作于跳闸。这就是"重瓦斯动作"。

如果变压器出现漏油，将会引起气体继电器内的油也慢慢流尽。这时继电器的上油杯先降落，接通上触点，发出报警信号，当油面继续下降时，会使下油杯降落，下触点接通，从而使断路器跳闸。

气体继电器只能反映变压器内部的故障，包括漏油、漏气、油内有气、匝间故障、绕组相间短路等。而对变压器外部端子上的故障情况则无法反映。因此，除设置气体保护外，还需设置过电流、速断或差动等保护。

2. 气体继电器接线原理

当变压器内部发生轻微故障时，气体继电器 KG 的上触点 1-2 闭合，作用于报警信号。当变压器内部发生严重故障时，KG 的下触点 3-4 闭合，经中间继电器 KM 作用于断路器 QF 的跳闸线圈 YR，使断路器跳闸，同时 KS 发出跳闸信号。KG 的下触点 3-4 闭合时，也可以用连接片 XB 切换位置，串接限流电阻 R，只给出报警信号。原理如图 5-28 所示。

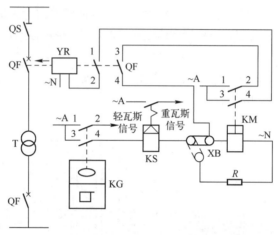

图 5-28　FJ-80 气体继电器的原理图

T—电力变压器　KG—气体继电器　KS—信号继电器　KM—中间继电器　QF—高压断路器
YR—断路器跳闸线圈　XB—连接片　R—限流电阻

实践内容

电力变压器继电保护线路组装。

知识拓展

1）了解变电站综合保护设计知识。

2）查阅国家电网有限公司变电二次安装"1+X"等级证书相关知识内容。

总结与思考

1）电力变压器的过电流保护和电流速断保护的动作电流如何整定？

2）电力变压器在哪些情况下应装设气体保护？

任务 5.4　供配电系统的微机保护

任务要点

1）了解微机保护的组成。

2）了解电力线路和电力变压器微机保护的工作原理。

3）形成科学严谨的态度及归纳分析的能力，发扬吃苦耐劳、耐心钻研的职业精神。

相关知识

传统的继电保护是直接或经过电压形成回路把被测信号引入保护继电器，继电器按照电磁、感应、比幅、比相等原理做出动作与否的判断。随着计算机技术、网络技术和通信技术的飞速发展，电力系统信息管理的自动化水平逐步提高，微机继电保护系统在20世纪90年代初开始在我国电网中逐步得到应用。

5.4.1 微机保护装置的特点

微机保护是指将微型机、微控制器等器件作为核心部件构成的继电保护。自从微型机引入继电保护以来，微机保护在利用故障分量方面取得了长足的进步，而且结合了自适应理论的自适应式微机保护也得到较大发展，同时，计算机通信和网络技术的发展及其在系统中的广泛应用，使得变电站和发电厂的集成控制、综合自动化更易实现。未来几年内，微机保护将朝着高可靠性、简便性、通用性、灵活性和网络化、智能化、模块化等方向发展，并可以与电子式互感器、光学互感器实现连接；同时，充分利用计算机的计算速度、数据处理能力、通信能力和硬件集成度不断提高等各方面的优势，结合模糊理论、自适应原理、行波原理、小波技术等，设计出性能更优良和维护工作量更少的微机保护设备。

微机保护与常规保护相比具有以下特点。

1）常规保护是按布线逻辑的，保护的功能完全依赖于硬件，而微机保护装置则除硬件外，还必须具备相应的软件，因此微机保护可以实现智能化。

2）常规保护的完好性是依赖于定期检验的，在正常运行时保护装置的隐患不能及时发现，一旦系统发生故障，将产生严重的后果，而微机保护装置可利用程序对其硬件进行在线自检，一旦发现问题，可立即报警。对于软件的异常及干扰的影响，可自动识别并排除。因而，与常规保护相比，微机保护装置的可靠性大大提高了。

3）常规保护装置的功能单一，而微机保护装置除了能够做到与常规保护完全相同的功能外，还可以提供一些附加功能，例如距离保护的故障类型判别，故障测距，故障录波，事件记录，零序电流方向保护的开口三角电压的极性判断，电压互感器的二次是否发生断线等信息。

4）与常规保护相比，微机保护具有调试维护方便的特点。例如，晶体管型集成电路型距离保护、高频保护，由于其构成复杂，调试工作量很大，而微机型保护装置由于具备友好的人机界面，依靠软件可在较短的时间内完成调试工作。特别是某些保护具有专用的调试仪器，除交流变换器部分，均可自动对保护的功能进行快速检查。

5）微机保护具有完善的网络通信功能，可适应无人值守或少人值守的自动化变电站。

6）利用微机的智能特点，可以采用一些新原理，解决一些常规保护难以解决的问题。例如，采用模糊识别原理或波形对称原理识别判断励磁涌流，利用模糊识别原理判断振荡过程中的短路故障，采用自适应原理改善保护的性能等。

7）对于同一类型的保护对象，微机保护装置可采用相同的硬件结构，不同的保护功能体现在软件上，缩短了新产品的研制和开发周期。

8）微机保护装置本身消耗功率低，降低了对电流互感器和电压互感器的要求。另外，正在研究的数字式电压、电流传感器更便于与微机保护实现接口连接。

5.4.2　微机保护装置的构成

1. 微机保护装置的硬件构成

一般地，一套微机保护装置的硬件可分为 6 部分，即数据采集部分、微型计算机部分、输入输出部分、通信接口部分、人机接口部分和电源部分。微机保护装置的硬件组成基本框图如图 5-29 所示。

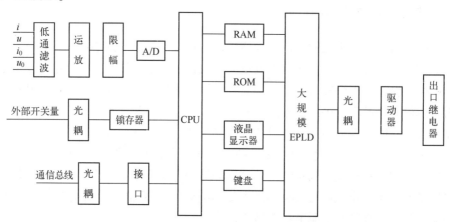

图 5-29　微机保护装置的硬件组成基本框图

（1）数据采集系统

传统继电保护是把电压互感器二次电压信号及电流互感器二次电流信号直接引入继电保护装置，或者把二次电压、电流经过变换组合后再引入继电保护装置。因此，无论是电磁型、感应型继电器还是整流型、晶体管型继电器保护装置，都属于反应模拟信号的保护。尽管在集成电路保护装置中采用数字逻辑电路，但从保护装置测量元器件的原理来看，它仍属于反应模拟量的保护。而微机保护中的微型计算机则是处理数字信号的，即送入微型计算机的信号必须是数字信号。这就要求必须有一个将模拟信号变成数字信号的系统，即数据采集系统。

（2）微型计算机系统

微型计算机系统是微机继电保护装置的核心。目前微机保护的计算机部分都是由微型计算机或单片机构成的，这也是微机继电保护名称的由来。由于单片机价格低廉，因此，微机保护由最初的以单 CPU 硬件结构为主发展为目前的以多单片机硬件结构为主。大量使用单片机的微机保护在电力系统中得到了成功的应用，也由于新型单片机的优越性能，现阶段使用单片机的微机保护仍是我国微机保护的主流产品。但目前数字信号处理器（DSP）、基于 ARM 芯核的 32 位高性能低功耗微处理器与工业控制计算机（IPC）的应用进一步拓宽了微机保护设计的思路。

（3）输入输出接口电路

输入输出接口电路是微机保护与外部设备的联系电路，因为输入信号、输出信号都是开关量信号（即接点的通、断），所以又称为开关量输入输出电路。其作用是将各种开关量（如保护装置的压板、连接片、屏上切换开关等）通过光电耦合电路、并行接口电路输入到微机保护，而微机保护的处理结果则通过开关量输出电路驱动中间继电器完成各种保护的出口跳闸、信号报警。

（4）通信接口电路

微机保护装置的通信接口是实现变电站综合自动化的必要条件，特别是面向被保护设备的分散型变电站监控系统，通信接口电路更是不可缺少的。每个保护装置都带有相对标准的通信接口电路，如 RS-232、RS-422/485、CAN 或 LonWorks 等现场通信网络接口电路。对于具有远动功能的变电站微机保护装置，应设计远动通信接口电路。

（5）人机接口电路

人机接口部分主要包括显示、键盘、各种面板开关、打印与报警等，其主要功能用于调试、整定定值与变比，或人对机器的干预等。

（6）供电电源

微机保护的电源是一套微机保护的重要组成部分。电源工作的可靠性直接影响着微机保护的可靠性。微机保护装置不仅要求电源的电压等级多，而且要求电源特性好，且具有较强的抗干扰能力。目前微机保护的供电电源通常采用逆变电源，即将直流逆变为交流，再把交流整流为微机保护所需的直流工作电压。这样做的好处是把变电站的强电系统的直流电源与微机保护的弱电系统电源完全隔离开。通过逆变后的供电电源具有极强的抗干扰能力，防止来自变电站的因短路引起跳、合闸等原因产生的强干扰。

2. 微机保护装置的软件构成

微型计算机保护的软件以硬件为基础，通过算法及程序设计来实现所要求的保护功能。系统软件主要流程图如图 5-30 所示。系统上电后，首先初始化，然后进行数据采集和 A/D 转化，完成对数据的计算处理，通过显示器显示出来；继而判断按键选择的模式，决定是调用定时播报子程序还是手动播报；最后检查故障情况：如果发生故障，则发出语音故障警示，如果安全，则重新进行数据采集。

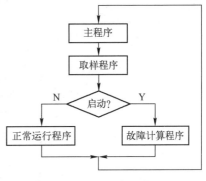

图 5-30 微机保护装置
系统的主要流程图

实践内容

电力线路和电力变压器微机继电保护实训。

知识拓展

1）了解微机保护的算法知识。

2）查阅国家电网有限公司变电二次安装"1+X"等级证书相关知识内容。

总结与思考

微机保护由哪几部分组成？

任务 5.5 低压供电系统保护

任务要点

1）掌握低压供电系统保护的组成。

2）能够进行各种保护装置的选择。

3）形成科学严谨的态度及归纳分析的能力，发扬精益求精的工匠精神。

相关知识

为了避免过负荷和短路引起的过电流对供配电系统的影响，除了装设继电保护装置外，还装设熔断器保护和低压断路器保护装置。由于这两种保护装置简单经济，而且操作灵活方便，所以广泛应用于低压供配电系统中。

5.5.1 熔断器保护

1. 熔断器及其安秒特性曲线

熔断器包括熔管（又称熔体座）和熔体。通常它串接在被保护的设备前或接在电源引出线上。当被保护区出现短路故障或过电流时，熔断器熔体熔断，使设备与电源隔离，免受电流损坏。因熔断器结构简单、使用方便、价格低廉，所以应用广泛。

熔断器的技术参数包括熔断器（熔管）的额定电压和额定电流，分断能力，熔体的额定电流和熔体的安秒特性曲线。250 V 和 500 V 是低压熔断器，3~110 kV 属高压熔断器。决定熔体熔断时间和通过电流的关系曲线称为熔断器熔体的安秒特性曲线，如图 5-31 所示，该曲线由实验得出，它只表示时限的平均值，其时限相对误差会高达±50%。

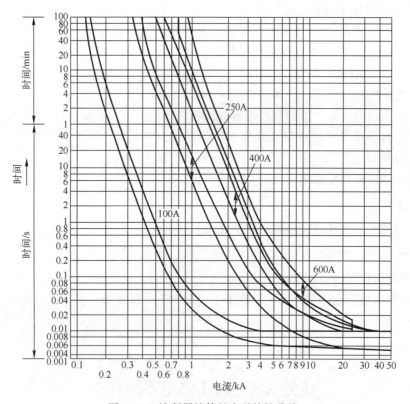

图 5-31　熔断器熔体的安秒特性曲线

2. 熔断器的选用及其与导线的配合

图 5-32 是变压器二次侧引出的低压配电图。如采用熔断器保护，应在各配电线路的首端装设熔断器。熔断器只装在各相相线上，中性线是不允许装设熔断器的。

1）对保护电力线路和电气设备的熔断器，其熔体电流的选用可按以下条件进行。

① 熔断器的熔体电流应不小于线路正常运行时的计算电流 I_{30}，即

$$I_{N.FE} \geq I_{30} \tag{5-25}$$

② 熔断器熔体电流还应躲过由于电动机起动所引起的尖峰电流 I_{pk}，以使线路出现正常的尖峰电流而不致熔断。因此

$$I_{N.FE} \geq kI_{pk} \tag{5-26}$$

式中 k 为选择熔体时用的计算系数，其值应根据熔体的特性和电动机的拖动情况来决定。设计规范中提供的数据如下：轻负荷起动时起动时间在 3 s 以下者，$k = 0.25 \sim 0.35$；重负荷起动时，起动时间应在 $3 \sim 8$ s 者，$k = 0.35 \sim 0.5$；超过 8 s 的重负荷起动或频繁起动、反接制动等，$k = 0.5 \sim 0.6$；I_{pk} 为尖峰电流。对一台电动机，尖峰电流为 $k_{st.M} I_{N.M}$；对多台电动机 $I_{pk} = I_{30} + (k_{st.M_{max}} - 1) I_{N.M_{max}}$，$k_{st.M_{max}}$ 为起动电流最大的一台电动机的起动电流倍数，$I_{N.M_{max}}$ 为起动电流最大的一台电动机的额定电流。

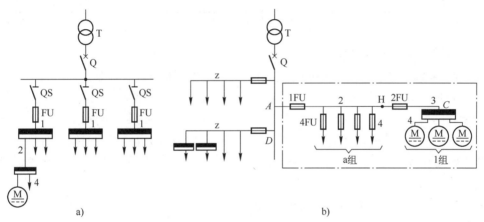

图 5-32 低压配电系统示意图

a）放射式 b）变压器干线式

1—干线 2—分干线 3—支干线 4—支线 Q—低压断路器

③ 为使熔断器可靠地保护导线和电缆，避免因线路短路或过负荷损坏甚至起燃，熔断器的熔体额定电流 $I_{N.FE}$ 必须和导线或电缆的允许电流 I_{al} 相配合，因此要求：

$$I_{N.FE} \leq k_{ol} I_{al} \tag{5-27}$$

式中 k_{ol} 为绝缘导线和电缆的允许短路过负荷系数。对电缆或穿管绝缘导线，$k_{ol} = 2.5$；对明敷绝缘导线，$k_{ol} = 1.5$；对于已装设有其他过负荷保护的绝缘导线、电缆线路而又要求用熔断器进行短路保护时，$k_{ol} = 1.25$。

2）对于保护电力变压器的熔断器，其熔体电流可按下式选定，即

$$I_{FE} = (1.5 \sim 2.0) I_{NT} \tag{5-28}$$

式中 I_{NT} 为变压器的额定一次电流。熔断器装设在哪一侧，就选用哪一侧的额定值。

3）用于保护电压互感器的熔断器，其熔体额定电流可选用 0.5 A，熔管可选用 RN2 型。

3. 熔断器保护灵敏度校验

为了保证熔断器在其保护范围内发生最轻微的短路故障时都能可靠地熔断，熔断器保护的灵敏度 S_p 必须满足下列条件：

$$S_P = \frac{I_{k.max}}{I_{N.FE}} \geq K \tag{5-29}$$

式中　$I_{k.min}$ 为熔断器保护线路末端在系统最小运行方式下的短路电流。对中性点不接地系统，取两相短路电流；对中性点直接接地系统，取单相短路电流；对于保护降压变压器的高压熔断器来说，应取低压母线的两相短路电流换算到高压之值。$I_{N.FE}$ 为熔断器熔体的额定电流。K 为检验熔断器保护灵敏度的最小比值，按 GB 50054—2011《低压配电设计规范》规定，见表 5-1。

表 5-1　校验熔断器保护灵敏度的最小比值 K

熔体额定电流/A		4~10	16~32	40~63	80~200	250~500
熔断时间/s	5	4.5	5	5	6	7
	0.4	8	9	10	11	—

注：表中 K 值适用于符合 IEC 标准的新型熔断器，如 RE12、RT14、NT 等。对于老型号熔断器，可取 K = 4~7。

4. 上下级熔断器的相互配合

用于保护线路短路故障的熔断器，它们上下级之相的相互配合应是这样：设上一级熔体的理想熔断时间为 t_1，下一级为 t_2；因熔体的安秒特性曲线误差约为±50%，设上一级熔体为负误差，则 $t_1' = 0.5$，下一级为正误差，即 $t_1' = 1.5t_2'$。如欲在某一电流下使 $t_1' > t_2'$，以保证它们之间的选择性，就应使 $t_1 > 3t_2$。对应这个条件可从熔体的安秒特性曲线上分别查出这两个熔体的额定电流值。一般使上、下级熔体的额定值相差两个等级即能满足动作选择性的要求。

5. 熔断器（熔管或熔座）的选择和校验

选择熔断器（熔管或熔座）时应满足下列条件。

1）熔断器的额定电压应不低于被保护线路的额定电压。

2）熔断器的额定电流应不小于它所安装的熔体的额定电流。

3）熔断器的类型应符合安装条件及被保护设备的技术要求。

4）熔断器的分断能力应满足

$$I_{oc} > I_{sh}^{(3)} \tag{5-30}$$

式中　$I_{sh}^{(3)}$ 为流经熔断器的三相短路冲击电流有效值。

5.5.2　低压断路器保护

1. 低压断路器在低压配电系统中的配置

低压断路器在低压配电系统中常用的配置方式如图 5-33 所示。

在图 5-33 中，3#、4#的接法适用于低压配电出线；1#、2#的接法适用于两台变压器供电的情况。配置的刀开关 QK 是为了安全检修低压断路器用。如果是单台变压器供电，

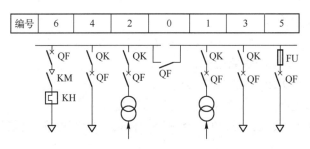

图 5-33　低压断路器在低压系统中常用的配置方式

QF—低压断路器　QK—刀开关　KM—接触器　KH—热继电器　FU—熔断器

其变压器二次侧出线只需设置一个低压断路器就够了。图中 6#出线是低压断路器与接触器 KM 配合运用，低压断路器用作短路保护，接触器用作电路控制器，供电动机频繁起动用，热继电器 KH 用作过负荷保护。5#出线是低压断路器与熔断器的配合方式，适用于开关断流能力不足的情况，此时靠熔断器进行短路保护，低压断路器只在过负荷和失电压时才断开电路。

2. 低压断路器中的过电流脱扣器

配电用低压断路器分为选择型和非选择型两种，因此，所配备的过电流脱扣器有以下 3 种。

1）具有反时限特性的长延时电磁脱扣器，动作时间可以不小于 10 s。

2）延时时限分别为 0.2 s、0.4 s、0.6 s 的短延时脱扣器。

3）动作时限小于 0.1 s 的瞬时脱扣器。

对于选择型低压断路器必须装有第 2）种短延时脱扣器；而非选择型低压断路器一般配置第 1）和 3）种脱扣器，其中长延时用于过负荷保护，短延时或瞬时均用于短路故障保护。我国目前普遍应用的为非选择型低压断路器，短路保护特性以瞬时动作方式为主。

低压断路器各种脱扣器的电流整定如下。

（1）长延时过电流脱扣器（即热脱扣器）的整定

这种脱扣器主要用于线路过负荷保护，故其整定值比线路计算电流稍大即可，即

$$I_{op(1)} \geq 1.1 I_{30} \tag{5-31}$$

式中　$I_{op(1)}$ 为长延时脱扣器（即热脱扣器）的整定动作电流。但是，热元件的额定电流 I_{HN} 应比 $I_{op(1)}$ 大（10~25）%为好，即

$$I_{HN} \geq (1.1 \sim 1.25) I_{op(1)} \tag{5-32}$$

（2）瞬时（或短延时）过电流脱扣器的整定

瞬时或短延时脱扣器的整定电流应躲开线路的尖峰电流 I_{pk}，即

$$I_{op(0)} \geq k_{rel} I_{pk} \tag{5-33}$$

式中　$I_{op(0)}$ 为瞬时或短延时过电流脱扣器的整定电流值，规定短延时过电流脱扣器整定电流的调节范围对于容量在 2500 A 及以上的断路器为 3~6 倍脱扣器的额定值，对 2500 A 以下的则为 3~10 倍；瞬时脱扣器整定电流调节范围对 2500 A 及以上的选择型自动开关为 7~10 倍，对 2500 A 以下的则为 10~20 倍。对非选择型开关约为 3~10 倍。k_{rel} 为可靠系数，对动作时间 $t_{op} \geq 0.4$ s 的 DW 型断路器，取 $k_{rel} = 1.35$；对动作时间 $t_{op} \leq 0.2$ s 的 DZ 型断路器，$k_{rel} = 1.7 \sim 2$；对有多台设备的干线，可取 $k_{rel} = 1.3$。

（3）灵敏系数 S_p

$$S_p = I_{k.min}/I_{op(0)} \geqslant 1.5 \tag{5-34}$$

式中　$I_{k.min}$——线路末端最小短路电流；

　　　　$I_{op(0)}$——瞬时或短延时脱扣器的动作电流。

（4）低压断路器过电流脱扣器整定值与导线的允许电流 I_{al} 的配合

要使低压断路器在线路发生过负荷或短路故障时，能够可靠地保护导线不致过热而损坏，必须满足

$$I_{op(1)} < I_{al} \tag{5-35}$$

或

$$I_{op(0)} < 4.5 I_{al} \tag{5-36}$$

3. 低压断路器与熔断器在低压电网保护中的配合

低压断路器与熔断器在低压电网中的设置方案如图5-34所示。若能正确选定其额定参数，使上一级保护元器件的特性曲线在任何电流下都位于下一级保护元器件安秒特性曲线的上方，便能满足保护选择性的动作要求。图5-34a是能满足上述要求的，因此这种方案应用得最为普遍。

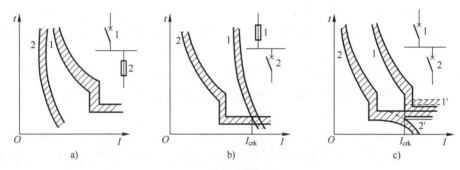

图5-34　低压断路器与熔断器的设置

在图5-34b中，如果电网被保护范围内的故障电流大于临界短路电流（图中两条曲线交点处对应的短路电流），则无法满足有选择地动作。图5-34c中，如果要使两级低压断路器的动作满足选择性要求，必须使1处的安秒特性曲线位于2处的特性曲线之上。否则，必须使1处的特性曲线为1′，或2处的特性曲线为2′。

由于安秒特性曲线是非线性的，为使保护满足选择性的要求，设计计算时宜用图解方法。而在工程实际中，这种配合可通过调试解决。

🔆 **实践内容**

某学院实训楼实训室漏电保护系统分析。

☁ **知识拓展**

1）了解低压综合保护设计知识。

2）查阅国家电网有限公司变电二次安装"1+X"等级证书相关知识内容。

🔧 **总结与思考**

低压供电系统的组成和保护装置的选择。

任务5.6 防 雷

任务要点

1）了解雷电产生原因、危害及防治。

2）掌握常用防雷设备的原理及选用。

3）了解防雷接地应遵循的国家标准与设计规范，发扬精益求精的工匠精神。

相关知识

5.6.1 雷电及过电压的有关概念

1. 雷电形成及有关概念

（1）雷电形成

雷电是带有电荷的"雷云"之间、"雷云"对大地或物体之间产生急剧放电的一种自然现象。关于雷云普遍的看法是：在闷热的天气里，地面的水汽蒸发上升，在高空低温影响下，水蒸气凝成冰晶。冰晶受到上升气流冲击而破碎分裂，气流挟带一部分带正电的小冰晶上升，形成"正雷云"，而另一部分较大的带负电的冰晶则下降，形成"负雷云"。由于高空气流的流动，正雷云和负雷云均在空中飘浮不定。据观测，在地面上产生雷击的雷云多为负雷云。

当空中的雷云靠近大地时，雷云与大地之间形成一个很大的雷电场。由于静电感应作用，使地面出现与雷云的电荷极性相反的电荷。当雷云与大地之间在某一方位的电场强度达到$25 \sim 30\,kV/cm$时，雷云就开始向这一方位放电，形成一个导电的空气通道，称为雷电先导。当其下行到离地面$100 \sim 300\,m$时，就引起一个上行的迎雷先导。当上下行先导相互接近时，正、负电荷强烈吸引、中和而产生强大的雷电流，并伴有雷鸣电闪。这就是直击雷的主放电阶段，这阶段的时间极短。主放电阶段结束后，雷云中的剩余电荷会继续沿主放电通道向大地放电，形成断续的隆隆雷声。这就是直击雷的余辉放电阶段，时间一般为$0.03 \sim 0.15\,s$，电流较小，约为几百安。雷电先导在主放电阶段与地面上雷击对象之间的最小空间距离，称为闪击距离。雷电的闪击距离与雷电流的幅值和陡度有关。确定直击雷防护范围的"滚球半径"大小，就与闪击距离有关。

（2）雷电的有关概念

1）雷电流幅值和陡度。雷电流是一个幅值很大、陡度很高的冲击波电流，如图5-35所示。成半余弦波形的雷电波可分为波头和波尾两部分，一般在主放电阶段$1 \sim 4\,\mu s$内即可达到雷电流幅值。雷电流从0上升到幅值I_m的波形部分，称为波头；雷电流从I_m下降到$I_m/2$的波形部分，称为波尾。雷电流的陡度即雷电流波升高的速度，用$\alpha = \dfrac{di}{dt}\,(kA/\mu s)$表示。因雷电流开始时数值很快地增加，陡度也很快达到极大值，当雷电流陡度达到最大值时，陡度降为零。

雷电流幅值大小的变化范围很大，需要积累大量的资料。图5-36给出了我国的雷电流幅值概率曲线。从图5-36可知：$\geqslant 20\,kA$的雷电流出现的概率是65%，$\geqslant 120\,kA$的雷电流出现的概率只有7%。一般变配电所防雷设计中的耐雷水平是取雷电流最大幅值为100kA。

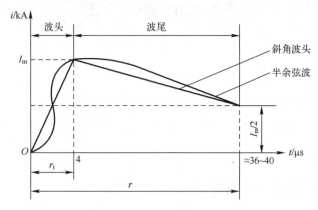

图5-35　雷电流波形示意图

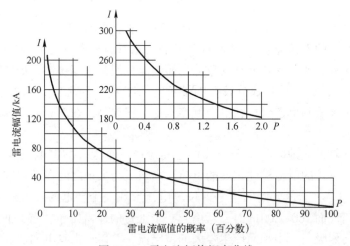

图5-36　雷电流幅值概率曲线

2) 年平均雷暴日数。凡有雷电活动的日子,包括见到闪电和听到雷声,由当地气象台统计的,多年雷暴日的年平均值称为年平均雷暴日数。年平均雷暴日数不超过15天的地区称为少雷区,多于40天的地区称为多雷区。我国年平均雷暴日数最高的是海南省儋州市。年平均雷暴日数越多,对防雷的要求越高,防雷措施越需加强。

3) 年预计雷击次数。这是表征建筑物可能遭受雷击的一个频率参数。根据国标 GB 50057—2010《建筑物防雷设计规范》规定,应按下式计算:

$$N = 0.024KT_a^{1.3}A_e \tag{5-37}$$

式中　N——建筑物年预计雷击次数;

　　　A_e——与建筑物接受雷击次数相同的等效面积 (km²),按 GB 50057—2010 中规定的方法确定;

　　　T_a——年平均雷暴日数;

　　　K——校正系数,一般取1,位于旷野孤立的建筑物取2。

2. 雷电与过电压

过电压是指电气设备或线路上出现超过正常工作要求的电压升高现象。在电力系统中,按照过电压产生的原因不同，可分为内部过电压和雷电过电压两大类。

（1）内部过电压

内部过电压（又称操作过电压），指供配电系统内部由于开关操作、参数不利组合、单相接地等原因，使电力系统的工作状态突然改变，从而在其过渡过程中引起的过电压。

内部过电压又可分为操作过电压和谐振过电压。操作过电压是由于系统内部开关操作导致的负荷骤变，或由于短路等原因出现断续性电弧而引起的过电压。谐振过电压是由于系统中参数不利组合导致谐振而引起的过电压。

运行经验表明，内部过电压最大可达系统相电压的4倍左右。

（2）雷电过电压

雷电过电压又称大气过电压或外部过电压，是指雷云放电现象在电力网中引起的过电压。雷电过电压一般分为直击雷、间接雷击和雷电侵入波三种类型。

1）直击雷是遭受直击雷时产生的过电压。经验表明，直击雷击时雷电流可高达几百千安，雷电电压可达几百万伏。遭受直击雷击时均难免带来灾难性结果，因此必须采取防御措施。

2）间接雷击，又简称感应雷，是雷电对设备、线路或其他物体的静电感应或电磁感应所引起的过电压。图5-37所示为架空线路上由于静电感应而积聚大量异性的束缚电荷，在雷云的电荷向其他地方放电后，线路上的束缚电荷被释放形成自由电荷，向线路两端运行，形成很高的过电压。经验表明，高压线路上感应雷可高达几十万伏，低压线路上感应雷也可达几万伏，对供电系统的危害很大。

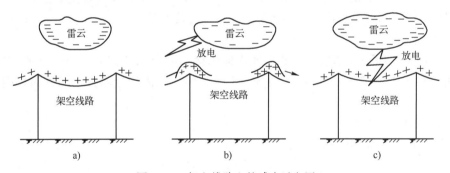

图5-37 架空线路上的感应过电压

a）雷云在线路上方时　b）雷云对地或其他放电时　c）雷云对架空线路放电时

3）雷电侵入波是感应雷的另一种表现，是由于直击雷或感应雷在电力线路的附近、地面或杆塔顶点，从而在导线上感应产生的冲击电压波，它沿着导线以光速向两侧流动，故又称为过电压行波。行波沿着电力线路侵入变配电所或其他建筑物，并在变压器内部引起行波反射，产生很高的过电压。据统计，雷电侵入波造成的雷害事故占所有雷害事故的50%~70%。

5.6.2　防雷装置

防雷装置是由接闪杆、引下线和接地装置等组成，如图5-38和图5-39所示为接闪杆防雷装置和避雷器装置示意图防雷装置的设置组合。

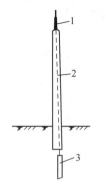

图 5-38　接闪杆防雷装置示意图
1—接闪杆　2—引下线　3—接地装置

图 5-39　避雷器装置示意图
1—架空线路　2—避雷器　3—接地体　4—电力变压器

5-3　避雷器装置

要保护建筑物等不受雷击损害，应有防御直击雷、感应雷和雷电侵入波的不同措施和防雷设备。

直击雷的防御主要须设法把直击雷迅速疏散到大地中去。一般采用接闪杆（避雷针）、接闪线（避雷线）、接闪网（避雷网）等避雷装置。

感应雷的防御是对建筑物最有效的防护措施，其防御方法是把建筑物内的所有金属物，如设备外壳、管道、构架等均进行可靠接地，混凝土内的钢筋应绑扎或焊成闭合回路。

雷电侵入波的防御一般采用避雷器。避雷器装设在输电线路进线处或 10 kV 母线上，如有条件可采用 30~50 m 的电缆段埋地引入，在架空线终端杆上也可装设避雷器。避雷器的接地线应与电缆金属外壳相连后直接接地，并连入公共地网。

1. 接闪器

接闪器是专门用来接受直击雷的金属物体。接闪的金属杆称为接闪杆（避雷针）；接闪的金属线称为接闪线（避雷线），或称为架空地线；接闪的金属带、网称为接闪网（避雷网）。

（1）接闪杆（避雷针）

接闪杆一般采用镀锌圆钢（针长 1 m 以下时，直径不小于 12 mm；针长 1~2 m 时，直径不小于 16 mm），或镀锌钢管（针长 1 m 以下时，直径不小于 20 mm，针长 1~2 m 时，直径不小于 25 mm）制成。它通常安装在电杆、构架或建筑物上。它的下端通过引下线与接地装置可靠连接。

接闪杆的功能实质是起到引雷作用。它能对雷电场产生一个附加电场（该附加电场是由于雷云对避雷针产生静电感应引起的），使雷电场畸变，从而改变雷云放电的通道。雷云经接闪杆、引下线和接地装置，泄放到大地中去，使被保护物免受直击雷击。所以，接闪杆实质是引雷针，它把雷电流引入地下，从而保护了附近的线路、设备和建筑物等。

经验表明，接闪杆的确避免了许多直击雷击的事故发生，但同时也因为接闪杆是引雷针，所以做得不好的接闪杆比不做还坏。

接闪杆的保护范围，以它能防护直击雷的空间来表示。根据国标 GB 50057—2010《建筑物防雷设计规范》采用 IEC 推荐的"滚球法"来确定。

所谓"滚球法"就是选择一个半径为 h_r 的"滚球半径"球体，沿需要防护的部位滚动，如果球体只接触到接闪杆或接闪杆与地面，而不触及需要保护的部位，则该部位就在接闪杆的保护范围之内（见图5-40）。

单支接闪杆的保护范围可按以下方法计算。

当接闪杆高度 $h \leqslant h_r$ 时：

1）在距地面高度 h_r 处作一条平行于地面的平行线。

2）以接闪杆的顶尖为圆心，h_r 为半径，作弧线交平行线于 A、B 两点。

3）以 A、B 为圆心，h_r 为半径作弧线，该弧线与地面相切，与针尖相交。此弧线与地面构成的整个锥形空间就是接闪杆的保护区域。

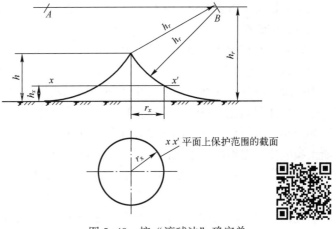

图5-40 按"滚球法"确定单支接闪杆保护范围

5-4 单支避雷针保护范围

4）接闪杆在距地面高度的平面上的保护半径，按下式计算：

$$r_x = \sqrt{h(2h_r - h)} - \sqrt{h_x(2h_r - h_x)} \qquad (5\text{-}38)$$

式中　h_r——滚球半径；

　　　$h_x = 0$——离地高度；

　　　h——避雷针高度；

　　　r_x——离地高度为 h_x 时所能保护的半径。

5）接闪杆在地面的保护半径 r_0 为（相当于式（5-38）中 $h_x = 0$ 时）：

$$r_0 = \sqrt{h(2h_r - h)} \qquad (5\text{-}39)$$

当接闪杆高度 $h > h_r$ 时，在接闪杆上取高度 h_r 的一点来代替接闪杆的顶尖作为圆心，其余与避雷针高度 $h \leqslant h_r$ 时的计算方法相同，读者可自行分析。

（2）接闪线（避雷线）

接闪线一般用截面不小于 $35\ mm^2$ 的镀锌钢绞线，架设在架空线或建筑物的上面，以保护架空线或建筑物免遭直击雷击。由于接闪线既是架空的又是接地的，也称为架空地线。接闪线的功能和原理与避雷针基本相同。

（3）接闪网（避雷网）

接闪网主要用来保护高层建筑物免遭直击雷击和感应雷击。接闪网宜采用圆钢和扁钢，优先采用圆钢。圆钢直径不小于 $9\ mm$，扁钢截面不小于 $49\ mm^2$，其厚度不小于 $4\ mm$。当烟囱上采用避雷环时，其圆钢直径不小于 $12\ mm$，扁钢截面不小于 $100\ mm^2$，其厚度不小于 $4\ mm$。接闪网的网格尺寸要求应符合表5-2的规定。

表5-2　按建筑物防雷类别确定滚球半径和接闪网的网格尺寸

建筑物防雷类别	滚球半径 h_r/m	接闪网（避雷网）的网格尺寸/m
第一类防雷建筑物	30	≤5×5 或 6×4
第二类防雷建筑物	45	≤10×10 或 12×8
第三类防雷建筑物	60	≤20×20 或 24×16

2. 避雷器

避雷器是用来防止雷电产生的过电压波沿线路侵入变配电所或其他建筑物内，以免危及被保护设备的绝缘。

避雷器主要有阀式避雷器、排气式避雷器、角型避雷器和金属氧化物避雷器等几种。

（1）阀式避雷器

阀式避雷器又称阀型避雷器，由火花间隙和阀片电阻组成，装在密封的瓷套管内。火花间隙用铜片冲制而成，每对为一个间隙，中间用厚度约为 $0.5 \sim 1\,mm$ 的云母片（垫圈式）隔开，如图 5-41a 所示。火花间隙的作用是：在正常工作电压下，火花间隙不会被击穿，从而隔断工频电流；在雷电过电压出现时，火花间隙被击穿放电，电压加在阀片电阻上。阀片电阻通常是碳化硅颗粒制成，如图 5-41b 所示。这种阀片具有非线性特性，在正常工作电压下，阀片电阻值较高，起到绝缘作用；而出现过电压时，电阻值变得很小，如图 5-41c 所示。因此，当火花间隙被击穿后，阀片能使雷电流向大地泄放。当雷电过电压消失后，阀片的电阻值又变得很大，使火花间隙电弧熄灭，绝缘恢复，切断工频续流，从而恢复和保证线路的正常运行。

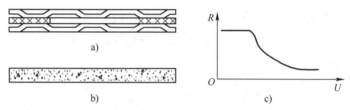

图 5-41　阀式避雷器的结构组成及阀片电阻特性
a）单元火花间隙　b）阀片　c）阀片电阻特性

阀式避雷器的火花间隙和阀片的数量与工作电压的高低成比例。图 5-42a、b 分别是 FS4-10 型高压阀式避雷器和 FS-0.38 型低压阀式避雷器的结构图。高压阀式避雷器串联多个单元的火花间隙，目的是可以实现长弧切短灭弧法，来提高熄灭电弧的能力。阀片电阻的限流作用是加速电弧熄灭的主要因素。

雷电流过阀片时要形成电压降（称为残压），加在被保护电气设备上。残压不能过高，否则会使设备绝缘击穿。

阀型避雷器的全型号表示和含义如下：

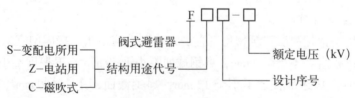

FS 型阀式避雷器的火花间隙旁无并联电阻，适用于 $10\,kV$ 及以下的中小型变配电所中电气设备的过电压保护。FZ 型阀式避雷器的火花间隙旁并联有分流电阻，其主要作用是使火花间隙上的电压分布比较均匀，从而改善阀式避雷器的保护性能。FZ 型避雷器一般用于发电厂和大型变配电站的过电压保护。FC 型磁吹阀式避雷器的内部附加有一个磁吹装置，利用磁力吹弧来加速火花间隙中电弧的熄灭，从而进一步提高了避雷器的保护性能，降低残压，一般专用于保护重要且绝缘比较差的旋转电机等设备。

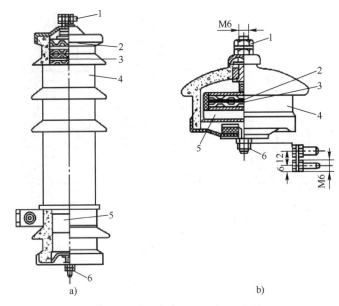

图5-42　高低压普通阀式避雷器结构

a）FS4-10型高压阀式　b）FS-0.38型低压阀式

1—上接线端子　2—火花间隙　3—云母垫圈　4—瓷套管　5—阀片　6—下接线端子

（2）金属氧化物避雷器

金属氧化物避雷器是目前最先进的过电压保护设备，是以氧化锌电阻片为主要元件的一种新型避雷器。它又分无间隙和有间隙两种。其工作原理和外形与采用碳化硅阀片的阀式避雷器基本相似。

无间隙金属氧化物避雷器无火花间隙，其氧化锌电阻片具有十分优良的非线性特性，在线路电压正常时具有极高的电阻从而呈绝缘状态（仅有几百微安的电流通过）；而在雷电过电压作用下，其电阻又变得很小，能很好地释放雷电流，从而无须采用串联的火花间隙，使其结构更先进合理，而且使其保护特性仅由雷电流在阀片上产生的电压降来决定，有效地限制了雷电过电压和操作过电压的影响。

有间隙金属氧化物避雷器的外形结构也与碳化硅阀式避雷器相似，有串联或并联的火花间隙，只是阀片采用了氧化锌。由于氧化锌电阻阀片的优越的非线性特性，使其有取代碳化硅阀式避雷器的趋势。

氧化锌避雷器主要有普通型（基本型）氧化锌避雷器、有机外套氧化锌避雷器、整体式合成绝缘氧化锌避雷器、压敏电阻氧化锌避雷器等类型。图5-43a、b、c给出了基本型（Y5W-10/27）、有机外套型（HY5WS(2)）、整体式合成绝缘氧化锌避雷器（ZHY5W）的外形图。

有机外套氧化锌避雷器分无间隙和有间隙两种。由于这种避雷器具有保护特性好、通流能力强、体积小、重量轻、不易破损、密封性好、耐污能力强等优点，无间隙类广泛应用于变压器、电机、开关、母线等电气设备的防雷保护，有间隙类主要用于6~10kV中性点非直接接地配电系统中的变压器、电缆头等交流配电设备的防雷保护。

整体式合成绝缘氧化锌避雷器是整体模压式无间隙避雷器，该产品使用少量的硅橡胶作为合成绝缘材料，采用整体模压成型技术。具有防爆防污、耐磨抗振能力强、体积小、重量轻等优点，还可以采用悬挂绝缘子的方式，省去了绝缘子。主要用于3~10kV电力系统中电

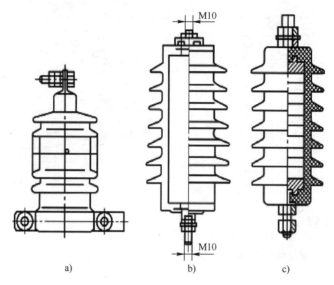

图 5-43　氧化锌避雷器的外形结构
a）Y5W-10/27　b）HY5WS（2）　c）ZHY5W

气设备的防雷保护。

　　MYD 系列氧化锌压敏电阻避雷器是一种新型半导体陶瓷产品，其特点是通流容量大、非线性系数高、残压低、漏电电流小、无续流、响应时间快。可应用于几伏到几万伏交直流电压的电气设备的防雷、操作过电压保护，对各种过电压具有良好的抑制作用。

　　金属氧化物避雷器的全型号表示和含义如下：

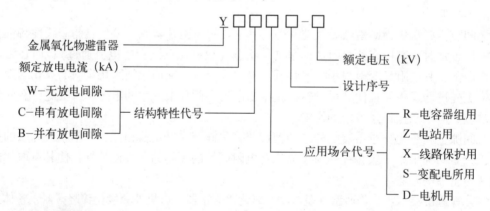

5.6.3　防雷措施

1. 架空线路的防雷措施

（1）架设接闪线

这是高压和超高压输电线路防雷保护的最基本措施。接闪线的作用主要是防止雷电直击导线，同时还可减小导线上的感应过电压。

220 kV 及以上超高压线路应采用双接闪线；110 kV 及以上电压等级的输电线路应在线路全线架设接闪线；35 kV 线路不宜全线架设接闪线，一般只在变配电所的进线端架设 1~2 km 的接闪线；10 kV 及以下线路上一般不架设接闪线。

（2）提高线路本身的绝缘水平

采用木横担、瓷横担或更高一级的绝缘子，以提高线路的防雷水平，这是 10 kV 及以下架空线路防雷的基本措施。更高电压等级输电线路的个别地段需采用高杆塔（例如跨越河流的杆塔），多在这些杆塔上增加绝缘子串片数以加强线路绝缘。

（3）采用消弧线圈接地方式

3~10 kV 电网采用消弧线圈接地方式，并且三相导线作三角形布置、顶线绝缘子上装设保护间隙。这样可以使大多数雷击单相闪络接地，不致发展成为持续工频电弧，且先闪络的一相相当于一条避雷线，从而保护了下面的两根导线。

（4）安装自动重合闸装置

由于线路冲击闪络后具有自行恢复绝缘强度的能力，因此安装自动重合闸装置可以使断路器在线路遭受雷击引起短路而跳闸后，经 0.5 s 或稍长一点的时间自动重合闸，从而恢复供电，提高供电的可靠性。

（5）绝缘薄弱地点装设避雷器

在整个架空线路中，对于绝缘比较薄弱的地点，如交叉跨越杆、转角杆、分支杆和换位杆等，应装设管型避雷器或保护间隙。

2. 变配电所的防雷措施

（1）装设接闪杆防护直击雷

变配电所的露天变配电设备、母线构架及建筑物等应装设接闪杆作为直击雷防护装置。在接闪杆上落雷时，雷电流在接闪杆上产生的电压降，向被保护物放电，这一现象称为反击。独立的接闪杆与被保护物之间应保持一定距离。为了避免发生反击，接闪杆与被保护设备之间的距离不得小于 5 m，接闪杆应有独立的接地体，其接地电阻不得大于 10 Ω；与被保护物接地体之间的距离，不得小于 3 m。

（2）装设避雷器防护感应雷及雷电侵入波

变配电所高压侧装设避雷器主要用来保护主变压器，以免雷电冲击波沿高压线路侵入变配电所，损坏变配电所的变压器。为此要求避雷器应尽量靠近主变压器安装，但是变配电所内的其他设备也需要保护，又应当尽量减少避雷器的组数，因此避雷器到变压器或其他被保护设备之间会有一定的电气距离。如果这个距离过大，会使避雷器失去对变压器的保护作用，因此这个距离是有限制的。按变压器的允许过电压可得出避雷器到变压器或其他保护设备之间的最大允许电气距离。如阀式避雷器主变压器与被保护设备间的最大允许电气距离见表 5-3。

表 5-3　阀式避雷器主变压器与被保护设备间的最大允许电气距离　（单位：m）

电压等级/kV	装设接闪线（避雷线）的范围	到变压器的距离				到其他电器的距离
		变电所进线回路数				
		一	二	三	三以上	
35	进线段	25	35	40	45	按到变压器距离增加35%计算
	全线	55	80	95	105	
63	进线段	40	65	75	85	
	全线	80	1110	130	145	
110	全线	90	135	155	175	

（3）进出线的防雷保护

1）35~110kV 变电所进线段的防雷保护。对于 35~110kV 变电所的进线段，为了限制雷电侵入波的幅值和陡度，降低过电压的数值，应在变电所的进线段上装设防雷装置。图 5-44 为 35~110kV 变电所进线段的标准保护方式。

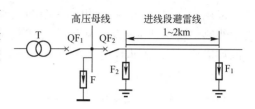

图 5-44　35~110kV 变电所进线段的防雷保护

图中 1~2km 的接闪线用于防止进线段遭直接雷击及削弱雷电侵入波的陡度。若线路绝缘水平较高（木杆线路），其进线段首端应装设管型避雷器 F_1，用以限制进线段以外沿导线侵入的雷电冲击波的幅值，而其他线路（铁塔和钢筋混凝土电杆）不需装设。

对于进线回路的断路器或隔离开关，在雷雨季节可能经常断开，而线路侧又带电时，为了保护进线断路器及隔离开关免受侵入波的损坏，应装设管型避雷器 F_2。阀型避雷器 F 用于保护变压器及其他电气设备。

2）3~10kV 配电所的防雷保护。当变电所 3~10kV 变电所出线路上落雷时，雷电侵入波会沿配出线侵入变电所，对配电装置及变压器绝缘构成威胁。因此在每段母线上和每路架空线上应装设阀型避雷器，如图 5-45 所示。对于有电缆段的架空线路，避雷器应装在电缆与架空线的连接处，其接地端应与电缆金属外皮相连。若配出线上有电抗器时，在电抗器和电缆头之间，应装一组阀型避雷器，以防电抗器端电压升高时损害电缆绝缘。

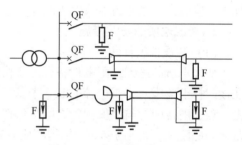

图 5-45　变电所 3~10kV 配电所的防雷保护

3. 建筑物的防雷措施

（1）建筑物防雷类别

按防雷要求，建筑物根据其重要性、使用性质、发生雷电事故的可能性和后果，分为三类（据 GB 50057—2010 规定）。

1）第一类防雷建筑物。

① 凡制造、使用、贮存炸药、火药、起爆药、火工品等大量爆炸物质的建筑物，因电火花而引起爆炸会造成巨大破坏和人身伤亡者。

② 具有 0 区或 10 区爆炸危险环境的建筑物（见表 5-4）。

表 5-4　爆炸和火灾危险环境的分区

分 区 代 号	环 境 特 征
0 区	连续出现或长期出现爆炸性气体混合物的环境
1 区	在正常运行时可能出现爆炸性气体混合物的环境
2 区	在正常运行时不可能出现爆炸性气体混合物的环境，或即使出现也仅是短时存在的爆炸性气体混合物的环境
10 区	连续出现或长期出现爆炸性粉尘的环境

（续）

分区代号	环境特征
11 区	有时会将积留下的粉尘扬起而偶然出现爆炸性粉尘混合物的环境
21 区	具有闪点高于环境温度的可燃液体，在数量和配置上能引起火灾危险的环境
22 区	具有悬浮状、堆积的可燃粉尘或可燃纤维，虽不可能形成爆炸物，但在数量和配置上能引起火灾危险的环境
23 区	具有固体状可燃物质，在数量和配置上能引起火灾危险的环境

③ 具有 1 区爆炸危险环境的建筑物，因电火花而引起爆炸会造成巨大破坏和人身伤亡者。

2）第二类防雷建筑物。

① 制造、使用、贮存爆炸物资的建筑物，且电火花不易引起爆炸或不致造成巨大破坏和人身伤亡者。

② 具有 1 区爆炸危险环境的建筑物，且电火花不易引起爆炸或不致造成巨大破坏和人身伤亡者。

③ 具有 2 区或 11 区爆炸危险环境的建筑物。

④ 预计雷击次数大于 0.06 次/a 的部、省级办公建筑物及其他重要或人员密集的公共建筑物；预计雷击次数大于 0.3 次/a 的住宅、办公楼等一般性民用建筑物（注：次/a 中的 a 为年的符号，下同）。

⑤ 工业企业内有爆炸危险的露天钢质封闭气罐。

⑥ 国家级重要建筑物（略）。

3）第三类防雷建筑物。

① 根据雷击后对工业生产的影响及产生的后果，并结合当地气象、地形、地质及周围环境等因素，确定需要防雷的 21 区、22 区、23 区火灾危险环境。

② 预计雷击次数大于或等于 0.06 次/a 的一般工业建筑物。

③ 预计雷击次数大于或等于 0.012 次/a 且小于或等于 0.06 次/a 的部、省级办公建筑物及其他重要或人员密集的公共建筑物；预计雷击次数大于 0.06 次/a 且小于或等于 0.3 次/a 的住宅、办公楼等一般性民用建筑物。

④ 在平均雷暴日大于 15 d/a 的地区，高度为 15 m 及以上的烟囱、水塔等孤立高耸建筑物；在平均雷暴日小于或等于 15 d/a 的地区，高度为 20 m 及以上的烟囱、水塔等孤立高耸建筑物。

⑤ 省级重点文物保护的建筑物及省级档案馆。

（2）各类防雷建筑物的防雷措施

1）第一类防雷建筑物的防雷措施。

① 防直击雷。装设独立接闪杆或架空接闪线，使被保护建筑物及风帽、放散管等突出屋面的物体均处于接闪器的保护范围内。独立接闪杆和架空接闪线的支柱及其接地装置至被保护建筑物及其有联系的管道、电缆等金属之间的距离，架空接闪线至被保护建筑物屋面和各种突出屋面物体之间的距离，均不得小于 3 m。接闪器接地引下线冲击接地电阻 $R_{sk} \leqslant 10\,\Omega$。当建筑物高于 30 m 时，尚应采取防侧击雷的措施。

② 防雷电感应。建筑物内外的所有可产生雷电感应的金属物件均应接到防雷电感应的接地装置上，其工频接地电阻 $R_{sk} \leqslant 10\,\Omega$。

③ 防雷电波侵入。低压线路宜全线采用电缆直接埋地敷设。在入户端，应将电缆的金属外皮、钢管接到防雷电感应的接地装置上。当全线采用电缆有困难时，可采用水泥电杆和铁横担的架空线，并应使用一段电缆穿钢管直接埋地引入，其埋地长度不应小于 15 m。在电缆与架空线连接处，还应装设避雷器。避雷器、电缆金属外皮、钢管及绝缘子铁脚、金具等均应连在一起接地，其冲击接地电阻 $R_{sk} \leqslant 10\,\Omega$。

2）第二类防雷建筑物的防雷措施。

① 防直击雷。宜采取在建筑物上装设接闪杆或架空接闪线或由其混合组合的接闪器，使被保护建筑物及风帽、放散管等突出屋面的物体均处于接闪器的保护范围内。接闪器接地引下线冲击接地电阻 $R_{sk} \leqslant 10\,\Omega$。当建筑物高于 45 m 时，尚应采取防侧击雷的措施。

② 防雷电感应。建筑物内的设备、管道、构架等主要金属物，应就近接至防雷电感应的接地装置或电气设备的保护接地装置上，可不另设接地装置。

③ 防雷电波侵入。当低压线路全长采用埋地电缆或敷设在架空金属线槽内的电缆引入时，在入户端应将电缆金属外皮和金属线槽接地。低压架空线改换一段埋地电缆引入时，埋地长度不应小于 15 m。平均雷暴日小于 30 d/a 地区的建筑物，可采用低压架空线直接引入建筑物内，但在入户处应装设避雷器或设 2～3 mm 的空气间隙，并与绝缘子铁脚、金具连在一起接到防雷接地装置上，其 $R_{sk} \leqslant 30\,\Omega$。

3）第三类防雷建筑物的防雷措施。

① 防直击雷。宜采取在建筑物上装设接闪杆或架空接闪线或由其混合组合的接闪器。接闪器接地引下线的 $R_{sk} \leqslant 30\,\Omega$。当建筑物高于 60 m 时，尚应采取防侧击雷的措施。

② 防雷电感应。为防止雷电流流经引下线和接地装置时产生的高电位对附近金属物或电气线路的反击，引下线与附近金属物和电气线路的间距应符合规范的要求。

③ 防雷电波侵入。对电缆进出线，应在进出线端将电缆的金属外皮、钢管等与电气设备接地相连。当电缆转换为架空线时，应在转换处装设避雷器。电缆金属外皮和绝缘子铁脚、金具等应连在一起接地，其 $R_{sk} \leqslant 30\,\Omega$。进出建筑物的架空金属管道，在进出处应就近接到防雷或电气设备的接地装置上或独自接地，其 $R_{sk} \leqslant 30\,\Omega$。

4. 高压电动机的防雷措施

高压电动机是旋转工作设备，其绝缘只能采用固体介质。在制造过程中固体介质可能产生气隙或受到损伤，绝缘质量不均匀，绝缘水平低，而且在运行过程中绝缘容易受潮、腐蚀和老化乃至绝缘失效。因此高压电动机对雷电波侵入的防护，不能采用普通阀型避雷器，而要采用专用于保护旋转电动机的 FCD 型磁吹阀型避雷器，或采用具有串联间隙的金属氧化物避雷器。

对定子绕组中性点能够引出的高压电动机，在中性点装设阀型或金属氧化物避雷器，以保护电动机中性点对地绝缘。

对定子绕组中性点不能引出的高压电动机，为降低雷电侵入波的幅值和陡度，减轻其对电动机绝缘的危害，一般采取如下措施（高压电动机的防雷保护接线如图 5-46 所示）。

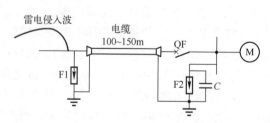

图 5-46　高压电动机的防雷保护接线

1）进线母线上装设 FCD 型磁吹阀型避雷器 F2，且并联一组电容器 C。并联电容器的作用是增大回路的时间常数以减小雷电侵入波的陡度。

2）用一段 $100\sim150\,\mathrm{m}$ 的电缆引入，并在电缆首端安装一组管式或普通阀型避雷器利用电缆的分流作用削弱雷电侵入波。

实践内容

参观关于避雷针的视频，了解避雷针的类型和结构。

知识拓展

1）了解新型避雷器产品。

2）查阅国家电网有限公司变配电运维"1+X"等级证书相关知识内容。

总结与思考

1）雷电的种类有哪些？

2）防雷的措施都有什么？

任务 5.7　接　　地

任务要点

1）熟悉接地系统组成。

2）工作接地、保护接地的原理与设计。

相关知识

5.7.1　接地和接地装置的概念

接地是保证人身安全和设备安全而采取的技术措施。"地"是指零电位，所谓接地就是与零电位的大地相连接。

接地体是埋入地中并直接与大地接触的金属导体。专门为接地而人为装设的接地体，称为人工接地体；并不是专门用作接地，而兼作接地体用的直接与大地接触的金属构件、金属管道及建筑物的钢筋混凝土等，称为自然接地体。连接接地体与设备、装置等的接地部分的金属导体，称为接地线。接地线在正常情况下是不带电的，但在故障情况下要通过故障接地电流。接地装置就是接地体、接地线及相连的金属结构物的总称。由若干接地体在大地中相互用接地线连接起来的一个整体，称为接地网。

在正常或事故情况下，为保证电气设备可靠地运行，必须在供配电系统中某点实行接地，称为工作接地。出于安全目的，对人员能经常触及的、正常时不带电的金属外壳，因绝缘损坏而有可能带电的部分实行的接地，称为保护接地。只有在电压为 1000 V 以下的中性点直接接地的系统中，才可采用接零保护作为安全措施，并实行重复接地，以减轻当零线断裂时发生触电的危险。

1. 接地电流和对地电压

（1）接地电流和对地电压

当电气设备发生接地故障时，电流就通过接地体向大地以半球形散开，这一电流称为接地电流。用 I_E 表示。如图 5-47 所示。试验证明：在离接地点 20 m 处，实际散流电流为零。对地电压 U_E 指电气设备的接地部分（如接地的外壳等）与零电位的地之间的电位差。

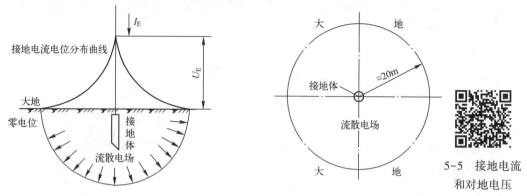

图 5-47 接地电流、对地电压及接地电位分布

5-5 接地电流和对地电压

（2）接触电压和跨步电压

接触电压 U_t 是指设备在绝缘损坏时，在身体可同时触及的两部分之间出现的电位差。跨步电压 U_s 是指在接地故障点附近行走时，两脚之间所产生的电位差。越靠近接地点及跨步越大，则跨步电压越高。一般离接地点 20 m 时，跨步电压为零。如图 5-48 所示。

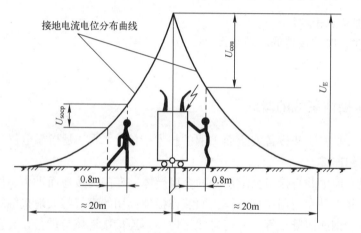

图 5-48 接触电压和跨步电压

2. 接地的类型

1）按装置属性分，有自然接地和人工接地。

2）按电流性质分，有交流电路系统接地和直流电路系统接地。

3）按电压分：①高压系统接地，其中又包括直接接地和不接地两种类型；②低压系统接地，包括 TN 系统（TN-C、TN-S 和 TN-C-S 系统）、TT 系统和 IT 系统。

4）按作用分：①保护性接地，包括防雷接地、保护接地、防静电接地和防电蚀接地等；②功能性接地，包括工作接地、屏蔽接地、逻辑接地和信号接地等。

5）按装置方式分：①按布置方式分有外引式和环路式；②按接地体分有垂直式、水平式和混合式；③按材料分有钢（角钢、圆钢、钢管、扁钢等）和铜（圆铜、铜板钢等）；④按形状分有管形、带形和环形。

下面就各接地类型分别介绍其定义及作用。

（1）保护性接地

1）防雷接地和防雷电感应接地。以防止雷电作用而做的接地称为防雷接地；以防止雷电感应产生高电位、产生火花放电或局部发热，从而造成易燃、易爆物品燃烧或爆炸而做的接地称为防雷电感应接地。

2）保护接地。保护接地是为保障人身安全、防止间接触电而将设备的外露可导电部分接地。保护接地的形式有两种：一是设备的外露可导电部分经各自的接地线直接接地，如TT和IT系统中的接地；二是设备的外露可导电部分经公共的PE线或经PEN线接地，这种接地形式在我国过去习惯上称为"保护接零"。如图5-49所示。

注意：在同一低压系统中，一般来说不能一部分采取保护接地，另一部分采用保护接零，否则当采取保护接地的设备发生单相接地故障时，采用保护接零设备的外露可导电部分将带上危险的过电压。

3）防静电接地。为防止可能产生或聚集的静电荷，对设备、管道和容器等进行的接地，称为防静电接地。设备在移动或物体在管道中流动时，因摩擦产生的静电，聚集在导管、容器或加工设备上，形成很高的电位，对人身安全和建筑物都有危害。防静电接地的作用是当静电产生后，通过静电接地线，把静电引向大地，从而防止静电产生后对人体和设备造成的危害。

4）防电蚀接地。地下埋设的金属体，如电缆金属外皮、金属导管等，接地后可防止电蚀侵入。

（2）功能性接地

1）工作接地。这是为保证电力系统和设备达到正常工作要求而进行的一种接地，如电源中性点接地、防雷装置的接地等。各种工作接地都有其各自的功能。例如，电源中性点直接接地，能在运行中维持三相系统中相线对地电压不变；电源中性点经消弧线圈接地，能在单相接地时消除接地点的断续电弧，防止系统出现过电压。至于防雷装置的接地，其功能是泄放雷电流，从而实现防雷的要求。如图5-50所示，相线L1、L2、L3的公共联结处的接地为工作接地，电动机外壳与PEN线的联结为保护接零，右侧PEN线的再次接地为重复接地。

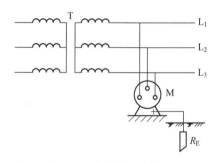

图5-49 保护接地示意图

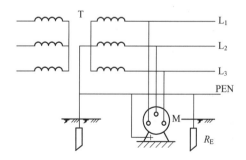

图5-50 工作接地、重复接地和保护接地示意图

2）重复接地。为确保PE线或PEN线安全可靠，除在中性点进行工作接地外，还应在PE线或PEN线的下列地方进行重复接地：一是在架空线路终端及沿线每1km处；二是电

缆和架空线引入车间或大型建筑物处。

3）屏蔽接地。这是为了防止和抑制外来电磁感应干扰，而将电气干扰源引入大地的一种接地，如对电气设备的金属外壳、屏蔽罩、屏蔽线的外皮或建筑物的金属屏蔽体等进行的接地。这种接地，既可抑制外来电磁干扰对电子设备运行的影响，也可减少某一电子设备产生的干扰影响其他电子设备。

4）逻辑接地。这是为了确保稳定的参考电位而将电子设备中适当的金属件进行的接地形式，如一般将电子设备的金属底板进行接地。通常把逻辑接地及其他信号系统的接地称为"直流地"。

5）信号接地（略）。

5.7.2　电气装置的接地和接地电阻

1. 电气装置的接地

根据我国的国标规定，电气装置应接地的金属部位有：

1）电机、变压器、电器、携带式或移动式用具等的金属底座和外壳。

2）电气设备的传动装置。

3）室内外装置的金属或钢筋混凝土构架以及靠近带电部分的金属遮栏和金属门。

4）配电、控制、保护用的屏及操作台等的金属框架和底座。

5）交、直流电力电缆的接头盒、终端头和膨胀器的金属外壳和电缆的金属护层、可触及的电缆金属保护管和穿线的钢管。

6）电缆桥架、支架和井架。

7）装有避雷线的电力线路杆塔。

8）装在配电线路杆上的电力设备。

9）在非沥青地面的居民区内，无避雷线的小接地电流架空线路的金属杆塔和钢筋混凝土杆塔。

10）电除尘器的构架。

11）封闭母线的外壳及其他裸露的金属部分。

12）SF_6 封闭式组合电器和箱式变电站的金属箱体。

13）电热设备的金属外壳。

14）控制电缆的金属护层。

2. 接地装置的装设

（1）自然接地体的利用

在设计和装设接地装置时，首先应考虑自然接地体的利用，以节约投资。如果实地测量所利用的自然接地体电阻能满足要求，而且这些自然接地体又满足热稳定条件时，就不必再装设人工接地装置。否则，应加装人工接地装置。

可作为自然接地体的有：与大地有可靠连接的建筑物的钢结构和钢筋、行车的钢轨、埋在地里的金属管道（但不包括可燃或有爆炸物质的管道），以及埋地敷设的不少于两根的电缆金属外皮等。对于变配电所来说，可利用建筑物钢筋混凝土基础作为自然接地体。利用自然接地体时，一定要保证良好的电气连接，在建筑物结构的结合处，除已焊接者外，凡用螺栓连接或其他连接的，都必须要采用跨接焊接，而且跨接线不小于规定值。

（2）人工接地体的装设

人工接地体是特地为接地体而装设的接地装置。人工接地体基本结构有两种：垂直埋设的人工接地体和水平埋设的人工接地体，如图 5-51 所示。人工接地体的接地电阻至少要占要求电阻值的一半以上。

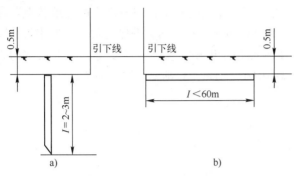

图 5-51 人工接地体的结构

a）垂直埋设的人工接地体 b）水平埋设的人工接地体

5-6 人工接地体的结构

按 GB 50169—2006《电气装置安装工程　接地装置施工及验收规范》的规定，钢接地体和接地线的截面不应小于表 5-5 的规定。对于 110 kV 及以上变电所或腐蚀性较强场所的接地装置，应采用热镀锌钢材，或适当加大截面。

表 5-5 钢接地体的最小尺寸

种类、规格及单位		地上		地下	
		室内	室外	交流回路	直流回路
圆钢直径/mm		6	9	10	12
扁钢	截面/mm²	60	100	100	100
	厚度/mm	3	4	4	6
角钢厚度/mm		2	2.5	4	6
钢管管壁厚度/mm		2.5	2.5	3.5	4.5

接地网的布置应尽量使地面电位分布均匀，以降低接触电压和跨步电压，如图 5-52 所示为加装均压带的接地网。

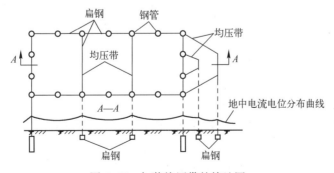

图 5-52 加装均压带的接地网

3. 防雷装置接地的要求

接闪杆宜装设独立的接地装置，防雷的接地装置及接闪杆引下线的结构尺寸，应符合GB 50057—2010《建筑物防雷设计规范》的规定。

为了防止雷击时雷电流在接地装置上产生的高电位对被保护的建筑物和配电装置及其接地装置进行"反击闪络"，危及建筑物和配电装置的安全，防直击雷的接地装置与建筑物和配电装置之间应有一定的安全距离，此距离与建筑物的防雷等级有关。一般来说，空气中安全距离为大于5 m，地下为3 m。为了降低跨步电压，保障人身安全，防直击雷的人工接地体距离建筑物出入口或人行道的距离不应小于3 m，否则要采取其他措施。

实践内容

1）某学院10 kV变电所接地系统分析。

2）某学院实训楼接地系统分析。

知识拓展

1）接地电阻测量。

2）高层民用建筑接地设计。

总结与思考

接地的类型与措施。

项目测验 5

一、判断题

1. 继电保护的任务是自动、快速、有选择地将故障原件从电力系统中切除，对电气元器件不正常的运行状态发出报警信号。　　　　　　　　　　　　　　　（　　）

2. 感应式电流继电器既可以实现过电流保护又可以实现电流速断保护。　（　　）

3. 电磁式电流继电器具有反时限特性。　　　　　　　　　　　　　　（　　）

4. 凡装设电流速断保护的线路，都必须装设带时限的过电流保护。　　（　　）

5. 差动保护利用故障时的不平衡电流来动作。　　　　　　　　　　　（　　）

6. 避雷器应并联装设在被保护物的电源引入端，其上端接电源线路，下端接地。

　　　　　　　　　　　　　　　　　　　　　　　　　　　　　　　　（　　）

7. 传统的接地可视为以大地电位作为参考电位的一种等电位联结。　　（　　）

二、简答题

1. 供电系统对继电保护装置的基本要求是什么？

2. 试解释动作电流、返回电流、返回系数、接线系数的含义。

3. 感应式电流继电器由哪几个部分组成？各有什么动作特性？

4. 简述定时限过电流保护和反时限过电流保护概念？各自的优缺点有哪些？

5. 什么是电流速断保护的"死区"？应如何弥补？

6. 电力变压器通常需要装设哪些继电保护装置？它们的保护范围如何划分？

7. 对变压器的气体保护，在什么情况下"轻瓦斯"动作？什么情况下"重瓦斯"动作？

8. 简述架空线的防雷措施。

9. 简述变配电所的防雷措施。

10. 什么叫工作接地？什么叫保护接地？什么叫重复接地？

三、计算题

1. 某厂 10 kV 供电线路，如图 5-53 所示。保护装置接线方式为两相式接线。已知 WL_2 的最大负荷电流为 57 A，TA_1 的变比为 150:5，TA_2 的变比为 100:5，继电器均为 DL-11/10 型电流继电器。已知 KA_1 已整定，其动作电流为 10 A，动作时间为 1 s。$k-1$ 点的三相短路电流为 500 A，$k-2$ 点的短路电流为 200 A。试整定保护装置 KA_2 的动作电流和动作时间，并检验其灵敏度。

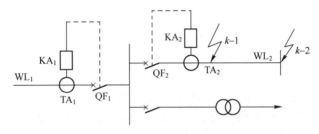

图 5-53 计算题图

2. 某厂 10 kV 供电线路设有瞬时动作的速断保护装置（两相差式接线）和定时限的过电流保护装置（两相和式接线），每一种保护装置回路中都设有信号继电器以区别断路器跳闸原因。已知数据：线路最大负荷电流为 180 A，电流互感器变比为 200:5，在线路首端短路时的三相短路电流有效值为 2300 A，线路末端短路时的三相短路电流有效值为 1000 A，下一级过电流保护装置动作时限为 1.5 s，试画出原理接线图，并对保护装置进行整定计算。

项目 6

供配电系统二次回路和自动装置

⬇

学习目标

1) 了解供配电系统二次回路的基本概念及其操作电源。
2) 了解高压断路器控制和信号回路、电测量仪表和绝缘监视装置。
3) 掌握备用电源自动投入装置及自动重合闸装置的工作原理。
4) 了解供配电系统的自动化功能和作用。

项目概述

供配电系统有多种功能的二次回路和不同应用的二次回路，为此介绍了供配电系统的二次接线及二次接线图，并分析了二次回路的作用；其次分析了二次回路中断路器的控制回路和信号回路，并介绍了二次回路中的测量仪表；然后讲述了提高供电可靠性的自动重合闸（ARD）装置和备用电源自动投入装置（APD）；随着全微机化的新型二次设备替代机电式的二次设备，或用不同的模块化软件实现机电式二次设备的各种功能，有必要了解供配电系统的自动化相关知识。

本项目主要有 4 个工作任务：

1) 供配电系统二次回路及其操作电源。
2) 高压断路器控制回路信号系统及测量系统。
3) 自动重合闸装置及备用电源自动投入装置。
4) 供配电系统的自动化。

任务 6.1　供配电系统二次回路及其操作电源

任务要点

1) 了解供电系统二次回路的基本概念和二次回路图的分类。
2) 掌握二次回路图的绘制方法，并能够识读二次回路图。
3) 了解供电系统二次回路的操作电源分类及其应用场合。
4) 形成科学严谨的态度及归纳分析的能力，发扬精益求精的工匠精神。

相关知识

6.1.1　二次回路的基本概念和二次回路图

二次回路是指用来控制、指示、监测和保护一次电路运行的电路，又称二次系统。按功能，二次回路可分为断路器控制回路、信号回路、保护回路等，为保证二次回路的用电，还有相应的操作电源回路等。供电系统的二次回路功能示意图如图6-1所示。

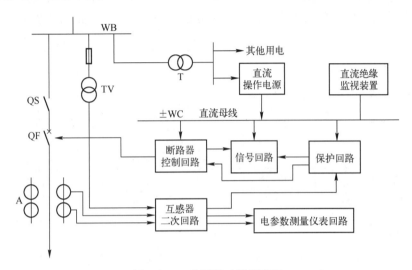

图6-1　二次回路功能示意图

在图6-1中，断路器控制回路的主要功能是对断路器进行通、断操作，当线路发生短路故障时，互感器二次回路有较大的电流，相应继电保护的电流继电器动作，保护回路做出相应的动作，一方面保护回路中的出口（中间）继电器接通断路器控制回路中的跳闸回路，使断路器跳闸，断路器的辅助触点启动信号回路发出声响和灯光信号；另一方面保护回路中相应的故障动作回路的信号继电器向信号回路发出信号，如光字牌、信号吊牌等。

操作电源主要是向二次回路提供所需的电源。电压、电流互感器还向监测、电能计量回路提供主回路的电流和电压参数。

1. 二次回路图的分类

二次回路的接线图按用途可分为原理接线图、展开接线图和安装接线图。

（1）原理接线图

原理接线图用来表示继电保护、监视测量和自动装置等二次设备或系统的工作原理，它以元器件的整体形式表示各二次设备间的电气连接关系。通常在二次回路的接线原理图上还将相应的一次设备画出，构成整个回路，便于了解各设备间的相互工作关系和工作原理。图6-2a是6~10 kV线路的测量回路接线原理图。

从图中可以看出，原理图概括地反映了过电流保护装置、测量仪表的接线原理及相互关系，但不注明设备内部接线和具体的外部接线，对于复杂的回路难以分析和找出问题。因而仅有原理图还不能对二次回路进行检查维修和安装配线。

（2）展开接线图

展开接线图按二次接线使用的电源分别画出各自的交流电流回路、交流电压回路、操作电源回路中各元器件的线圈和触点。所以，属于同一个设备或元器件的电流线圈、电压线圈、控制触点应分别画在不同的回路里。为了避免混淆，对同一设备的不同线圈和触点应用相同的文字标号，但各支路需要标上不同的数字回路标号，如图6-2b所示。

二次接线展开图中所有开关电器和继电器触头都是按开关断开时的位置和继电器线圈中无电流时的状态绘制的。由图6-2b可见，展开图接线清晰，回路次序明显，易于阅读，便于了解整套装置的动作程序和工作原理，对于复杂线路的工作原理的分析更为方便。

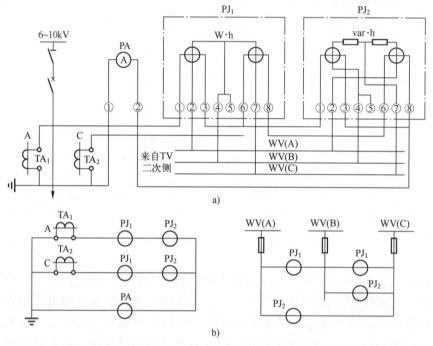

图6-2　6~10kV高压线路电气测量仪表原理接线图和展开接线图

a）原理接线图　b）展开接线图

TA_1、TA_2—电流互感器　TV—电压互感器　PA—电流表

PJ_1—三相有功电度表　PJ_2—三相无功电度表　WV—电压小母线

（3）安装接线图

安装接线图是进行现场施工不可缺少的图纸，是制作和向厂家加工订货的依据。它反映的是二次回路中各电气元器件的安装位置、内部接线及元器件间的线路关系。

二次接线安装图包括屏面元器件布置图、屏背面接线图和端子板接线图等几个部分。屏面元器件布置图是按照一定的比例尺寸将屏面上各个元器件和仪表的排列位置及其相互间距离尺寸表示在图样上。而外形尺寸应尽量参照国家标准屏柜尺寸，以便和其他控制屏并列时美观整齐。

2. 二次回路接线图的基本绘制方法

（1）二次设备的表示方法

二次设备是从属于某一次设备或电路的，而一次设备或电路又从属于某一成套装置，所有二次设备都必须按规定标明其项目代号。项目代号是指接线图上用图形符号所表示的元器件、部件、组件、功能单元、设备、系统等，例如电阻器、继电器、发电机、放大器、电源装置、开关设备等。

一个完整的项目代号包括4个代号段，见表6-1。

表6-1　项目代号的构成

段　别	名　称	前级符号	示　例
第一段	高层代号	=	=S1
第二段	位置代号	+	+3
第三段	种类代号	-	-K1
第四段	端子代号	:	:2

1）高层代号：指系统或设备中较高层次的项目，用前缀"="加字母代码和数字表示，如"=S1"表示较高层次的装置S。

2）位置代号：按规定，位置代号以项目的实际位置（如区、室等）编号表示，用前缀"+"加数字或字母表示，可以由多项组成，如+3+A+5，表示3号室内A列第5号屏。

3）种类代号：一个电气装置一般由多种类型的元器件组成，如继电器、熔断器、端板等，为明确识别这些元器件（项目）所属种类，设置了种类代号，用前缀"-"加种类代号和数字表示，如"-K1"表示顺序编号为1的继电器。常用种类代号见表6-2。

表6-2　常用种类代号表

项目种类	字母代码（单字母）	项目种类	字母代码（单字母）
开关柜	A	测量设备（仪表）	P
电容器	C	开关器件	Q
保护器件 如避雷器、熔断器等	F	电阻	R
		变压器、互感器	T
指示灯	H	导线、电线、母线	W
继电器 接触器	K	端子、接线栓、插头等	X
电动机	M	电烙铁（线圈）	Y

4）端子代号：用来识别电器、器件连接端子的代号。用前缀"："加端子代号字母和端子数字编号，如"-Q1：2"表示开关（隔离）Q1的第2端子，"X1：2"则表示端子排X1的第2个端子。

（2）接线端子的表示方法

对于在屏内与屏外二次回路设备的连接或屏内不同安装单位设备之间以及屏内与屏顶设备之间的连接，都是通过端子排来连接的。若干个接线端子组合在一起构成端子排，端子排通常垂直布置在屏后两侧。

端子按用途有以下几种。

1）一般端子：适用于屏内、外导线或电缆的连接，如图6-3a所示。

2）连接端子：与一般端子的外形基本一样，不同的是连接端子中间有一缺口，通过缺口可以将相邻的连接端子或一般端子用连接片连为一体，提供较多的接点供接线使用，如图 6-3b 所示。

3）试验端子：用于需要接入试验仪器的电流回路中。通过它来校验电流回路中仪表和继电器的准确度，其外形图和接线图如图 6-3c 和图 6-3d 所示。

4）其他端子：如连接型试验端、终端端子、标准端子、特殊端子等。

在接线图中，端子排中各种形式端子板的符号标志如图 6-4 所示。端子排的项目代号为 x，端子前缀符号为"："。

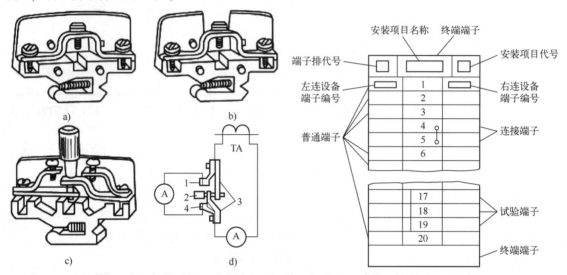

图 6-3　端子外形图

a）一般端子　b）连接端子　c）试验端子　d）试验端子接线图

图 6-4　端子排中各种形式端子板的符号标志

（3）连接导线的表示方法

接线图上端子之间的连接导线有以下两种表示方法。

1）连续线表示法：表示两端子之间连接导线的线条是连续的，如图 6-5a 所示。

2）中断线表示法：表示两端子之间连接导线的线条是中断的。在线条中断处必须标明导线的去向，即在接线端子出线处标明对方端子的项目代号，这种标号方法称为"相对标号法"或"对面标号法"，如图 6-5b 所示。

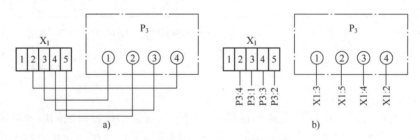

图 6-5　连接导线的表示方法

a）连续线表示法　b）中断线表示法

（4）二次回路图示例

图 6-6 是高压配电线路的二次回路展开式原理电路图，图 6-7 是用中断线表示法来表示连接导线的高压配电线路二次回路接线图。

3. 二次回路图的阅读方法

二次回路图在绘制时遵循着一定的规律，看图时首先应清楚电路图的工作原理、功能以及图纸上所标符号代表的设备名称，然后再看图纸。

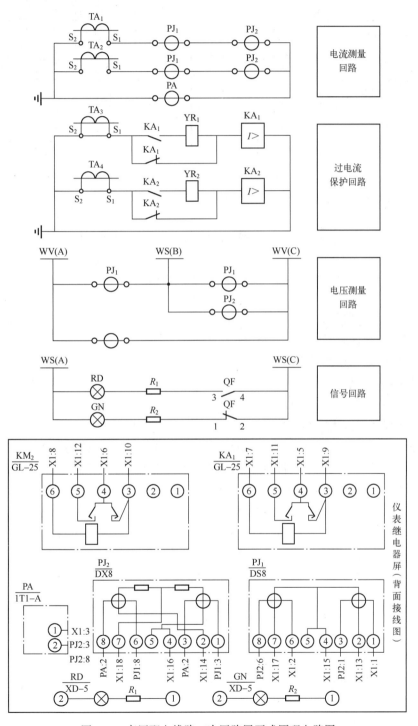

图 6-6　高压配电线路二次回路展开式原理电路图

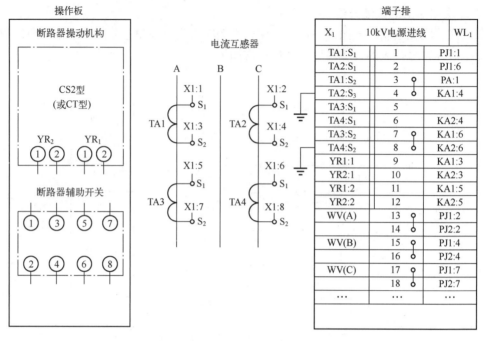

图 6-7　高压配电线路二次回路接线图

（1）看图的基本要领。

1）先交流，后直流。

2）交流看电源，直流找线圈。

3）查找继电器的线圈和相应触点，分析其逻辑关系。

4）先上后下，先左后右，针对端子排图和屏后安装图看图。

（2）阅读展开图基本要领

1）直流母线或交流电压母线用粗线条表示，以区别于其他回路的联络线。

2）继电器和每一个小的逻辑回路的作用都在展开图的右侧注明。

3）展开图中各元器件用国家统一的标准图形符号和文字符号表示，继电器和各种电气元器件的文字符号与相应原理图中的符号应一致。

4）继电器的触点和电气元器件之间的连接线段都有数字编号（回路编号），便于了解该回路的用途和性质，以及根据标号能进行正确连接，以便安装、施工、运行和检修。

5）同一个继电器的文字符号与其本身触点的文字符号相同。

6）各种小母线和辅助小母线都有标号，便于了解该回路的性质。

7）对于展开图中个别继电器，或该继电器的触点在另一张图中表示，或在其他安装单位中有表示，都在图上说明去向，并用虚线将其框起来，对任何引进触点或回路也要说明来处。

8）直流回路正极按奇数顺序标号，负极按偶数顺序标号。回路经过元器件时其标号也随之改变。

9）常用的回路都是固定标号，如断路器的跳闸回路是33，合闸回路是3等。

10）交流回路的标号除用三位数外，前面加注文字符号，交流电流回路使用的数字范围是400～599，电压回路为600～799，其中个位数字表示不同的回路，十位数字表示互感器的组数。回路使用的标号组要与互感器文字符号前的"数字序号"相对应。

4. 二次回路的安装接线要求

二次回路接线图是用来表示成套装置或者设备中各个元器件之间连接关系的图。供电系统二次回路的接线图主要用来对二次回路进行安装接线、线路检查、线路维修等。在实际使用中，接线图常常要和电路图、位置图一起配合使用。有时接线图也和接线表配合使用。绘制接线图必须遵照国际标准《电气技术用文件的编制 第5部分：索引》（GB/T 6988.5—2006）的有关规定，其图形符号应符合国际标准《电气简图用图形符号 第1部分：一般要求》（GB/T 4728.1—2018）的有关规定，其文字符号包括项目代号应符合国际标准《工业系统、装置与设备以及工业产品结构原则与参照代号 第1部分：基本规则》（GB/T 5094.1—2018）的有关规定。

（1）二次回路的接线应符合下列要求。

1）按图施工，接线正确。

2）导线与电气元器件间采用螺栓连接、插接、焊接或压接等，均应牢固可靠。

3）盘、柜内的导线不应有接头，导线芯线应无损伤。

4）电缆芯线和所配导线的端部均应标明其回路编号，编号应正确、字迹清晰不易脱色。

5）配线应整齐、清晰、美观，导线绝缘应良好，无损伤。

6）每个接线端子的每侧接线宜为1根，不得超过2根，有更多导线连接时可采用连接端子；对于插接式端子，不同截面的两根导线不得接在同一端子上；对于螺栓连接端子，当接两根导线时，中间应加平垫片。

7）二次回路接地应设专用螺栓。

8）盘、柜内的二次回路配线：电流回路应采用电压不低于500 V的铜芯绝缘导线，其截面不应少于2.5 mm²；其他回路配线不应小于1.5 mm²；对电子元器件回路、弱电回路采用锡焊连接时，在满足载流量和电压降及有足够机械强度的情况下，可采用不小于0.5 mm²截面的绝缘导线。

（2）用于连接门上的电器、控制台板等可动部位的导线还应符合下列要求。

1）应采用多股软导线，敷设长度应留有适当裕度。

2）线束应用外套塑料管（槽）等加强绝缘层。

3）与电器连接时，端部应绞紧，并应加终端附件或搪锡，不得松散、断股。

4）在可动部位两端应用卡子固定。

（3）引入盘、柜内的电缆及其芯线应符合下列要求。

1）引入盘、柜的电缆应排列整齐、编号清晰、避免交叉，并应固定牢固，不得使所接的端子排受到机械应力。

2）铠装电缆在进入盘、柜后，应将钢带切断，切断处的端部应扎紧，并应将钢带接地。

3）用于静态保护、控制等逻辑回路的控制电缆，应采用屏蔽电缆，其屏蔽层应按设计要求的接地方式予以接地。

4）橡胶绝缘的芯线应用外套绝缘管保护。

5）盘、柜内的电缆芯线，应按垂直或水平有规律地配置，不得任意歪斜交叉连接。备用芯长度应留有适当余量。

6）强、弱电回路不应使用同一电缆，并应分别成束分开排列。

6.1.2　操作电源

二次回路的操作电源主要有直流和交流两大类。直流操作电源主要有蓄电池和硅整流直流操作电源两种。对采用交流操作的断路器应采用交流操作电源，对应的所有二次回路如保护回路继电器、信号回路设备、控制设备等均采用交流形式。

1. 直流操作电源

（1）蓄电池组供电的直流操作电源

在一些大中型变电所中，可采用蓄电池组作为直流操作电源。蓄电池主要有铅酸蓄电池和镉镍蓄电池两种。

由于铅酸蓄电池具有一定危险性和污染性，投资大，需要专门的蓄电池室放置，因此，在工厂变配电所中现已不予采用。

镉镍蓄电池由正极板、负极板、电解液组成。正极板为氢氧化镍（Ni（OH）$_3$）或三氧化镍（Ni$_2$O$_3$），负极板为镉（Cd），电解液为氢氧化钾（KOH）或氢氧化钠（NaOH）等碱溶液。

单个镉镍蓄电池的端电压额定值为 1.2 V，充电后可达 1.75 V，其充电可采用浮充电及强充电硅整流设备进行充电。镉镍蓄电池的特点是不受供配电系统影响、工作可靠、腐蚀性小、大电流放电性能好、比功率大、强度高、寿命长，其在工厂变配电所（大中型）中应用普遍。

（2）硅整流直流操作电源

硅整流直流操作电源在工厂变配电所应用较广，按断路器的操动机构要求有电容储能（电磁操动）和电动机储能（弹簧操动）等类型。本节将重点介绍硅整流电容储能直流操作电源。图 6-8 为硅整流电容储能式直流系统原理图。

硅整流器的电源来自所用变低压母线，一般设一路电源进线，但为了保证直流操作电源的可靠性，可以采用两路电源和两台硅整流装置。硅整流 U_1 主要用作断路器合闸电源，并可向控制、保护、信号等回路供电，其容量较大。硅整流 U_2 仅向操作母线供电，容量较小。两组硅整流器之间用电阻 R 和二极管 VT$_3$ 隔开，VT$_3$ 起到逆止阀的作用，它只允许从合闸母线向控制母线供电而不能反向供电，以防止在断路器合闸或合闸母线侧发生短路时，引起控制母线的电压严重降低，影响控制和保护回路供电的可靠性。电阻 R 用于限制在控制母线侧发生短路时流过硅整流 U_1 的电流，起保护 VT$_3$ 的作用。在硅整流 U_1 和 U_2 前，也可以用整流变压器（图中未画）实现电压调节。整流电路一般采用三相桥式整流电路。

在直流母线上还接有绝缘监测装置和闪光装置，绝缘监测装置采用电桥结构，用以监测正负母线或直流回路对地绝缘电阻，当某一母线对地绝缘电阻降低时，电桥不平衡，监测继电器中有足够的电流流过，继电器动作发出信号。闪光装置主要提供灯光闪光电源。

直流操作电源的母线上，引出若干条线路，分别向各回路供电，如合闸回路、信号回路、保护回路等。在保护供电回路中，C_1、C_2 为储能电容器组，电容器所储存的电能仅在事故情况下，用作继电保护回路和跳闸回路的操作电源。逆止元器件 VT$_1$、VT$_2$ 主要作用是

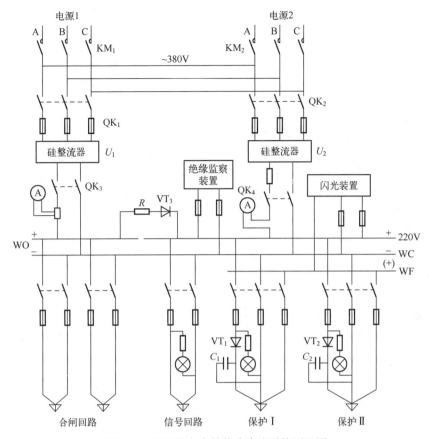

图 6-8 硅整流电容储能式直流系统原理图

C_1、C_2—储能电容器　WC—控制小母线　WF—闪光信号小母线　WO—合闸小母线

在事故情况下，交流电源电压降低引起操作母线电压降低时，禁止向操作母线供电，而只向保护回路放电。

在变电所中，控制、保护、信号系统设备都安装在各自的控制柜中，为了方便使用操作电源，一般在屏顶设置（并排放置）操作电源小母线。屏顶小母线的电源由直流母线上的各回路提供。

2. 交流操作电源

交流操作电源比硅整流电源简单，它不需要设置直流回路，但只适用于直动式继电器和采用交流操作的断路器。

交流操作电源可由两种途径获得：一是取自所用电变压器；二是当保护、控制、信号回路的容量不大时，可取自电流互感器、电压互感器的二次侧。

交流操作电源的优点是：接线简单，投资低廉，维修方便。缺点是：交流继电器性能没有直流继电器完善，不能构成复杂的保护。因此，交流操作电源在小型工厂变配电所中应用较广，而对保护要求较高的大、中型变配电所宜采用直流操作电源。

实践内容

分析图 6-8 所示硅整流电容储能式直流系统的工作原理。

☁ **知识拓展**

1）了解复式整流的直流操作电源。

2）查阅国家电网有限公司变电二次安装"1+X"等级证书相关知识内容。

☞ **总结与思考**

1）什么是二次回路？它包括哪几部分？

2）二次回路图分为几种？如何识读二次回路图？

3）什么是二次回路的操作电源？常用的交直流操作电源有哪些？各有何主要特点？

任务6.2 高压断路器控制回路信号系统及测量系统

⚙ **任务要点**

1）熟悉高压断路器的控制和信号回路主要要求。

2）掌握采用不同操作机构断路器的控制回路。

3）了解变配电装置中测量仪表的配置。

4）掌握绝缘监视的构成原理。

5）形成科学严谨的态度及归纳分析的能力，发扬吃苦耐劳、耐心钻研的职业精神。

◎ **相关知识**

6.2.1 高压断路控制信号回路要求

高压断路器控制（操纵）回路，就是控制（操纵）高压断路器分、合闸的回路。电磁操动机构只能采用直流操作电源，弹簧储能操动机构和手力操动机构可交直流两用，但一般采用交流操作电源。

信号回路是用来指示一次电路运行状态的二次回路。信号按用途分，有断路器位置信号、事故信号和预告信号等。

断路器位置信号用来显示断路器正常工作的位置状态。红灯亮，表示断路器处于合闸通电状态；绿灯亮，表示断路器处于分闸断电状态。事故信号用来显示断路器在事故情况下的工作状态。红灯闪光，表示断路器自动合闸通电；绿灯闪光，表示断路器自动跳闸断电。此外，事故信号还有事故音响信号和光字牌等。预告信号是在一次电路出现不正常状态或发现故障苗头时发出报警信号。例如电力变压器过负荷或者油浸式变压器轻瓦斯（气体）动作时，就发出区别于上述事故音响信号的另一种预告音响信号，同时光字牌亮，指示出故障性质和地点，以便值班员及时处理。

对高压断路器的控制和信号回路有下列主要要求。

1）应能监视控制回路保护装置（熔断器）及其分、合闸回路的完好性，以保证断路器的正常工作，通常采用灯光监视的方式。

2）分、合闸操作完成后，应能使命令脉冲解除，即能断开分、合闸的电源。

3）应能指示断路器正常分、合闸的位置状态，并在自动合闸和自动跳闸时有明显的指示信号。如前所述，通常用红、绿灯的平光来指示断路器的合闸和分闸的正常位置，而用红、绿灯的闪光来指示断路器的自动合闸和跳闸。

4）断路器的事故跳闸回路，应按"不对应原理"接线。当断路器采用手动操动机构时，利用手动操动机构的辅助触头与断路器的辅助触头构成"不对应"关系，即操动机构（手柄）在合闸位置而断路器已跳闸时，发出事故跳闸信号。当断路器采用电磁操动机构或弹簧操动机构时，则利用控制开关的触头与断路器的辅助触头构成"不对应"关系，即控制开关（手柄）在合闸位置而断路器已跳闸时，发出事故跳闸信号。

5）对有可能出现不正常工作状态或故障的设备，应装设预告信号。预告信号应能使控制室或值班室的中央信号装置发出音响和灯光信号，并能指示故障地点和性质。通常用电铃作为预告音响信号，用电笛作为事故音响信号。

6.2.2 高压断路控制回路信号系统分析

1. 手动操作的断路器控制和信号回路

采用手动操作机构的断路器控制及其信号回路原理图如图6-9所示。

合闸时，推上操作机构手柄使断路器合闸。这时断路器的辅助触点QF3-4闭合，红灯RD亮，指示断路器已经合闸。由于有限流电阻R_2，跳闸线圈YR虽有电流通过，但电流很小，不会动作。红灯RD亮，表明跳闸线圈YR回路及控制回路的熔断器FU_1和FU_2是完好的，即红灯RD同时起着监视跳闸回路完好性的作用。

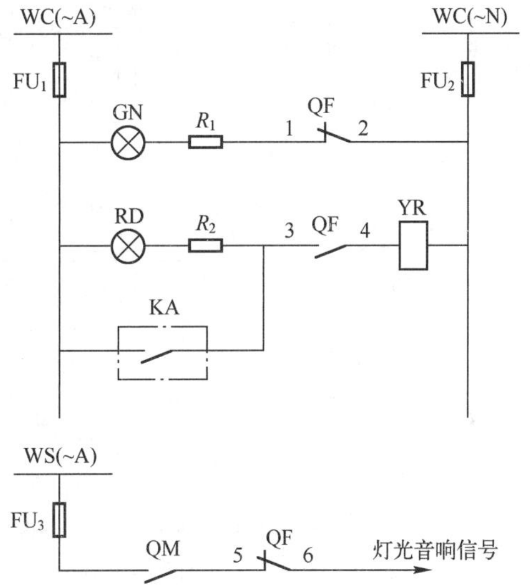

分闸时，扳下操作机构手柄使断路器分闸。断路器的辅助触点QF3-4断开，切断跳闸回路，同时辅助触点QF1-2闭合，绿灯GN亮，指示断路器已经分闸。绿灯GN亮，表明控制回路的熔断器FU_1和FU_2是完好的，即绿灯GN同时起着监视控制回路完好性的作用。

在断路器正常操作分、合闸时，由于操作机构辅助触点QM与断路器

图6-9 采用手动操作机构的断路器控制及其信号回路原理图

WC—控制小母线　WS—信号小母线　$FU_1 \sim FU_3$—熔断器
GN—绿色信号灯　RD—红色信号灯　R_1、R_2—限流电阻
YR—跳闸线圈（脱扣器）　KA—继电保护装置出口继电器触点
QF1~6—断路器辅助触点　QM—手动操作机构CS2的辅助触点

辅助触点QF5-6都是同时切换的，总是一开一合，所以事故信号回路总是不通的，因而不会错误地发出事故信号。

当一次电路发生短路故障时，继电保护装置动作，其出口继电器触点KA闭合，接通跳闸线圈YR的回路，使断路器跳闸。随后QF3-4断开，使红灯RD灭，并切断YR的跳闸电源。与此同时，QF1-2闭合，使绿灯GN亮。这时操作机构的操作手柄虽然仍在合闸位置，但其黄色指示牌掉落，表示断路器自动跳闸。同时事故信号回路接通，发出音响和灯光信号。事故信号回路是按"不对应原理"接线的——由于操作机构仍在合闸位置，其辅助触

点 QM 闭合，而断路器已经事故跳闸，其辅助触点 QF5-6 也返回闭合，因此事故信号回路接通。当值班员得知事故跳闸信号后，可将操作手柄扳下至跳闸位置，这时黄色指示牌随之返回，事故信号也随之消除。

控制回路中分别与指示灯 GN 和 RD 串联的电阻 R_1 和 R_2，除了具有限流作用外，还有防止指示灯灯座短路时造成控制回路短路或断路器误跳闸的作用。

2. 电磁操作机构的断路器控制和信号回路

采用电磁操作机构的断路器控制及其信号回路原理图如图 6-10 所示，其操作电源采用的硅整流电容储能式直流系统如图 6-8 所示。该控制回路采用双向自复式并具有保持触点的 LW5 型万能转换开关，其手柄正常时为垂直位置（0°）。顺时针扳转 45°为合闸（ON）操作，手松开即自动返回，保持合闸状态；逆时针扳转 45°为分闸（OFF）操作，手松开也自动返回，保持分闸状态。图中虚线上打黑点（·）的触点，表示在此位置触点接通；而在虚线上标出的箭头（→），则表示控制开关手柄自动返回的方向。

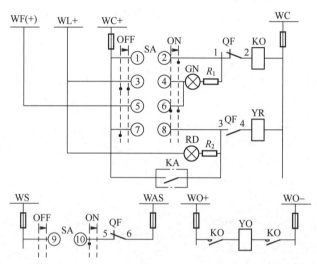

图 6-10　采用电磁操作机构的断路器控制及其信号回路原理图

WC—控制小母线　WL—灯光指示小母线　WF—闪光信号小母线　WS—信号小母线

WAS—事故音响信号小母线　WO—合闸小母线　SA—控制开关　KO—合闸接触器

YO—电磁合闸线圈　YR—跳闸线圈　KA—出口继电器触点　QF1~6—断路器 QF 的辅助触点

GN—绿色信号灯　RD—红色信号灯　ON—合闸操作方向　OFF—分闸操作方向

合闸时，将控制开关 SA 手柄顺时针扳转 45°，这时其触点 SA1-2 接通，合闸接触器 KO 通电（其中 QF1-2 原已闭合），其主触点闭合，使电磁合闸线圈 YO 通电，断路器合闸。合闸完成后，控制开关 SA 自动返回，其触点 SA1-2 断开，断路器辅助触点 QF1-2 也断开，绿灯 GN 灭，并切断合闸电源；同时 QF3-4 闭合，红灯 RD 亮，指示断路器在合闸位置，并监视跳闸线圈 YR 回路的完好性。

分闸时，将控制开关 SA 手柄逆时针扳转 45°，这时其触点 SA7-8 接通，跳闸线圈 YR 通电（其中 QF3-4 原已闭合），使断路器跳闸。跳闸完成后，控制开关 SA 自动返回，其触点 SA7-8 断开，断路器辅助触点 QF3-4 也断开，红灯 RD 灭，并切断跳闸回路；同时触点 SA3-4 闭合，QF1-2 也闭合，绿灯 GN 亮，指示断路器在分闸后位置，并监视合闸接触器

KO 回路的完好性。

由于红绿指示灯兼起监视分、合闸回路完好性的作用，长期投入工作，耗电较多。为了减少储能电容器能量的过多消耗，因此这种回路设有灯光指示小母线 WL+，专用来接入红绿指示灯。储能电容器的能量只用来供电给控制小母线 WC。

当一次电路发生短路故障时，继电保护装置动作，其出口继电器触点 KA 闭合，接通跳闸线圈 YR 回路（其中 QF3-4 原已闭合），使断路器跳闸。随后 QF3-4 断开，红灯 RD 灭，并切断跳闸电源；同时 QF1-2 闭合，SA 在合闸后位置，其触点 SA5-6 闭合，从而接通闪光电源小母线 WF+，使绿灯 GN 闪光，表示断路器已自动跳闸。由于断路器自动跳闸，SA 仍在合闸后位置，其触点 SA9-10 闭合，而断路器已跳闸，其触点 QF5-6 返回闭合，因此事故音响信号回路接通，在绿灯 GN 闪光的同时，并发出事故跳闸的音响信号。当值班人员得知事故跳闸信号后，可将控制开关 SA 的手柄扳向分闸位置（逆时针旋 45° 后松开让它返回），使 SA 的触点与 QF 的辅助触点恢复对应关系，这时全部事故信号立即解除。

3. 弹簧操动机构的断路器控制回路

弹簧储能操动机构是一种比较新型的操动机构。它利用预先储能的合闸弹簧释放能量，使断路器合闸。合闸弹簧由电动机带动（也可手动储能），多为交直流两用电动机，且功率很小（10 kV 及以下断路器用的只有几百瓦），弹簧操动机构的出现，为变电所采用交流电动操作创造了条件。

CT19 弹簧操动机构可供操动各类 ZN28 型开断电流为 20 kA、31.5kA、40 kA 的高压真空断路器之用。操动机构主要由 4 个单元组成：驱动单元、储能单元、脱扣器单元和电气控制单元。CT19 弹簧操动机构的断路器控制回路原理图如同 6-11 所示。

当机构处于未储能状态时，机构的行程开关 SQ 常闭触点接通，这时一旦组合开关 QS 闭合，中间继电器 KA 线圈接通，KA 的常开触点闭合，电动机与电源接通，合闸弹簧开始储能，储能完成以后，行程开关 SQ 常闭触点打开，切断中间继电器 KA 的线圈从而切断了电动机电源，使电动

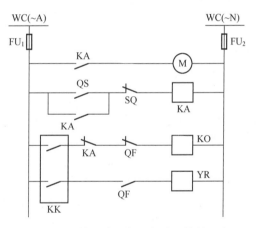

图 6-11　CT19 弹簧操动机构的断路器控制回路原理图
M—机构的储能弹簧　YR—机构的由独立电源供电的分闸电磁铁
KA—中间继电器　QF—断路器的辅助触点　KK—控制开关
SQ—机构的行程开关　QS—组合开关　KO—机构的合闸电磁铁线圈

机停转，行程开关还装有一对常开触点，可供储能信号指示用（图中未画出）。

合闸弹簧储能结束后，中间继电器 KA 的常闭触点接通，这时如果机构处于分闸位置，只要控制开关 KK 投向合的位置，合闸电磁铁线圈 KO 通电，机构进行合闸操作。而在合闸弹簧储能的过程中，中间继电器 KA 的常闭触点是打开的，这时即使控制开关 KK 投向合的位置，合闸电磁铁线圈 KO 也不能通电，以避免误操作。机构的辅助开关的另一组常开触点可供合闸信号指示用。

机构合闸后，QF 的常开触点闭合，这时如果控制开关 KK 投向分的位置，分闸电磁铁

线圈 YR 通电，机构进行分闸操作。分闸完成后，辅助常开触点打开，切断分闸电磁铁线圈电源。机构的辅助开关的另一组常闭触点可供分闸信号指示用。

6.2.3 信号电路

在变电所运行的各种电气设备，随时都可能发生不正常的工作状态。在变电所装设的中央信号装置，主要用来示警和显示电气设备的工作状态，以便运行人员及时了解，采取措施。

中央信号装置按形式分为灯光信号和音响信号。灯光信号表明不正常工作状态的性质和地点，而音响信号在于引起运行人员的注意。灯光信号通过装设在各控制屏上的信号灯和光字牌，表明各种电气设备的情况；音响信号则通过蜂鸣器和警铃的声响来实现，设置在控制室内。由全所共用的音响信号，称为中央音响信号装置。

中央信号装置按用途分为事故信号、预告信号和位置信号。

1) 事故信号表示供电系统在运行中发生了某种故障而使继电保护动作。如高压断路器因线路发生短路而自动跳闸后给出的信号即为事故信号。

2) 预告信号表示供电系统运行中发生了某种异常情况，但并不要求系统中断运行，只要求给出指示信号，通知值班人员及时处理即可。如变压器保护装置发出的变压器过负荷信号即为预告信号。

3) 位置信号用以指示电气设备的工作状态，如断路器的合闸指示灯、跳闸指示灯均为位置信号。

6.2.4 测量和绝缘监测监视回路

1. 测量仪表配置

在电力系统和工厂供配电系统中，进行电气测量的目的有 3 个：一是计费测量，主要是计量用电单位的用电量，如有功电度表、无功电度表；二是对供电系统中运行状态、技术经济分析所进行的测量，如电压、电流、有功、无功及有功电能、无功电能测量等，这些参数通常都需要定时记录；三是对交、直流系统的安全状况如绝缘电阻、三相电压是否平衡等进行监测。由于目的不同，对测量仪表的要求也不一样。计量仪表要求准确度要高，其他测量仪表的准确度要求要低一些。

(1) 变配电装置中测量仪表的配置

1) 在工厂供配电系统每一条电源进线上，必须装设计费用的有功电度表和无功电度表及反映电流大小的电流表。通常采用标准计量柜，计量柜内有专用电流、电压互感器。

2) 在变配电所的每一段母线（3~10 kV）上，必须装设电压表 4 只，其中一只测量线电压，其他三只测量相电压。中性点非直接接地的系统中，各段母线上还应装设绝缘监视装置，绝缘监视装置所用的电压互感器与避雷器放在一个柜内（简称 PT 柜）。

3) 35/6~10 kV 变压器应在高压侧或低压侧装设电流表、有功功率表、无功功率表、有功电度表和无功电度表各一只，6~10 kV/0.4 kV 的配电变压器，应在高压侧或低压侧装设一只电流表和一只有功电度表，如为单独经济核算的单位，变压器还应装设一只无功电度表。

4）3~10 kV 配电线路，应装设电流表、有功电度表及无功电度表各一只，如不是单独经济核算单位，则无功电度表可不装设。当线路负荷为 5000 kV·A 及以上时，还应装设一只有功功率表。

5）低压动力线路上应装一只电流表。照明和动力混合供电的线路上照明负荷占总负荷 15%~20% 以上时，应在每相上装一只电流表。如需电能计量，一般应装设一只三相四线有功电度表。

6）并联电容器总回路上，每相应装设一只电流表，并装设一只无功电度表。

（2）仪表的准确度要求

1）交流电流、电压表、功率表可选用 1.5~2.5 级；直流电路中电流、电压表可选用 1.5 级；频率表 0.5 级。

2）电度表及互感器准确度配置见表 6-3。

表 6-3 电度表及互感器准确度配置

测量要求	互感器准确度	电度表准确度	配置说明
计费计量	0.2 级	0.5 级有功电度表 0.5 级专用电能计量仪表	月平均电量在 10^6 kW·h 及以上
	0.5 级	1.0 级有功电度表 1.0 级专用电能计量仪表 2.0 级无功电度表	① 月平均电量在 10^6 kW·h 以下 ② 315 kV·A 以上变压器高压侧计量
计费计量 及一般计量	1.0 级	2.0 级有功电度表 3.0 级无功电度表	① 315 kV·A 以下变压器低压侧计量点 ② 75 kW 及以上电动机电能计量 ③ 企业内部技术经济考核（不计费）
一般测量	1.0 级	1.5 级和 0.5 级测量仪表	
	3.0 级	2.5 级测量仪表	非重要回路

3）仪表的测量范围和电流互感器电流比的选择，宜满足当电力装置回路以额定值运行时，仪表的指示在标度尺的 2/3 处。对有可能过负荷的电力装置回路，仪表的测量范围宜留有适当的过负荷裕度。对重载起动的电动机和运行中有可能出现短时冲击电流的电力装置回路，宜采用具有过负荷标度尺的电流表。对有可能双向运行的电力装置回路，应采用具有双向标度尺的仪表。

2. 绝缘监视装置

绝缘监视装置用于小接地电流的系统中，以便及时发现单相接地故障，设法处理，以免故障发展为两相接地短路，造成停电事故。

绝缘监视装置可采用 3 个单相电压互感器和 3 只电压表接成图 2-18c 所示的电路，也可采用 3 个单相三线圈电压互感器或一个三相五芯柱三线圈电压互感器接成图 2-18d 所示的电路，如图 6-12 所示接线。这类电压互感器二次侧有两组线圈，一组接成星形，在它的引出线上接 3 只电压表，系统正常运行时，反映各个相电压；在系统发生一相接地时，则对应相的电压表指零，而另两只电压表读数升高到线电压。另一组接成开口三角形（也称辅助二次绕组），构成零序电压过滤器，在开口处接一个过电压继电器。系统正常运行时，三相电压对称，开口三角形两端电压接近于零，继电器不动作，在系统发生一相接地时，接地相电压为零，另两个互差 120° 的相电压叠加，则使开口处出现近 100 V 的零序电压，使电压继电器动作，发出报警的灯光和音响信号。

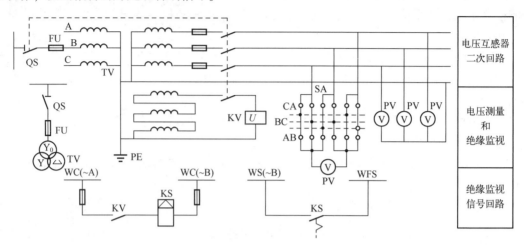

图 6-12 10~35kV 母线的绝缘监察装置及电压测量的原理电路图

TV—电压互感器 QS—高压隔离开关及其辅助触点 SA—电压转换开关 PV—电压表

KV—电压继电器 KS—信号继电器 WC—控制小母线 WS—信号小母线 WFS—预告信号小母线

实践内容

1）通过演示让学生了解高压断路器的操动机构、动作过程。

2）根据故障信号和仪表读数判断故障。

知识拓展

1）中央信号系统的类型。

2）直流绝缘监视系统工作原理。

3）查阅国家电网有限公司变电二次安装"1+X"等级证书相关知识内容。

总结与思考

1）高压断路器的控制和信号回路有哪些主要要求？

2）计费计量中，互感器、仪表的准确度有何要求？

3）二次回路的安装接线应符合哪些要求？

任务6.3 自动重合闸装置及备用电源自动投入装置

任务要点

1）掌握自动重合闸装置的工作原理。

2）掌握备用电源自动投入装置的工作原理。

3）掌握安全操作与文明生产相关知识，提升集体意识和团队合作精神。

相关知识

6.3.1 自动重合闸装置（ARD）

电力系统的运行经验证明：架空线路上的故障大多数是瞬时性短路，如雷电放电、潮湿、鸟类或树枝的跨接等，这些故障虽然引起断路器跳闸，但短路故障后，如雷闪过后、鸟或树枝烧毁后，故障点的绝缘一般能自行恢复。此时若断路器再合闸，便可立即恢复供电，从而提高了供电的可靠性。自动重合闸装置就是利用这一特点运行的，资料表明重合闸成功率约在60%~90%。自动重合闸装置（简称ARD）主要用于架空线路，在电缆线路（电缆为架空线混合的线路除外）中一般不用ARD，因为电缆线路中的大部分跳闸多因电缆、电缆头或中间接头绝缘破坏所致，这些故障一般不是短暂的。

自动重合闸装置按其不同特性有不同的分类方法。按动作方法可分为机械式和电气式，机械式ARD适用于弹簧操作机构的断路器，电气式ARD适用于电磁操作机构的断路器；按重合次数来分可分为一次重合闸、二次或三次重合闸，工厂变电所一般采用一次重合闸。

ARD装置本身所需设备少，投资省，可以减少停电损失，带来很大的经济效益，在工厂供电系统中得到了广泛应用。按照规程规定，电路在1kV以上的架空线路和电缆线路与架空的混合线路，当具有断路器时，一般均应装设自动重合闸装置；对电力变压器和母线，必要时可以装设自动重合闸装置。

1. 对自动重合闸的要求

1）手动或遥控操作断开断路器，及故障时，手动合闸，继电保护动作，断路器跳闸后，自动重合闸不应动作。

2）除上述情况外，当断路器因继电保护动作或其他原因而跳闸时，自动重合闸装置均应动作。

3）自动重合次数应符合预先规定，即使ARD装置中任一元器件发生故障或接点粘接时，也应保证不多次重合。

4）应优先采用由控制开关位置与断路器位置不对应的原则来起动重合闸，同时也允许由保护装置来起动，但此时必须采取措施来保证自动重合闸能可靠动作。

5）自动重合闸在完成动作以后，一般应能自动复归，准备好下一次再动作。有值班人员的10kV以下线路也可采用手动复归。

6）自动重合闸应有可能在重合闸以前或重合闸以后加速继电器保护的动作。

2. 自动重合闸的工作过程

图6-13为电气式ARD的原理电路图。

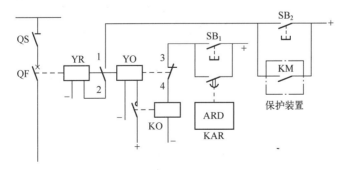

图6-13 电气式ARD的原理电路图

QF—断路器 YR—跳闸线圈 YO—合闸线圈 KO—合闸接触器 KAR—重合闸继电器

KM—保护装置出口继电器触点 SB$_1$—合闸按钮 SB$_2$—跳闸按钮

（1）手动合闸

按下合闸按钮 SB_1，使合闸接触器 KO 通电动作，接通合闸线圈 YO 回路，使断路器合闸。

（2）手动分闸

按下跳闸按钮 SB_2，接通跳闸线圈 YR 回路，使断路器分闸。

（3）自动重合闸

当一次电路发生短路故障时，保护装置动作，其出口继电器触点 KM 闭合，接通跳闸线圈 YR 回路，使断路器 QF 自动跳闸。与此同时，断路器辅助触点 QF3-4 闭合；而且重合闸继电器 KAR 起动，经整定的时限后其延时闭合常开触点闭合，使合闸接触器 KO 通电动作，从而使断路器重合闸。如果一次电路的短路故障是瞬时性的，已经消除，则重合成功。如果短路故障尚未消除，则保护装置又要动作，其出口继电器 KM 触点闭合，又使断路器跳闸。由于一次 ARD 采用了防跳措施（图上未示出），因此不会再次重合闸。

6.3.2 备用电源自动投入装置（APD）

在对供电可靠性要求较高的工厂变配电所中，通常采用两路及以上的电源进线，或互为备用，或一为主电源，另一为备用电源。当主电源线路中发生故障而断电时，需要把备用电源自动投入运行以确保供电可靠，通常采用备用电源自动投入装置（简称 APD）。

1. 对备用电源自动投入装置的要求

1）工作电源不论何种原因消失（故障或误操作），APD 都应动作。

2）应保证在工作电源断开后，备用电源电压正常时，才投入备用电源。

3）备用电源自动投入装置只允许动作一次。

4）电压互感器二次回路断线时，APD 不应误动作。

5）采用 APD 的情况下，应检验备用电源过负荷情况和电动机自起动情况。如过负荷严重或不能保证电动机自起动，应在 APD 动作前自动减负荷。

2. 备用电源自动投入装置的工作过程

图 6-14 为备用电源自动投入装置的原理电路图。

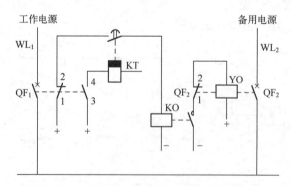

图 6-14　备用电源自动投入装置的原理电路

QF_1—工作电源进线（WL_1）上的断路器　QF_2—备用电源进线（WL_2）上的断路器

KT—时间继电器　KO—合闸接触器　YO—QF_2的合闸线圈

（1）正常工作状态

断路器合闸，电源 WL_1 供电；而断路器 QF_2 断开，电源 WL_2 备用。QF_1 的辅助触点 $QF_1$3-4 闭合，时间继电器 KT 动作，其触点是闭合的，但由于断路器 QF_1 的另一对辅助触点 $QF_1$1-2 处于断开状态，因此合闸接触器 KO 不会通电动作。

（2）备用电源自动投入

当工作电源 WL_1 断电引起失电压保护动作使断路器 QF_1 跳闸时，其辅助触点断开，使时间继电器 KT 断电。在其延时断开触点尚未断开前，由于断路器 QF_1 的辅助触点 $QF_1$1-2 闭合，接通合闸接触器 KO 回路，使之动作，接通断路器 QF_2 的合闸线圈 YO 回路，使 QF_2 合闸，从而使备用电源 WL_2 投入运行，恢复供电。在 KT 的延时断开触点经延时（约 0.5 s）断开时，切断 KO 合闸回路。QF_2 合闸后，其辅助触点 $QF_2$1-2 断开，切断 YO 合闸回路。

实践内容

参观学校变电所，熟悉变电所备用电源的投切过程。

知识拓展

1）了解双路电源的自动互投装置。

2）查阅国家电网有限公司变电二次安装"1+X"等级证书相关知识内容。

总结与思考

1）什么是自动重合闸装置（ARD）？

2）什么是备用电源自动投入装置（APD）？

任务 6.4　供配电系统的自动化

任务要点

1）了解远动系统四遥的含义。

2）熟悉配电自动化系统的主要功能。

3）了解供配电自动化的作用。

掌握安全操作与文明生产相关知识，提升信息技术应用能力。

相关知识

近年来，随着计算机及通信技术的发展，电力系统自动化技术发生了深刻的变化，正逐步地从局部的、单一功能的自动化，向整体系统综合自动化发展。配电自动化（Distribution Automation，DA），是利用现代计算机及通信技术，将配电网的实时运行、电网结构、设备、用户等信息进行集成，构成完整的自动化系统，实现配电网运行监控及管理的自动化、信息化。

在供配电系统中，供配电系统的自动化应用范围目前主要包括如下一些方面：供电系统设计和工程计算；供电系统的生产工程控制、数据处理，如监测、监控、远动等；计算机的继电保护和自动装置。

我们常说的四遥功能由远动系统站控终端（RTU）实现，它包括以下内容。

遥测（遥测信息）：远程测量。采集并传送运行参数，包括各种电气量（线路上的电压、电流、功率等量值）和负荷潮流等。

遥信（遥信信息）：远程信号。采集并传送各种保护和开关量信息。

遥控（遥控信息）：远程控制。接受并执行遥控命令，主要是分合闸，对远程的一些开关控制设备进行远程控制。

遥调（遥调信息）：远程调节。接受并执行遥调命令，对远程的控制量设备进行远程调试，如调节发电机输出功率。

6.4.1　配电自动化系统的主要功能

配电自动化功能可分为两方面：把配电网实时监控、自动故障隔离及恢复供电、自动读表等功能，称为配电网运行自动化；把离线的或实时性不强的设备管理、停电管理、用电管理等功能，称为配电网管理自动化。

1. 配电网运行自动化功能

1）数据采集与监控。称为 SCADA（Supervisory Control and Data Acquisition）功能，是远动四遥（遥测、遥信、遥控、遥调）功能的深化与扩展，使得调度人员能够从主站系统计算机界面上，实时监视配电网设备运行状态，并进行远程操作和调节。SCADA 是配电自动化系统的基础功能。

SCADA 系统为值班人员对配电网进行调度管理，提供人机交互界面。在 SCADA 系统平台上运行各种高级应用软件，即可实现各种配电网运行自动化功能。例如，在 SCADA 平台上运行自动化故障定位、隔离及恢复供电软件模块，可以完成馈线自动化功能。此外，它为配电地理信息系统提供反映配电网运行状态的实时数据。SCADA 系统由主站系统、通信网络以及各种现场监控终端组成，如图 6-15 所示。

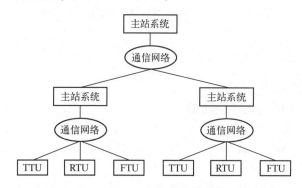

图 6-15　SCADA 系统的结构

TTU—配电变压器监控终端　RTU—站控终端　FTU—线路配电开关监控终端

2）故障自动隔离及恢复供电。国内外中压配电网广泛采用"手拉手"环网供电方式，并利用分段开关将线路分段。在线路发生永久性故障后，配电自动化系统自动定位线路故障点，跳开两端的分段开关，隔离故障区域，恢复非故障线路的供电，以缩小故障停电范围，加快故障抢修速度，减少停电时间，提高供电可靠性。

3）电压及无功管理。配电自动化系统通过高级应用软件对配电网的无功分布进行全局优化，自动调整变压器分接头档位，控制无功补偿设备的投切，以保证供电电压合格、线损最小。由于配电网结构复杂，并且不可能收集到完整的在线及离线数据，实际上很难做到真正意义上的无功分布优化。更多是采用现场自动装置，以某控制点（通常是补偿设备接入点）的电压及功率因数为控制参数，就地调整变压器分接头档位、投切无功补偿电容器。

4）负荷管理。配电自动化系统监视用户电力负荷状况，并利用降压减载、对用户可控负荷周期性投切、事故情况下拉线路限电三种控制方式进行削峰、填谷、错峰，改变系统负荷曲线的形状，以提高电力设备利用率，降低供电成本。

5）自动读表。自动读表是通过通信网络，读取远方用户表的有关数据，对数据进行存储、统计及分析，生成所需报表与曲线，支持分时电价的实施，并加强对用户用电的管理和服务。

2. 配电网管理自动化功能

1）设备管理。配电网包含大量的设备，遍布于整个供电区域，传统的人工管理已不能满足日常管理工作的需要。设备管理功能在地理信息系统平台上，应用自动绘图工具，以地理图形为背景绘出并可分层显示网络接线、用户位置、配电设备及属性数据等。支持设备档案的计算机检索、调阅，并可查询、统计某区域内设备数、负荷、用电量等。

2）检修管理。在设备档案管理的基础上，制定科学的检修计划，对检修工作票、倒闸操作票、检修过程进行计算机管理，提高检修水平与工作效率。

3）停电管理。对故障停电、用户电话投诉以及计划停电处理过程进行计算机管理，能够减少停电范围，缩短停电时间，提高用户服务质量。

4）规划与设计管理。配电自动化系统对配电网规划所需的地理、经济、负荷等数据进行集中存储、管理，并提供负荷预测、网络拓扑分析、短路电路计算等功能，不仅可以加速配电网设计过程，而且还可使最终得到的设计方案达到经济、高效、低耗的目的。

5）用电管理。对用户信息及其用电申请、电费缴纳等进行计算机管理，提高业务处理效率及服务质量。配电自动化技术的内容很多，各种功能之间相互联系、依存，没有十分明确的界限，并且随着技术的进步、用户要求的提高以及电力市场化进程的深入，在不断地发展、完善。

6.4.2 供配电自动化的作用

1. 提高供电的可靠性

配电自动化的首要作用是提高供电可靠性。首先，利用馈线自动化系统的故障隔离及自动恢复供电功能，减少故障停电范围；其次，通过提高电网正常的施工、检修和事故抢修工作效率，减少计划及故障停电时间；再就是通过电网的实时监视，及时发现、处理事故隐患，实施状态检修，提高设备可靠性，避免停电事故的发生。

2. 提高电压质量

配电自动化系统可以通过各种现场终端实时监视供电电压的变化，及时地调整运行方式，调节变压器分接头档位或投切无功补偿电容器组等措施，保证用户电压在合格的范围内；同时，还能够使配电网无功功率就地平衡，减少网损。

3. 提高用户服务质量

应用配电自动化系统后，可以迅速处理用户申请，立即答复办理；加快用户缴纳与查询业务的处理速度，提高办事效率；在停电故障发生后，能够及时确定故障点位置、故障原因、停电范围及大致恢复供电的时间，立即给用户电话投诉一个满意的答复，由计算机制定抢修方案，尽快修复故障，恢复供电，进一步提升用户满意度。

4. 提高管理效率

配电自动化系统对配电网设备运行状态进行远程实时监视及操作控制，在故障发生后，能够及时地确定线路故障点及原因，可节约大量的人工现场巡视及操作劳动力。同时，配电生产及用电管理实现自动化、信息化，可以很方便地录入、获取各种数据，并使用计算机系统提供的软件工具进行分析、决策，制作各种表格、通知单、报告，将人们从繁重的工作中解放出来，提高了工作效率与质量。

5. 推迟基本建设投资

采用配电自动化技术后可有效地调整峰谷负荷，提高设备利用率，压缩备用容量，减少或推迟基本建设投资。

实践内容

在电力系统实训室操作远动系统"四遥"控制功能。

知识拓展

变电站综合自动化系统。

总结与思考

1）什么是四遥？

2）配电自动化系统的主要功能有哪些？

项目测验 6

一、判断题

1. 为了避免混淆，对同一设备的不同线圈和触点应用相同的文字标号。　　　（　　）

2. 断路器操作机构的控制电路要有机械"防跳"装置或电气"防跳"措施。　（　　）

3. 断路器位置信号是指示一次电路设备运行状态的二次回路。　　　　　（　　）

4. 两表法测三相功率只适用于三相三线制系统。　　　　　　　　　　　（　　）

5. 中央信号装置分为事故信号和预告信号。　　　　　　　　　　　　　（　　）

6. 电力电缆线路不安装线路重合闸装置。　　　　　　　　　　　　　　（　　）

7. 备用电源自动投入装置只应动作一次，以免将备用电源合闸到永久性故障上去。（　　）

二、简答题

1. 什么是二次回路？什么是二次回路的操作电源？常用的直流操作电源和交流操作电源各有哪几种？交流操作电源与直流操作电源比较，有何主要特点？

2. 什么是连接导线的"相对标号法"？二次回路接线图中的标号"＝A3＋W5−P2:7"中各符号各代表什么含义？

3. 高压断路器的控制和信号回路有哪些要求？

4. 一般 6~10 kV 配电线路上装设哪些仪表？220/380 V 的动力线路和照明线路上一般各装设哪些仪表？并联电容器组总回路上一般装设哪些仪表？

5. 作为绝缘监视用的 $Y_0/Y_0/\angle$ 联结的三相电压互感器，为什么要用五芯柱的而不能用三芯柱的？绝缘监视装置与单相接地保护各有什么特点？各适用于什么情况？

6. 配电自动化系统有何作用？"四遥"包括哪些内容？

项目 7

电气照明

学习目标

1）了解照明技术相关概念及参数。
2）了解常见光源及其特点。
3）了解民用照明的特点。
4）掌握工业照明灯具选择及简单计算。

项目概述

电气照明分自然照明和人工照明。本项目主要介绍人工照明。电气照明是人工照明中应用范围最广的一种照明方式，实践证明，安全生产、保证产品质量、提高劳动生产率、保证职工视力健康与照明有密切的关系。因此，电气照明的设计是供配电系统设计的组成部分。

本项目主要有 3 个工作任务：
1）电气照明的基本知识。
2）民用照明。
3）工业照明。

任务 7.1　电气照明的基本知识

任务要点

1）了解照明技术相关概念及参数。
2）了解常见光源及其特点。
3）了解常见照明方式。
4）掌握扎实的专业基础，提升学生的审美力。

相关知识

7.1.1　照明技术有关概念

1. 光、光谱和光通量

（1）光

光是物质的一种形态，是一种辐射能，是在空间中以电磁波的形式传播，其波长比无线电波短而比 X 射线长。这种电磁波的频谱范围很广，波长不同其特性也截然不同。

（2）光谱

把光线中不同强度的单色光，按波长长短依次排列，称为光源的光谱。光谱的大致范围包括：红外线——波长为 780 nm～1 mm；可见光——波长为 380 nm～780 mm；紫外线——波长为1 nm～380 nm。可见光作用于人的眼睛就能产生视觉，但人眼对各种波长的可见光，具有不同的敏感性。实验证明，正常人眼对于波长为555 nm 的黄绿色光最敏感，而波长越偏离 555 nm 的光辐射，其可见度越小。

（3）光通量（光通）

光源在单位时间内，向周围空间辐射出的使人眼产生光感的能量，称为光通量。用符号 Φ 表示，单位为流明（lm）。

2. 光强及其分布特性

（1）光强

光强即是发光强度，是表示向空间某一方向辐射的光通密度。用符号 I 表示，单位为坎德拉（cd）。

对于向各个方向均匀辐射光通量的光源，其各个方向的光强相等，计算公式为

$$I=\Phi/\Omega \tag{7-1}$$

式中，Ω 为光源发光范围的立体角，单位为球面度（Sr），且 $\Omega=A/r^2$，其中 r 为球的半径，A 为与 Ω 相对应的球面积；Φ 为光源在立体角内所辐射的总光通量。

（2）光强分布曲线

光强分布曲线也叫配光曲线，它是在通过光源对称轴的一个平面上绘出的灯具光强与对称轴之间角度 α 的函数曲线。

配光曲线是用来进行电气计算的一种基本技术资料。对于一般灯具来说，配光曲线是绘在极坐标上的，如图 7-1 所示。

对于聚光很强的投光灯，其光强分布在一个很小的角度内，其配光曲线一般绘在直角坐标上，如图 7-2 所示。

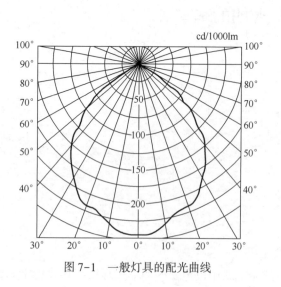

图 7-1　一般灯具的配光曲线

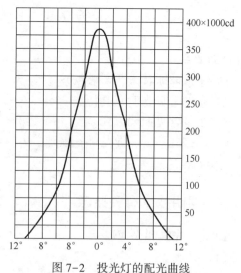

图 7-2　投光灯的配光曲线

3. 照度和亮度

（1）照度

受照物体表面的光通密度称为照度，用符号 E 表示，单位为勒克斯（lx）。当光通量 Φ 均匀地照射到某物体表面上（面积为 A）时，该平面上的照度值为

$$E = \Phi / A \tag{7-2}$$

（2）亮度

发光体（受照物体对人眼可看作是间接发光体）在视线方向单位投影面上的发光强度称为亮度，用符号 L 表示，单位为 cd/m^2。

如图7-3所示，该发光体表面法线方向的光强为 I，而人眼视线与发光体表面法线成 α 角，因此视线方向的光强 $I_\alpha = I\cos\alpha$，而视线方向的投影面 $A_\alpha = A\cos\alpha$，由此可得发光体在视线方向的亮度为

$$L = I_\alpha / A_\alpha = I\cos\alpha / (A\cos\alpha) = I / A \tag{7-3}$$

可见，发光体的亮度值实际上与视线方向无关。

4. 物体的光照性能和光源的显色性能

（1）物体的光照性能

当光通量 Φ 投射到物体上时，一部分光通从物体反射回去，一部分光通被物体吸收，而余下一部分光通则透过物体，如图7-4所示。

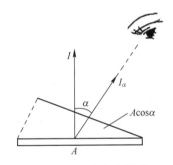

图7-3 亮度概念说明

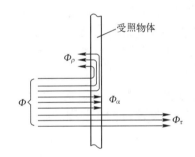

图7-4 光通量投射到物体上的情况

为了表征物体的光照性能，引入了以下三个参数。

反射比：是指反射光的光通量 Φ_ρ 与总投射光通量 Φ 之比，即

$$\rho = \Phi_\rho / \Phi \tag{7-4}$$

吸收比：是吸收光的光通量 Φ_α 与总投射光的光通量 Φ 之比，即

$$\alpha = \Phi_\alpha / \Phi \tag{7-5}$$

透射比：是透射光的光通量 Φ_τ 与总透射光的光通量 Φ 之比，即

$$\tau = \Phi_\tau / \Phi \tag{7-6}$$

这三个参数存在如下关系：

$$\rho + \alpha + \tau = 1 \tag{7-7}$$

一般特别重视反射比这个参数，因为它与照明设计直接相关。

（2）光源的显色性能

同一颜色的物体在具有不同光谱的光源照射下，能显出不同的颜色。光源对被照物体颜色显现的性质，叫作光源的显色性。为表征光源的显色性能，特引入光源的显色指数这一参

数。光源的显色指数（R_α）是指在待测光源照射下物体的颜色与日光照射下该物体的颜色相符合的程度，而将日光与其相当的参照光源显色指数定为100。因此物体颜色失真越小，则光源的显色指数越高，也就是光源的显色性能越好。白炽灯的一般显色指数为97~99，荧光灯的为79~90，显然荧光灯的显色性要差一些。

7.1.2 常用照明光源和灯具

1. 照明光源

在照明工程中使用的各种光源可以根据其工作原理、构造等特点加以分类。根据光源的工作原理主要分有两大类：一类是热辐射光源，如白炽灯、卤钨灯等；另一类是气体放电光源，如氙灯、钠灯等。气体放电光源按放电形式又可分为辉光放电（如霓虹灯）和弧光放电（如荧光灯、钠灯）。

（1）热辐射光源

利用物体加热时辐射发光的原理所制成的光源称为热辐射光源。目前常用的热辐射光源如下。

1）白炽灯。实物及结构如图7-5所示。其发光原理为灯丝通过电流加热到白炽状态从而引起热辐射发光。这种照明光源发光效率低，使用寿命短，耐振性差，普通白炽灯已逐步淘汰。

2）卤钨灯。实物及结构如图7-6所示。卤钨灯是在灯泡中充入微量的卤化物，利用卤钨循环的作用，使灯丝蒸发的一部分钨重新附着在灯丝上，以达到既提高光效又延长寿命的目的。为了使灯管温度分布均匀，防止出现低温区，以保持卤钨循环的正常进行，卤钨灯要求水平安装，其偏差不大于4°。最常用的卤钨灯为碘钨灯。碘钨灯不允许采用任何人工冷却措施（如电风扇吹、水淋等），工作时其管壁温度很高，因此应与易燃物保持一定的距离。碘钨灯耐振性能差，不能用在振动较大的地方，更不能作为移动光源来使用。

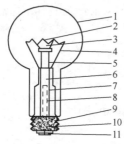
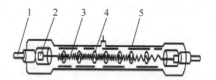

图7-5　白炽灯实物及结构图

1—玻壳　2—灯丝（钨丝）　3—支架（钼线）
4—电极（镍丝）　5—玻璃芯柱　6—杜美丝（铜铁镍合金丝）
7—引入线（铜丝）　8—抽气管　9—灯头
10—封端胶泥　11—锡焊接触端

图7-6　卤钨灯实物及结构图

1—灯脚　2—钼箔　3—灯丝（钨丝）
4—支架　5—石英玻管（内充微量卤素）

（2）气体放电光源

利用气体放电时发光的原理所做成的光源称为气体放电光源。目前常用的气体放电光源有以下5种。

1) 荧光灯。荧光灯的结构如图 7-7 所示。它是利用汞蒸气在外加电压作用下产生电弧放电，发出少许可见光和大量紫外线，紫外线又激励管内壁涂覆的荧光粉，使之再发出大量的可见光。二者混合光色接近白色。

荧光灯的工作线路图如图 7-8 所示。由辉光启动器 S、镇流器 L 和电容器 C 等组成。当荧光灯接上电源后，S 首先产生辉光放电，使 U 形双金属片加热伸开，接通灯丝回路，灯丝加热后发射电子，并使管内的少量汞汽化。此时 S 的辉光放电停止，双金属片冷却收缩，突然断开灯丝加热回路，这就使 L 两端感生很高的电动势，连同电源电压加在灯管两端，使充满汞蒸气的灯管击穿，产生弧光放电，点燃灯管。

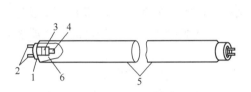

图 7-7 荧光灯结构图

1—灯头 2—灯脚 3—玻璃芯柱
4—灯丝（钨丝，电极） 5—玻管（内壁涂荧光粉，充惰性气体） 6—汞（少量）

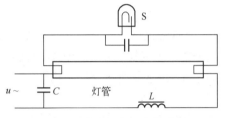

图 7-8 荧光灯的工作线路图

由于荧光灯是低压气体放电灯，工作在弧光放电区，此时灯管具有负的伏安特性，当外电压变化时工作不稳定。为了保证灯管的稳定性，所以利用镇流器的正伏安特性来平衡灯管的负伏安特性。又由于灯管工作时会有"频闪效应"，所以在有些场合使用荧光灯时，要设法消除频闪效应（如在一个灯具内安装两根或三根灯管，而各根灯管分别接到不同的线路上）。电容器 C 的作用是用来提高功率因数，未接电容器时，荧光灯的功率因数只有 0.5 左右，接上电容器后，功率因数可提高到 0.95。荧光灯的光效高，寿命长，但需要的附件较多，不适宜安装在频繁启动的场合。

2) 高压汞灯。高压汞灯结构图如图 7-9 所示。它是低压荧光灯的改进产品，属于高气压的汞蒸气放电光源。

高压汞灯的外玻壳内壁一般涂有荧光粉，它能将汞蒸气放电时辐射的紫外线转变为可见光，以改善光色，提高光效。图 7-10 是一种需外接镇流器的高压汞灯的工作线路图。另外一种是自镇流高压汞灯，它利用钨丝作镇流器，并将钨丝装入高压汞灯的外玻壳内，工作时镇流钨丝一方面限制放电管电流，同时也发出可见光。高压汞灯的光效比白炽灯高 3 倍左右，寿命也长，启动时不需加热灯丝，但显色性差，启动时间（4~8 min）和再次启动时间（5~10 min）较长，对电压要求较高，不宜装在电压波动较大的线路上。

3) 高压钠灯。高压钠灯结构图如 7-11 所示。它是利用高压钠蒸气放电工作的，光呈淡黄色。其工作线路图和高压汞灯类似。高压钠灯照射范围广、光效高、寿命长（比高压汞灯高一倍）、紫外线辐射少、透雾性好，但显色性较差，启动时间（4~8 min）和再次启动时间（10~20 min）也较长，对电压波动反应较敏感。

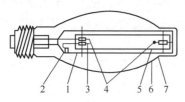

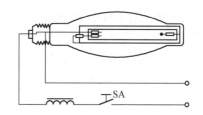

图 7-9　高压汞灯结构图

图 7-10　需外接整流器的高压汞灯的工作线路图

1—支架及引线　2—启动电阻　3—启动电源
4—工作电源　5—放电管　6—内壁荧光粉涂层
7—外玻壳

4）金属卤化物灯。金属（碘、溴、氯）卤化物灯是在高压汞灯的基础上为改善光色而发展起来的新型光源，不仅光色好，而且光效高，受电压影响也较小，是目前比较理想的光源。图 7-12 是金属卤化物灯实物图。

其发光原理为：在高压汞灯内添加某些金属卤化物，靠金属卤化物的循环作用，不断向电弧提供相应的金属蒸气，金属原子在电弧中受电弧激发而辐射该金属的特征光谱线。选择适当的金属卤化物并控制它们的比例，可制成各种不同光色的金属卤化物灯。这种灯可用在商场、大型的广场和体育场等处。

5）氙灯。氙灯为惰性气体弧光放电灯，高压氙气放电时能产生很强的白光，接近连续光谱，和太阳光十分相似，故有"人造小太阳"之美称。适用于广场、车站和大型屋外配电装置等。图 7-13 为氙灯实物图。

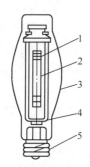

图 7-11　高压钠灯结构图

图 7-12　金属卤化物灯

图 7-13　氙灯

1—主电极　2—半透明陶瓷放电管（内充钠、
汞及氙或氖氩混合气体）　3—外玻壳（内壁涂
荧光粉，内外壳间充氮）　4—消气剂　5—灯头

2. 各种照明光源的主要技术特性及适用场所

光源的主要技术特性有光效、寿命、色温等，有时这些技术特性是相互矛盾的，在实际选用时，一般先考虑光效、寿命，其次再考虑显色指数、启动性能等次要指标。

各种常用照明光源的主要技术特性比较见表 7-1，供对照比较。

表 7-1 常用照明光源的主要技术特性比较

特性参数	白炽灯	卤钨灯	荧光灯	高压汞灯	高压钠灯	金属卤化物灯	管形氙灯
额定功率 /W	15～1000	500～2000	6～125	50～1000	35～1000	125～3500	1500～100000
发光功率 /(lm/W)	10～15	20～25	40～90	30～50	70～100	60～90	20～40
使用寿命 /h	1000	1000～15000	1500～5000	2500～6000	6000～12000	1000	1000
色温 /K	2400～2920	3000～3200	3000～6500	5500	2000～4000	4500～7000	5000～6000
一般显色指数 /%	97～99	95～99	75～90	30～50	20～25	65～90	95～97
启动稳定时间	瞬时	瞬时	1～3 s	4～8 min	4～8 min	4～8 min	瞬时
再启动稳定时间	瞬时	瞬时	瞬时	5～10 min	10～15 min	10～15 min	瞬时
功率因	1	1	0.33～0.52	0.44～0.67	0.44	0.4～0.6	0.4～0.9
电压波动不宜大于			$\pm 5\% U_N$	$\pm 5\% U_N$		$\pm 5\% U_N$	$\pm 5\% U_N$
频闪效应	无	无	有	有	有	有	有
表面亮度	大	大	小	较大	较大	较大	大
电压变化对光通的影响	大	大	较大	较大	大	较大	较大
环境温度对光通的影响	小	小	大	较小	较小	较小	小
耐振性能	较差	差	较好	好	较好	好	好
需增设附件无	无	无	镇流器，辉光启动器	镇流器	镇流器	镇流器，触发器	镇流器，触发器
适用场所	已逐步淘汰	厂前区、屋外配电装置、广场	广泛使用	广场、车站道路、屋外配电装置等	广场、街道交通枢纽、展览馆等	大型广场、体育场、商场等	广场、车站、大型屋外配电装置

3. 新型电光源

随着科学技术的不断发展和社会进步的需要，已有的电光源性能不尽完美，如今世界各国都在积极地开发新材料、新技术，不断地改进各种不同特色的电光源，进一步降低电能消耗，研制出多种新型电光源。现介绍如下几种。

（1）新固体放电灯

1）陶瓷灯泡。采用特种陶瓷代替玻璃外壳，具有抗振、耐高温、浸入冷水也不容易破裂等特点，而且采用红外加热技术，功率可以达到 500 W。

2）塑料灯泡。外壳采用聚碳酸酯塑料具有双重隔热结构，可以减少热扩散，在高温工作时遇冷而不变形，不爆裂。壳内装有发光管、稳压管和辉光启动装置，具有耐冲击、重量轻、光线扩散均匀、耗电少、使用寿命长等特点。

3）回馈节能灯泡。这种灯泡属于新型卤素白炽灯，是利用表面化学蒸气沉积法在玻璃壳上涂敷一层只有 0.1 μm 厚的滤光膜，使可见光透出。

4）冷光灯泡。这种灯泡表面温度仅 40℃，属于冷光源。

5）储能灯泡。这是具有发光和储能双重作用的电光源。其内部装有一只微型高性能蓄电池，通电时除了发光之外还向微型电池快速充电。在外部断电时，可依靠储能电池延续照明 2h。因此，它可用作应急照明光源。

（2）新气体放电灯

1）无电极放电灯泡。简称无极灯。它具有普通灯泡相似的玻璃壳，在壳内壁涂有荧光粉并充入汞蒸气；在壳外环绕高频线圈，利用线圈产生的高频电磁场与灯内汞蒸气的放电作用产生紫外线以及激发荧光粉发出可见光；也有将线圈及变频元器件装在灯泡内部同样发出可见光。这种灯泡不存在类似荧光灯电极容易损坏的问题，所以，具有使用寿命长、调光容易等优点。

2）氙气灯泡。它具有外层玻璃壳和内层石英灯泡的双层结构，内层灯泡装有灯丝并充入氙气，在灯泡内壁涂覆一层可透过可见光且能反射红外线以加热灯丝的薄膜。氙气的作用是提高灯丝的耐高温能力，既可以延长灯泡的使用寿命又可以节省电能。

3）电子灯泡。这种灯泡使用于一般交流电源，没有灯丝也不用电磁线圈，而是利用天线感应无线电波能量来激发灯泡内的气体产生紫外线，促使荧光粉转化为可见光。它具有节电和寿命长的优点。

（3）节能灯

1）电子节能灯。又称为省电灯泡、电子灯泡、紧凑型荧光灯及一体式荧光灯，是指将荧光灯与镇流器（安定器）组合成一个整体的照明设备，如图 7-14 所示。电子节能灯的尺寸与白炽灯相近，与灯座的接口也和白炽灯相同，所以可以直接替换白炽灯。

电子节能灯的正式名称是稀土三基色紧凑型荧光灯，20 世纪 70 年代诞生于荷兰的飞利浦公司，之后被我国纳入到了 863 推广计划。这种光源在达到同样光能输出的前提下，只需耗费普通白炽灯用电量的 1/5 至 1/4，从而可以节约大量的照明电能和费用，因此被称为电子节能灯。

2）半导体节能灯。如图 7-15 所示，这是最新发展起来的一种新型照明装置，其基本原理是根据半导体的光敏特性研制而成。利用半导体通电后发光，采用低电压供电，具有电压低、电流小、发光效率较高等优点，和其他灯具相比较，节电效果明显，故称为节能型半导体灯具。另外灯泡损坏后的污染小，也被称为环保照明灯。

图 7-14　电子节能灯

图 7-15　半导体节能灯

7.1.3　常用照明方式

照明方式是指照明设备按其安装部位或光的分布而构成的基本制式。就安装部位而言，有一般照明（包括分区一般照明）、局部照明和混合照明等。选择合理的照明方式，对改善照明质量、提高经济效益和节约能源等有重要作用，并且还关系到建筑装修的整体艺术效果。

1. 一般照明

一般照明是不考虑局部的特殊需要，为照亮整个室内而采用的照明方式。一般照明由对称排列在屋顶或顶棚上的若干照明灯具组成，室内可获得较好的亮度分布和照度均匀度，所采用的光源功率较大，而且有较高的照明效率。这种照明方式耗电大，布灯形式较呆板，适用于无固定工作区或工作区分布密度较大的房间，以及照度要求不高但又不会导致出现不能适应的眩光和不利光向的场所，如办公室、教室等。均匀布灯的一般照明，其灯具距离与高度的比值不宜超过所选用灯具的最大允许值，并且边缘灯具与墙的距离不宜大于灯间距离的1/2。

2. 局部照明

局部照明是为满足室内某些部位的特殊需要，在一定范围内设置照明灯具的照明方式。通常将照明灯具装设在靠近工作面的上方。局部照明方式在局部范围内以较小的光源功率获得较高的照度，同时也易于调整和改变光的方向。局部照明方式常用于下述场合，例如局部需要有较高照度的，由于遮挡而使一般照明照射不到某些范围的，需要减小工作区内反射眩光的，为加强某方向光照以增强建筑物质感的。需要注意的是，在长时间持续工作的工作面上，仅有局部照明容易引起视觉疲劳。

3. 混合照明

混合照明是由一般照明和局部照明组成的照明方式。混合照明是在一定的工作区内由一般照明和局部照明的配合起作用，保证应有的视觉工作条件。良好的混合照明方式可以做到：增加工作区的照度，减少工作面上的阴影和光斑，在垂直面和倾斜面上获得较高的照度，减少照明设施总功率，节约能源。混合照明方式的缺点是视野内亮度分布不匀。为了减少光环境中的不舒适程度，混合照明照度中的一般照明照度应占该等级混合照明总照度的 5~10%，且不宜低于 20 lx。混合照明方式适用于有固定的工作区，照度要求较高并需要有一定可变光的方向照明的房间，如医院的妇科检查室、牙科治疗室，缝纫车间等。

实践内容

在实验室连接荧光灯线路。

知识拓展

1）观看介绍短片，了解新型电光源类型。

2）查阅国家电网有限公司配电线路运维"1+X"等级证书相关知识内容。

总结与思考

1）电光源的类型。

2）灯具的类型和选择原则。

任务7.2 民用照明

任务要点

1）了解民用照明的特点。
2）了解常见民用建筑照明设计规范。
3）掌握扎实的专业基础，设计出安全、合理、经济的照明系统。

相关知识

7.2.1 民用照明设计的特点

民用建筑照明设计，主要遵从于符合建筑功能和保护人们视力健康的要求，尽量做到节约能源、技术先进、经济合理、使用安全和维修方便。

7.2.2 民用照明的一般设计

关于民用建筑照明设计和要求，国家相应标准规范上都有明确说明，现以住宅（公寓）、学校、办公楼为例做以下介绍。

1. 住宅（公寓）电气照明设计

住宅（公寓）照明宜选用以稀土节能荧光灯为主的照明光源。照明灯具可根据厅、室使用条件选用升降式灯具。起居室的照明宜考虑多功能使用要求，如设置一般照明、装饰台灯、落地灯等，而高级公寓的起居厅照明宜采用可调光方式。厨房的灯具应选用易于清洁的类型，如玻璃或搪瓷制品灯罩配以防潮灯口，并宜与餐厅（或方厅）用的照明光源显色性相一致或近似。卫生间的灯具位置应避免安装在便器或浴缸的上面及其背后。开关如为跷板式则宜设于卫生间门外，否则应采用防潮防水型面板或使用绝缘绳操作的拉线开关。高级住宅（公寓）中的方厅、通道和卫生间等，宜采用带有指示灯的跷板式开关。

可分隔式住宅（公寓）单元的布灯和电源插座的设置，宜适应轻墙任意分隔时的变化，可在顶棚上设置悬挂式插座、采用装饰性多功能线槽或将照明灯具以及电气装置件与家具、墙体相结合。若设有监视器，则其功能宜与单元内通道照明灯和警铃联动。公寓的楼梯灯应与楼层层数显示结合，公用照明灯可在管理室集中控制。高层住宅楼梯灯如选用定时开关时，应有限流功能并在事故情况下强制转换至点亮状态。每户内的一般照明与插座宜分开配线，并且在每户的分支回路上除应装有过载、短路保护外，还应在插座回路中装设漏电保护和有过、欠电压保护功能的保护装置。

单身宿舍照明光源宜选用荧光灯，并宜垂直于外窗布灯。每室内插座不应小于2组。条件允许时可采用限电器控制每室用电负荷或采取其他限电措施。在公共活动室亦应设有插座。

2. 学校电气照明设计

高等学校普通教室的照度值宜为150～200～300 lx。照度均匀不应低于0.7。教室照明宜采用蝙蝠翼式和非对称配光灯具，并且布灯原则应采取与学生主视线相平行、安装在课桌间的通道上方，与课桌的垂直距离不宜小于1.7 m。当装设黑板照明时，黑板上的垂直照度宜高于水平照度值。光学实验桌上，生物实验室的显微镜实验桌上，以及设有简易天象仪的地理教室的课桌上，宜设置局部照明。

教室照明的控制应平行外窗方向顺序设置开关（黑板照明开关应单独装设）。走廊照明宜在上课后可关掉其中部分灯具。普通教室以及合班教室的前后墙上应各设置一组电源插座。

物理、电工等实验室讲桌处应设有三相 380 V 电源插座。语言、微型电子计算机教室宜采用地面线槽配线。视听室不宜采用气体放电光源，视听桌上除设有电源开关外宜设有局部照明。

在有电视教学的报告厅、大教室等场所，宜设置供记录笔记用的照明（如设置局部照明）和非电视教学时使用的一般照明，但一般照明宜采用调光方式。大阅览室照明当有吊顶时宜采用暗装的荧光灯具，其一般照明宜沿外窗平行方向控制或分区控制。供长时间阅览的阅览室宜设置局部照明。大阅览室的插座宜按不少于阅览座位数的 15% 装设。

书库照明宜采用窄配光或其他配光适当的灯具。灯具与图书等易燃物的距离应大于 0.5 m。地面宜采用反射系数较高的建筑材料，以确保书架下层的必要照度。对于珍贵图书和文物书库应选用有过滤紫外线的灯具。书库照明用电源配电箱应有电源指示灯并设于书库之外，书库通道照明应独立设置开关（在通道两端设置可两地控制的开关），书库照明的控制宜用可调整延时时间的开关。重要图书馆应设应急照明、值班照明和警卫照明。图书馆内的公共照明与工作（办公）区照明宜分开配电和控制。每一照明分支回路，其配电范围不宜超过 3 个教室，且插座宜单独回路配电。

实验室内教学用电应采用专用回路配电。电气实验或非电专业实验室有电气设备的试验台上，配电回路应采用漏电保护装置。每栋建筑在电源引入配电箱处应设有电源总切断开关，各层应分别设置电源切断开关。

3. 办公楼电气照明设计

办公室、打字室、设计绘图室、计算机室等宜采用荧光灯，室内饰面及地面材料的反射系数宜满足：顶棚 70%；墙面 50%；地面 30%。若不能达到上述要求时，宜采用上半球光通量不少于总光通量 15% 的荧光灯灯具。办公房间的一般照明宜设计在工作区的两侧，采用荧光灯时宜使灯具纵轴与水平视线相平行。不宜将灯具布置在工作位置的正前方。大开间办公室采用与外窗平行的布灯形式。在难以确定工作位置时，可选用发光面积大、亮度低的双向蝙蝠翼式配光灯具。出租办公室的照明和插座，宜按建筑的开间或根据智能大楼办公室基本单元进行布置，以不影响分隔出租使用。

在有计算机终端设备的办公用房，应避免在屏幕上出现人和物（如灯具、家具、窗等）的映像，通常应限制灯具下垂线成 50° 角以上的亮度不大于 200 cd/m²，其照度可在 300 lx（不需要阅读文件时）至 500 lx（需要阅读文件时）。当计算机室设有电视监视设备时，应设值班照明。

在会议室内放映幻灯或电影时，其一般照明宜采用调光控制。会议室照明设计一般可采用荧光灯（组成光带或光檐）与稀土节能型荧光灯（组成下射灯）相结合的照明形式。以集会为主的礼堂舞台区照明，可采用顶灯配以台前安装的辅助照明，其水平照度宜为 200~300~500 lx，并使平均垂直照度不小于 300 lx（指舞台台板上 1.5 m 处）。同时在舞台上应设有电源插座，以供移动式照明设备使用。多功能礼堂的疏通道和疏散门，应设置疏散照明。

实践内容

1）教学楼照明系统设计。

2）校园道路和绿地照明系统设计。

知识拓展

1）了解国家相关照明设计新标准。

2）查阅国家电网有限公司配电线路运维"1+X"等级证书相关知识内容。

总结与思考

民用电气照明系统设计、安装和调试、维护内容。

任务7.3　工 业 照 明

任务要点

1）工业照明特点、种类及灯具选择。

2）工业照明供电网络。

3）工业照明供电方式选择及简单计算。

4）掌握扎实的专业基础，设计出舒适、安全、节能、高效的照明系统。

相关知识

7.3.1　工业照明设计的特点

工业照明与民用照明的设计要求区别很大。实践经验表明，工厂和车间里良好的照明对提高产量和质量十分有效。工业照明应遵循下列一般原则进行设计。

1. 照明方式的选择

对工作位置密度很大而对光照方向无特殊要求的场合，宜采用一般照明；对局部地点需要高照度并对照射方向有要求时，宜采用局部照明；对工作位置需要较高并对照射方向有特殊要求的场所，宜采用混合照明。

2. 照明的种类

照明按其用途可分为工作照明、事故照明、值班照明、警卫照明和障碍照明等。

1）工作照明：正常工作时的室内外照明。

2）事故照明：正常照明熄灭后供工作人员暂时继续作业和疏散人员使用的照明。

3）值班照明：非生产时间内供值班人员使用的照明。

4）警卫照明：警卫地区周界的照明。

5）障碍照明：在高层建筑上或基建施工、开挖路段时，作为障碍标志用的照明。

工作照明一般可以单独使用，也可和事故照明、值班照明同时使用，但控制线路必须分开。事故照明应装设在可能引起事故的设备、材料周围及主要通道和入口处，并在灯的明显部位涂以红色，且照度不应小于场所所规定的照度的10%，三班制生产的重要车间及有重要设备的车间和仓库等场所应装设值班照明。障碍照明一般用红色闪光灯。

3. 工业照明光源选择

光源应根据生产工艺的特点和要求选择。照明光源宜采用无极灯、三基色细管径直管荧光灯、金属卤化物灯或高压钠灯。光源点距地高度在 4 m 及以下时宜选用无极灯和细管荧光灯；高度较高的厂房（6 m 以上）可采用无极灯和金属卤化物灯，无显色要求的可用高压钠灯。

4. 工业照明灯具选择

工业照明用灯具应按环境条件、满足工作和生产条件来选择，并适当注意外形美观，安装方便和与建筑物的协调。

7.3.2 工业照明供电网络

工业照明供电网络由馈电线、干线和分支线组成。如图 7-16 所示。

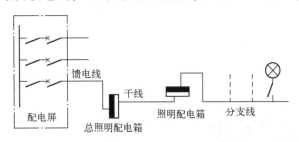

图 7-16 照明线路的基本形式

馈电线是指将电能从变电所低压配电屏送到总照明配电箱的线路；干线是指将电能从配电箱送到各个照明配电箱的线路；分支线是指由干线分出，将电能送到每一个照明配电箱的线路，或从照明配电箱接到各个灯的线路。

供电网络的接线方式有放射式、树干式和混合式。其中以放射式和树干式混合的混合式用得较多。

7.3.3 照明供电方式的选择

我国照明供电一般采用 380/220 V 三相四线中性点直接接地的交流网络。

1. 正常照明

一般由动力与照明共用的变压器供电，在照明负荷较大的情况下，照明也可采用单独的变压器供电。当生产厂房的动力采用"变压器-干线"供电，对外有低压联络线时，照明电源接于变压器低压侧总开关之后；对外无低压联络线时，照明电源接于变压器低压侧总开关之前；当车间变电所低压侧采用放射式配电系统时，照明电源接于低压配电屏的照明专用线上。对电力负荷稳定的厂房，动力与照明可合用供电线路，但应在电源进户处将动力与照明线路分开。

2. 事故照明

供继续工作使用的事故照明（备用照明）应接于与正常照明不同的电源，当正常照明因故停电时，备用照明电源应自动投入。有时为了节约照明线路，也从整个照明中分出一部分作为备用照明，但其配电线路及控制开关应分开装设。

供疏散人员用的事故照明，当只有一台变压器时，应与正常照明的供电线路自变电所低压配电屏上或母线上分开；当装设两台及以上变压器时，应与正常照明的干线分别接自不同的变压器；当室内未设变压器时，应与正常照明在进户线进户后分开，且不得与正常照明共用一个总开关；当只需装少量事故照明灯时，可采用带有直流逆变器的应急照明灯。

3. 局部照明

机床和固定工作台的局部照明可接自动力线路，移动式局部照明应接自正常照明线路。

4. 室外照明

应与室内照明线路分开供电，道路照明、警卫照明的电源宜接自有人值班的变电所低压配电屏的专用回路上。当室外照明的供电距离较远时，可采用由不同地区的变电所分区供电。

常用照明供电系统如图 7-17 所示。

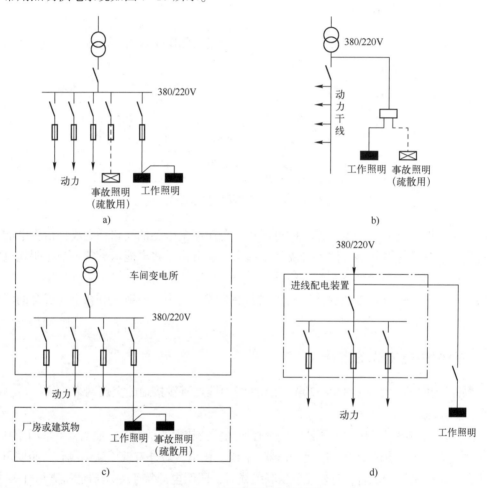

图 7-17　常用照明供电系统图

a) 动力与照明共用电力变压器供电　b)"变压器-干线"式供电　c) 照明专用低压屏供电　d) 外部线路供电

对正常照明，一般情况下都采用图 7-17a 的动力与照明共用电力变压器供电的照明供电系统，其二次侧的电压为 380/220 V。若动力负荷会引起对照明不容许的电压偏移或波动，在技术经济合理的情况下，可采用有载调压电力变压器、调压器或照明专用变压器供电；在负荷较大时（如高照度的多层厂房，大型体育设施等），照明也可采用单独的变压器供电。

图 7-17b 为"变压器-干线"式供电。当生产厂房的动力采用这种供电方式，且与其他变电所无低压联络线时，照明电源宜接到变压器低压侧总开关前；若对外有低压联络线时，照明电源宜接到变压器低压侧总开关之后。

当车间变压器低压侧采用放射式配电系统时，照明电源一般接在照明专用低压屏上，如图 7-17c 所示，若变电所低压屏的出线回路数有限时，则可采用低压屏引出少量回路，再利用动力配电箱做照明供电。

图 7-17d 为由外部线路供电的照明与动力合用供电线路的系统图，在电力负荷稳定的生产厂房、辅助生产厂房以及远离变电所的建筑物和构筑物均可使用，但应在电源进户处将动力与照明线路分开。

对应急照明，供继续工作用的备用照明应接于与正常照明不同的电源，为减少和节省照明线路，一般可从整个照明中分出一部分做备用照明，但配电线路及控制开关应分开装设，如图 7-17a 所示，若备用照明不作为正常照明的一部分同时使用，则当正常照明因故停电时，备用照明电源应自动投入。

对供疏散用的应急照明，仅装设一台变压器时，应与正常照明的供电干线从变电所低压配电屏上或母线上分开。

7.3.4 照度计算

1. 照度标准

照度是决定照明效果的重要指标。在一定范围内，照度增加会使视觉能力提高，同时使经济性下降。所以，为了创造良好的工作环境，提高劳动生产率，保护职工的健康，工作场所及其他活动环境的照明必须有足够的照度。

2. 照度的计算

当工业照明用的灯具形式、光源类型等已初步确定后，就需要计算各工作面的照度，从而来确定灯泡的容量和数量，或对已确定了容量的某点进行照度校验。

照度的计算方法有用来计算水平工作面的利用系数法、概算曲线法和比功率法，以及用来计算任一斜面上指定点照度的逐点计算法。下面主要介绍利用系数法。

（1）利用系数的概念

利用系数（用 u 表示）是指照明光源投射到工作面上的光通量与全部光源发出的光通量之比。它可用来表征光源的光通量有效利用的程度。

利用系数的计算公式为

$$u = \Phi_e / n\Phi \tag{7-8}$$

式中　Φ_e——投射到工作面上的总光通量；

　　　Φ——每盏灯发出的光通量；

　　　n——灯的个数。

利用系数值的大小与很多因素有关，灯具的悬挂高度越高、光效越高，则利用系数越高；房间的面积越大，形状越接近正方形，墙壁颜色越浅，则利用系数就越高。

（2）利用系数的确定

利用系数的值可按墙壁和顶棚的反射系数 ρ 及房间的室空间比（受照空间特征）RCR来确定（查有关设计手册）。ρ 值可直接查表 7-2，RCR 的值可按下式计算：

$$RCR = h_{RC} lb \tag{7-9}$$

式中　h_{RC}——室空间高度（指灯具开口平面到工作面的空间高度，见图 7-18）；

　　　l——房间长度；

b——房间宽度。

表7-2 顶棚、地面和墙壁的反射系数近似值

反射面情况	反射系数（ρ）
大白粉刷的墙、顶棚，白窗帘	70
大白粉刷的墙、深窗帘或没窗帘；大白粉刷的顶棚、房间潮湿；未刷白的墙和顶棚，但洁净光亮	50
水泥墙壁、顶棚，有窗子；木墙、木顶棚；有浅色墙纸的墙和顶棚；水泥地面	30
灰尘较重的墙地面、顶棚；无窗帘的玻璃窗；有深色墙纸的墙、顶棚；未粉刷的墙；广漆沥青地面	10

（3）计算工作面上的平均照度

当已知房间的长宽、室空间高度、灯型及光通量时，可按下式计算平均照度：

$$E'_{av} = un\Phi/A \tag{7-10}$$

式中 u——利用系数；

n——灯的个数；

Φ——每盏灯的光通量；

A——受照工作面面积（矩形房间即为长宽乘积）。

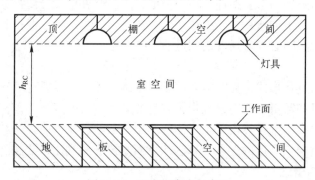

图7-18 室空间高度示意图

（4）计算工作面上的实际平均照度

由于灯具在使用期间，光源本身的光效要逐渐降低，灯具也会陈旧脏污，被照场所的墙壁和顶棚也有污损的可能，从而使工作面上的光通量有所减少，因此在计算工作面上的实际平均照度时，应计入一个小于1的灯具减光系数 K，即工作面的实际平均照度为

$$E_{av} = uK_n\Phi/A \tag{7-11}$$

减光系数 K 的值可查表7-3。

表7-3 减光系数值

环境污染特征	类 别	灯具每年擦洗次数	减 光 系 数
清洁	仪器仪表的装配车间，电子元器件的装配车间，实验室，办公室，设计室	2	0.8
一般	机械加工车间，机械装配车间，织布车间	2	0.7
污染严重	锻工车间，铸工车间，碳化车间，水泥厂球磨车间	3	0.6
室外	道路和广场	2	0.7

（5）利用系数法的计算步骤

1）根据灯具的布置，确定室空间高度。

2）计算室空间比 RCR。

3）确定反射系数 ρ。

4）确定利用系数 u。

5）根据有关手册查出布置灯具的光通量 Φ。

6）根据有关手册查出减光系数 K。

7）计算平均照度和实际平均照度。

实践内容

某企业某车间照明系统设计，厂区路灯检修。

知识拓展

1）了解 LED 光源以及国家相关照明设计新标准。

2）查阅国家电网有限公司配电线路运维"1+X"等级证书相关知识内容。

总结与思考

1）工厂电光源和灯具的选择原则。

2）确定布置灯具方案和进行照度计算。

3）确定工厂照明供电方式和照明线路的布置方式。

项目测验 7

一、判断题

1. 光源的显色性能越好，物体在该光源的照射下的失真度越小。 （   ）

2. 工厂车间内经常使用荧光灯作为照明光源。 （   ）

3. 夜晚城市建筑物的投射照明使用的是管形氙灯。 （   ）

4. 高压汞灯的使用寿命一般比高压钠灯长。 （   ）

5. 在可能受到机械损伤的场所，灯具应具有保护网。 （   ）

6. 光源向空间某一方向辐射的光通量的密度称为发光强度。 （   ）

二、简答题

1. 试述下列常用光度量的定义及其单位。

（1）光通量 （2）发光强度 （3）照度 （4）亮度

2. 电光源分为哪几大类？

3. 选择灯具应主要考虑哪些因素？

4. 室内灯具安装方式有哪几种？

5. 什么是灯具的均匀布置？什么是选择布置？

6. 简述学校、办公楼、住宅楼电气照明设计要点。

7. 照明的种类有哪些？

8. 照度的计算方法有哪些？

安全用电、节约用电与计划用电

 学习目标

1）了解各种电工安全工具的用途、结构及使用注意事项。

2）熟悉触电急救措施。

3）了解节约用电的意义、措施。

4）了解计划用电的原因、措施。

项目概述

本项目首先讲述电气安全的意义及其一般措施，接着讲述节约用电的意义及措施，最后介绍计划用电的意义、措施，电价政策与电费计收。本项目的内容综合起来就是"三电"（安全用电、节约用电、计划用电）问题，这"三电"是供电系统运行管理必须遵循的原则。

本项目主要有 3 个工作任务：

1）安全用电。

2）节约用电。

3）计划用电。

任务 8.1 安全用电

任务要点

1）了解各种电工安全工具的用途、结构及使用注意事项。

2）保证安全的组织措施。

3）保证安全技术措施。

4）提高安全意识，遵循安全工作规程，养成科学严谨的工作作风。

相关知识

8.1.1 电气安全的含义和重要性

电气安全包括人身安全和设备安全两个方面。人身安全是指电气从业人员或其他人员的安全；设备安全是指电气设备及其所拖动的机械设备的安全。

电气设备设计不合理，安装不妥当，使用不正确，维修不及时，尤其是电气人员缺乏必要的安全知识与安全技能，麻痹大意，就可能引发各类事故，如触电伤亡、设备损坏、停电，甚至引起火灾或爆炸等严重后果。

8.1.2 电气安全的有关概念

（1）人体触电

人体触电可分两种情况：一种是雷击和高压触电，将使人的肌体遭受严重的电灼伤、组织炭化坏死及其他难以恢复的永久性伤害。另一种是低压触电，在数十至数百毫安电流作用下，人的肌体产生病理或生理性反应，轻的有针刺痛感，或出现痉挛、血压升高、心律不齐以致昏迷等暂时性的功能失常，重的可引起呼吸停止、心脏骤停、心室纤维性颤动，严重的可导致死亡。

（2）安全电流

安全电流是人体触电后的最大摆脱电流。我国一般取 30 mA（50 Hz 交流）为安全电流，但是触电时间按不超过 1 s 计，因此这一安全电流也称为 30 mA·s。影响电流对人体的触电危害程度的因素有触电时间、电流大小、电流通电途径、人体体重、敏感性情况等。

（3）人体电阻和安全电压

人体电阻由体内电阻和皮肤电阻两部分组成。体内电阻约为 500 Ω，与接触电压无关。皮肤电阻随皮肤表面的干湿状况及接触面积而变，为 1700~2000 Ω。从人身安全考虑，人体电阻一般取下限值 1700 Ω。由于安全电流取 30 mA，而人体电阻取 1700 Ω，因此人体允许持续接触的安全电压为 $U_{saf}=30\text{ mA}\times1700\text{ }\Omega=50\text{ V}$。安全额定电压等级为 42 V、36 V、24 V、12 V、6 V。一般工矿企业安全电压采用 36 V。

8.1.3 电气安全的一般措施

在供配电系统中，必须特别注意安全用电。这是因为，如果使用不当，可能会造成严重后果，如人身触电事故、火灾、爆炸等，给国家、社会和个人带来极大的损失。保证电气安全的一般措施如下。

1. 加强电气安全教育

无数电气事故的教训告诉人们，人员的思想麻痹大意，往往是造成人身事故的重要因素。因此，必须加强安全教育，使所有人员都懂得安全生产的重大意义，人人树立安全第一的观点，个个都做安全教育工作，力争供电系统无事故运行，防患于未然。

2. 严格执行安全工作规程

经验告诉我们，国家颁布和现场制定的安全工作规程，是确保工作安全的基本依据。只有严格执行安全工作规程，才能确保工作安全。例如，在变配电所中工作，就须严格执行《电业安全工作规程》的有关规定。

（1）电气工作人员须具备的条件

经医师鉴定，无妨碍工作的病症；具备必要的电气知识，且按其职务和工作性质，熟悉《电业安全工作规程》的有关部分，并经考试合格；学会紧急救护，特别要学会触电急救。

（2）人体与带电体的安全距离

在进行带电体作业时，人体与带电体的安全距离不得小于表8-1所规定的值。

表8-1 人体与带电体安全距离

电压等级/kV	10	35	66	110	220	330
安全距离/m	0.4	0.6	0.7	1.0	1.9	2.6

（3）在高压设备上工作时的要求

在高压设备上工作时必须遵守：填写工作票和口头、电话命令；至少应有两人在一起工作；完成保证工作人员安全的组织措施和技术措施。

（4）保证安全的组织措施

有工作票制度、工作许可证制度、工作监护制度、工作间断、转移和终结制度。保证安全的技术措施有停电、验电、装设接地线、悬挂标示牌和装设遮栏等。

3. 加强运行维护和检修试验工作

加强日常的运行维护工作和定期的检修试验工作，对于保证供电系统的安全运行，也具有很重要的作用，特别是电气设备的交接试验，应遵循《电气装置安装工程电气设备交接试验标准》的规定。

4. 采用安全电压和和符合安全要求的相应电器

对于容易触电的场所和有触电危险的场所，应采用安全电压。在易燃、易爆场所，使用的电气设备和导线、电缆应符合要求。涉及易燃、易爆场所的供电设计与安装，应遵循国家相关的规定。

5. 确保供电工程的设计安装质量

经验告诉我们，国家制订的设计、安装规范，是确保设计、安装质量的基本依据。供电工程的设计安装质量，直接关系到供电系统的安全运行。如果设计或安装不合要求，将大大增加事故的可能性，因此必须精心设计和施工。要留给设计和施工足够的时间，并且不要因为赶时间而影响设计和施工的质量。严格按国家标准，如《供配电系统设计规范》《低电配电设计规范》《电气装置安装工程 电力变压器、油浸电抗器、互感器施工及验收规范》《电气装置安装工程 电缆线路施工及验收规范》等进行设计、施工，验收规范，确保供电系统质量。

6. 按规定采用电气安全用具

电气安全用具分为基本电气安全用具和辅助电气安全用具两类。

（1）基本电气安全用具

这类安全用具的绝缘足以承受电气设备的工作电压，操作人员必须使用它，才允许操作带电设备。如图8-1所示是操作隔离开关的绝缘钩棒等。

（2）辅助电气安全用具

如图8-2所示是常用辅助安全用具中的绝缘手套及绝缘鞋，这类安全用具的绝缘不足以完全承受电气设备的工作电压，操作人员必须使用它，才可使人身安全有进一步的保障。如绝缘手套，绝缘垫台及"禁止合闸，有人工作""止步，高压危险"等标示牌。

7. 普及安全用电常识

不得私自拉电线，私用电炉；不得超负荷用电；装拆电线和电器设备，应请电工，避免发生短路和触电事故；电线上不能晒衣服，以防电线上绝缘破损，漏电伤人；不得在架空线路和室外变配电装置附近放风筝，以免造成短路或接地故障；不得用弹弓等打电线上的鸟，以免电线上绝缘破损；不得攀登电杆和变配电所装置的构架；移动电器的插座，一般应采用带保护接地插孔的插座；所有可能触及的设备外露可导电部分必须接地；导线断落在地时，不可走近。对落地的高压线，应离开落地点 9~10 m 以上，并及时报告供电部门前往处理。

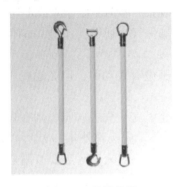

图 8-1　绝缘钩棒

图 8-2　绝缘手套及绝缘鞋

8. 正确处理电气失火事故

（1）电气失火的特点

失火电器设备可能带电，灭火时要注意触电，最好是尽快断开电源；失火电器设备可能充有大量的油，容易导致爆炸，使火势蔓延。

（2）带电灭火的措施和注意事项

采用二氧化碳、四氯化碳等灭火器，这些灭火器均不导电，并且要求通风，有条件的戴上防毒面具；不能用一般泡沫灭火器灭火，因其灭火剂具有一定的导电性；可用干砂覆盖进行带电灭火，但只能是小面积时采用；带电灭火时，应采取防触电的可靠措施。

8.1.4 触电的急救处理

触电者的现场急救是抢救过程中关键的一步，如能及时、正确的抢救，则因触电而呈假死的人有可能获救，反之，则可能带来不可弥补的损失。因此，《电业安全工作规程》将"特别要学会触电急救"规定为电气工作人员必须具备的条件之一。

1. 脱离电源

触电急救，首先要使触电者迅速脱离电源，越快越好，触电时间越长，伤害越严重。

1）触电急救首先要将触电者接触的那部分带电设备的开关断开，或设法将触电者与带电设备脱离。在脱离电源时，救护人员既要救人，又要保护自己。触电者未脱离电源前，救护人员不得直接用手触及伤员。

2）如果触电者接触低压带电设备，救护人员应设法迅速切断电源，如拉开电源开关，或使用绝缘工具、干燥的木棒等不导电的物体解脱触电者，也可抓紧触电者的衣服将其拖开。为使触电者与导体解脱，最好用一只手进行抢救。

3）如果触电者接触高压带电设备，救护人员应设法迅速切断电源，或用适合该绝缘等级的绝缘工具解脱触电者。救护人员在抢救过程中，要注意保持自身与带电部分的安全距离。

4）如果触电者处于高处，解脱电源后，可能会从高处坠落，要采取相应的措施，以防触电者摔伤。

5）在切断电源后，应考虑事故照明、应急灯照明等，以便继续进行急救。

2. 急救处理

当触电者脱离电源后，应根据具体情况，迅速救治，同时赶快通知医生。

1）如触电者神志尚清，则应使之平躺，严密观察，暂时不要站立或走动。

2）如触电者神志不清，则应使之仰面平躺，确保气道通畅，并用5s时间，呼叫伤员或轻拍其肩部，严禁摇动头部。

3）如触电者神志失去知觉，停止呼吸，但心脏微有跳动时，应在通畅气道后，立即施行口对口的人工呼吸。

4）如触电者伤害相当严重，心跳和呼吸已停止，完全失去知觉，则在通畅气道后，立即施行口对口的人工呼吸和胸外按压心脏的人工循环。先按胸外4~9次，再口对口的吹气2~3次；再按压心脏4~9次，再口对口的吹气2~3次。对人工呼吸要有耐心，不能急，不应放弃现场抢救，只有医生有权做出死亡诊断。

3. 人工呼吸法

人工呼吸法有仰卧压胸法、俯卧压背法和口对口吹气法等。最简便的是口对口吹气法，其步骤如下。

1）迅速解开触电者的衣服、裤子，松开上身的紧身衣等，使其胸部能自由扩张，不致妨碍呼吸。

2）使触电者仰卧，不垫枕头，头先侧向一边，清除其口腔内的血块、假牙及其他异物，将舌头拉出，使气道通畅，如触电者牙关紧闭可用小木片、金属片等小心地从口角伸入牙缝撬开牙齿，清除口腔内异物。然后将其头扳正，使之尽量后仰，鼻孔朝天，使气道通畅。

3）救护人位于触电者头部的左侧或右侧，用一只手捏紧鼻孔，不使漏气，用另一只手将下颌拉向前下方，使嘴巴张开，嘴上可盖一层纱布，准备接受吹气。

4）救护人深呼吸后，紧贴触电者嘴巴，向他大口吹气，如图8-3所示，如果掰不开嘴巴，也可捏紧嘴巴，紧贴鼻孔吹气，吹气时要使胸部膨胀。

5）救护人吹气完毕后换气时，应立即离开触电者的嘴巴，并放松紧捏的鼻，让其自由排气。

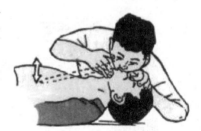

图8-3　口对口吹气法

按上述要求对触电者反复地吹气、换气，每分钟约12次。对幼小儿童施行此法时，鼻子不必捏紧，可任其自由漏气。

4. 胸外按压心脏的人工循环法

按压心脏的人工循环法有胸外按压和开胸直接挤压心脏两种方法。后者由医生进行，这里介绍胸外按压心脏的人工循环法的操作步骤。

1）同上述人工呼吸的要求一样，迅速解开触电者的衣服、裤子，松开上身的紧身衣等，使其胸部能自由扩张，使气道通畅。

2）触电者仰卧，不垫枕头，头先侧向一边，清除其口腔内的血块、假牙及其他异物，将舌头拉出，使气道通畅，后背着地处的地面必须平整。

3）救护人位于触电者一侧，最好是跨腰跪在触电者的腰部，两手相叠，手掌根部放在心窝稍高一点的地方。

4）救护人找到触电者正确的压点后，自上而下、垂直均衡地用力向下按压，压出心脏里的血液，对儿童用力应小一点，如图8-4所示。

5）按压后，掌根迅速放开，使触电者胸部自动复原，心脏扩张，血液又回到心脏里来。

按上述要求对触电者的心脏进行反复地按压和放松，每分钟约60次，按压时定位要准，用力要适当。在进行人工呼吸时，救护人应密切关注触电者的反应，只要发现触电者有苏醒迹象，应中止操作规程几秒钟，让触电者自行呼吸和心跳。事实说明，只要正确地坚持施行人工救治，触电假死的人被抢救成活的可能性还是非常大的。

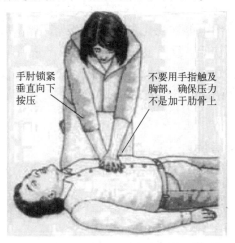

手肘锁紧垂直向下按压

不要用手指触及胸部，确保压力不是加于肋骨上

图8-4　胸外按压心脏的正确做法

实践内容

供电实训室安全操作模拟演练。

知识拓展

1）电气安全用具新型工具。

2）国家颁布的相关新规程。

3）查阅国家电网有限公司配电线路运维"1+X"等级证书相关知识内容。

总结与思考

1）保证安全技术措施有哪些？

2）如何进行触电的急救处理？

任务8.2　节　约　用　电

任务要点

1）了解节约用电的意义。

2）了解节约用电的措施。

3）提高安全用电和节约用电意识，养成科学严谨的工作作风。

◎ 相关知识

8.2.1 节约用电的意义

能源（包括电能）是发展国民经济的重要物质基础，也是制约国民经济发展的一个重要因素。而能源紧张是我国也是当今世界各国面临的一个严重问题，其中就包括电力供应紧张。电力供应不足将导致我国的工农业生产能力得不到应有的发挥。因此，我国将能源建设（包括电力建设）作为国民经济建设的战略重点之一，同时提出，在加强能源开发的同时，必须最大限度地提高能源利用的经济效益，大力降低能源消耗。

节约电能既可减少电费开支，降低单位产品的电能消耗，又能在一定条件下提高劳动生产率和产品质量，因此，节约电能被视为加强企业经营管理、提高经济效益的一项重要任务。我国目前的能源利用率较低，致使很多产品的单位产量所耗能源（产品单耗）远高于一些技术先进的国家，但从另一方面看来，这也说明我国在节能方面大有潜力。总之，节约电能是一项不投资或少投资就能取得很大经济效益的工作，对于促进国民经济的发展，具有十分重要的意义。

8.2.2 节约用电的一般措施

要搞好节约用电工作，就应大力宣传节电的重要意义，提高人们的节电意识，努力提高供用电水平。节约用电，需从科学管理和技术改造两方面采取措施。

1. 加强供用电系统的科学管理

（1）加强能源管理，建立管理机构和制度

工业与民用企业都要建立专门的能源管理机构，对各种能源（包括电能）进行统一管理，要有专人负责本单位的日常节能工作。电能管理是能源管理的一部分，电能管理的基础工作是搞好耗电定额的管理。通过充分调查研究，制定出各部门及各个环节的合理而先进的耗电定额。对于电能要认真计量，严格考核，并切实做到节电受奖，浪费受罚，这对节电工作有很大的推动作用。

（2）实行计划供用电，提高能源利用率

实行计划供用电，必须把电能的供应、分配和使用纳入计划。对于地区电网来说，各个用电单位要按地区电网下达的指标，实行计划用电，并采取必要的限电措施。对单位内部供电系统来说，各个用电单位也要有计划。

（3）实行负荷调整，"削峰填谷"，提高供电能力

所谓负荷调整，就是根据供电系统的电能供应情况及各类用户不同的用电规律，合理地、有计划地安排和组织各类用户的用电时间，以降低负荷高峰，填补负荷的低谷，充分发挥发、变电设备的潜力，提高系统的供电能力，以满足电力负荷日益增长的需要。负荷调整是一项全局性的工作，首先，电力系统要做全局性的调整负荷（简称调荷）。由于工业用电在整个电力系统中占的比重最大，因此电力系统调荷的主要对象是工业用户。同一地区各工厂的厂休日错开，就是电力系统调整负荷的措施之一，工厂等单位内部也要调整负荷。

主要方法如下。

1）错开各车间的上下班时间，使各车间的高峰负荷分散；

2）调整大容量用电设备的用电时间，使之避开高峰负荷时间用电，这样就降低了负荷高峰，填补了负荷低谷，做到均衡用电，从而提高了变压器的负荷系数和功率因数，减少了电能损耗。

因此，调整负荷不仅提高了供电能力，而且也是节约电能的一项有效措施。

（4）实行经济运行方式，降低电力系统的能耗

所谓经济运行方式，就是一种能使整个电系统的电能损耗减少、经济效益提高的运行方式，例如两台并列运行的变压器可在低负荷时切除一台；又如长期处于轻载运行的电动机可更换较小容量的电动机。至于负荷率低到多少时才宜于"以小换大"或"以单代双"，则需要通过计算确定。

（5）加强运行维护，提高设备的检修质量

搞好供用电系统的运行维护和用电设备的检修，可减少电能损耗，节约电能。例如电力变压器通过检修，消除了铁心过热的故障，就能降低铁损，节约电能。如检修电动机时要保证质量，重绕的绕组匝数、导线截面都不应改变，气隙要均匀，轴承磨损严重的应更换轴承，减少转子的转动摩擦，这些都能减少电能的损耗。又如导线接头处接触不良，发热严重，应及时维修，这样既保证了安全供电，又减少了电能损耗，对于其他动力设施也要加强维修和保养，减少水、气、热等能源的跑、冒、滴、漏，这样也能节约电能。

2. 搞好供用电系统的技术改造

（1）加快更新淘汰现有低效高耗能的供用电设备

以高效节能的电气设备取代低效高耗能的电气设备，这是节约电能的一项基本措施。此外，在供用电系统中推广应用电子技术、计算机技术以及远红外技术、微波加热技术等，也可大量节约电能。

（2）改造现有不合理的供配电系统，降低线路损耗

如将迂回配电的线路改为直配线路，截面偏小的导线适当换粗或将架空线改为电缆线，将绝缘破损、漏电严重的绝缘导线予以换新，在技术经济指标合理的条件下将配电系统升压运行，改选变配电所所址，适当分散装设变压器，使之更加靠近负荷中心等，都能有效地降低线损，收到节电的效果，同时可大大改善电能质量。

（3）选用高效节能产品，合理选择设备容量，或进行技术改造，提高设备的负荷率

如推广应用节能型变压器及变频器等其他节能产品，又如合理选择电力变压器的容量，使之接近于经济运行状态。如果变压器的负荷率长期偏低，则应按经济运行条件进行考核，适当更换较小容量的变压器。对电动机等电气设备也一样，长期轻载运行是很不经济的，从节电的观点考虑，也宜换较小容量的电动机。

（4）改革落后工艺，改进操作方法

生产工艺不仅影响到产品的质量和产量，而且影响到产品的耗电量。例如在机械加工中，有的零件加工以铣代刨，就可使耗电量减少30%～40%；在铸造中，采用精密铸造工艺可使耗电量减少50%左右。改进操作方法也是节电的一条有效途径，例如在电加热处理中，电炉的连续作业就比间隙作业消耗的电能少。

（5）采用无功补偿设备，人为提高功率因数

首先考虑提高自然功率因数，即不添置任何无功补偿设备，只采取技术措施（如合理选择备容量，提高负荷率等），以减少无功功率消耗量，使功率因数提高。在采用上述提高自然功率因数的措施后仍达不到规定的功率因数要求时，应合理装设无功补偿设备，以人工提高功率因数。

实践内容

供电实训室无功功率补偿实验操作。

知识拓展

1）了解供用电设备的电能节约方法。

2）提高安全用电和节约用电意识，养成科学严谨的工作作风。

总结与思考

节约用电对国民经济建设有何重要意义？

任务8.3　计　划　用　电

任务要点

1）了解计划用电的原因和特点。

2）了解计划用电的措施。

3）了解我国电价政策和电费计收。

4）查阅国家电网有限公司配电线路运维"1+X"等级证书相关知识内容。

相关知识

8.3.1　计划用电的必要性

1）首先是由电力这一特殊商品的特点所决定的，电力的生产，输送、分配以及转换为其他形态能量的过程是同时进行的，只能用多少发多少，不像其他商品那样可以大量储存。发电、供电和用电每时每刻都必须保持平衡，如果用电负荷突然增加，则电力系统的频率和电压就要下降，可能造成严重的后果。

2）计划用电也是解决电力供需矛盾的一种措施。即使在电力供需矛盾出现缓和的情况下，实行计划用电也是很有必要的，它可以改善电网的运行状态，保证电能的质量。

3）计划用电也是电能节约的重要保证，实行计划用电，采取适当措施，包括利用电价制度这一经济杠杆来调整负荷，使电力系统削峰填谷，就能降低系统的电能损耗，提高供电设备的利用率。

8.3.2　计划用电工作的特点

计划用电工作的特点主要表现在以下几个方面。

1）计划用电工作是一项政策性很强的工作，电力不足时要有保有舍，如何取舍则要根

据有关的方针和政策来确定，不能搞"一刀切"，也不能搞平均分配和自由分配。

2）计划用电工作是一项在不平衡中求平衡的工作，实行计划用电，就是在不平衡中求得暂时的平衡，求得平衡是电力统配、计划用电的长期任务，"发电要按国家计划，供电要按发电水平，用电要按分配指标"，这是计划用电的总原则。

3）计划用电工作是地区性很强的工作，各个地区水电和火电的比重不同，燃料构成和自给程度不同，用电构成不同，电网的结构不同，这些差别的存在说明各个电网有其地区特点，因此，计划用电工作也必须因地制宜。计划用电工作的地区性还表现在供电和地区经济的关系十分密切，因此，计划用电工作要依靠当地政府和经济部门的领导和支持。

8.3.3 计划用电的一般措施

实践证明，合理分配、科学管理、节约使用、灵活调度，这是落实计划用电工作中应抓好的4个重要环节。在实际中可以采取以下一些具体措施。

1）建立健全计划用电的各级能源管理机构和制度，组建各级的能源办公室或"三电"办公室，做好用电负荷的预测和管理工作。

2）供用电双方签订《供用电合同》。在合同中，按照电网的供电条件和用户的需求确定用户的用电容量及对供电质量的要求，为计划用电提供基本依据。

3）实行分时电价，包括峰谷分时电价和丰枯季节电价。峰谷分时电价就是峰高谷低的电价，谷低电价可比平时电价低30%~50%或更低，峰高电价可比平时电价高30%~50%或更高，鼓励用户避峰用电。丰枯季节电价是水电比重较大地区的电网所实行的一种电价。丰水季节电价可比平时电价低30%~50%，枯水季节电价可比平时电价高30%~50%，鼓励用户在丰水季节多用电，充分发挥水电的作用。

4）按用户的最大需量或最大装设容量收取基本电费，促使用户尽可能压低负荷高峰，提高低谷负荷，以减小基本电费开支。

5）装设电力负荷管理装置。电力负荷管理装置是指能够监视、控制用户电力负荷的各种仪器装置，包括音频、载波、无线电等集中型电力负荷管理装置和电力定量器、电流定量器、电力时控开关、电力监控仪、多费率电能表等分散型电力负荷管理装置。装设电力负荷管理装置是贯彻落实国家有关计划用电的政策，实现管理到户的技术手段。通过推广应用负荷管理技术来加强计划用电和节约用电管理，保证重点用户供电，对居民生活用电也尽量不停电或少停电，有计划地均衡用电负荷，保证电网的安全经济运行，提高电力资源的社会效益。

8.3.4 电价政策与电费计收

1. 电价

电价是电力这类特殊商品在电力企业参与市场经济活动中进行贸易结算的货币表现形式，是电力商品价格的总称。电价对电力的生产、供应和使用各方具有不同的作用。

1）对电力企业，电价是获取资金以维持简单再生产和扩大再生产的手段，电价的合理与否直接关系到电力事业的发展。

2）对电力用户，电价意味着他们在取得电力使用价值时必须付出的代价，电价的合理与否直接关系到国民经济的发展和人民的生活水平。

电价按生产和流通环节分为电力生产企业的上网电价、电网之间的互供电价和电网的销售电价；按销售方式分为直供电价、延售电价；按用电类别分为照明电价、商业电价、大工业电价、普通工业电价、非工业电价等。

2. 我国电价的管理原则

我国《电力法》规定："电价实行统一政策，统一定价原则，分级管理。"这就是要求电价管理必须集中统一，在统一政策、统一定价原则的前提下，进行分级管理，发挥各方面的积极性，使电价管理更加科学、合理和规范。

3. 制定电价的基本原则

我国《电力法》规定："制定电价，应当合理补偿成本，合理确定收益，依法计入税金，坚持公平负担，促进电力建设。"

（1）合理补偿成本

电价必须能够补偿电力生产和流通全过程的成本费用支出（但要排除非正常费用计入成本），以保证电力企业的正常运营。

（2）合理确定收益

电价必须保证电力企业及有关投资者的合理收益，但由于电力企业具有垄断经营的性质，因此必须加以控制，以免借此获取超额利润，损害电力使用者的利益。

（3）依法计入税金

凡属于我国法律允许纳入电价的税种、税款，应计入电价；但并不是电力企业的其他应交纳的税金都可以计入电价之中。

（4）坚持公平负担

公平负担是指在制定电价时，要从电力公用性和发、供、用电的特殊性出发，使电力使用者价格负担公平合理。要使电力使用者对电费的负担与其用电特性相适应，用电特性不同，其电价也有所差异，应体现"优质优价"原则。

（5）促进电力建设

电价应能促使电力资源优化配置，保证电力企业正常生产，并具有一定的自我发展能力，推动电力事业走上良性循环发展的道路。

4. 用电计量的一般要求

关于用电计量，《供电营业规则》（1996年10月8日电力工业部令第8号公布）规定了下列要求。

1）供电企业应在用户每一个受电点内按不同电价类别，分别安装用电计量装置，每个受电点作为用户的一个计费单位。用户为满足内部核算的需要而自行装设的电能表，不得作为供电企业计费依据。

2）计费电能表及附件的购置、安装、移动、更换、校验、拆除、加封、启封及表计接线等，均由供电企业负责办理，用户应提供工作上的方便。高压用户的成套设备中装有自备电能表及附件时，经供电企业检验合格、加封并移交供电企业维护管理的，可作为计费电能表。

3）对10kV及以下电压供电的用户，应配置专用的电能计量，对35kV及以上电压供电的用户，应有专用的电流互感器二次绕组和专用的电压互感器二次连接线，并不得与保护、测量回路共用。

4）用电计量装置原则上应装在供电设施的产权分界处，如产权分界处不适宜装表时，对专线供电的高压用户，可在供电变压器出口装表计量；对公用线路供电的高压用户，可在用户受电装置的低压侧计量。当用电计量装置不安装在产权分界处时，线路与变压器损耗的有功和无功电能均须由产权所有者负担。在计算用户基本电度（按最大需量计收时）、电度电费及功率因数调整电费时，应将上述损耗电能计算在内。

5）供电企业必须按规定的周期校验、轮换计费电能表，并对计费电能表进行不定期检查。

5. 电费计收

电费计收是按照国家批准的电价，依据用户实际用电情况和用电计量装置记录来计算和回收电费。电费计收包括抄表、核算和电费收取环节。

（1）抄表

抄表就是供电企业抄表人员定期抄录用户所装用电计量装置记录的读数，以便计收电费。抄表的方法如下。

1）现场手抄。这是一种传统的方法，主要用于中小用户和居民用户。

2）现场抄表器抄表。抄表员携带抄表器前往用户现场，将用电计量装置记录的数值输入抄表器内，回所后将抄表器现场存储的数据通过接口输入营业系统微机进行电费计算。

3）远程遥测抄表。利用负荷控制装置的功能综合开发，实现一套装置数据共享及其他远动传输通道，从而实现用户电量远程遥测抄表。

4）小区集中低压载波抄表。小区内居民用户的用电计量装置读数，通过低压载波等通道传送到小区变电所内，抄表人员按时到小区变电所内抄录各用户的用电计量装置读数。

5）红外线抄表。抄表员利用红外线抄表器在路经用户时，即可采集到该用户用电装置的读数。

6）电话抄表。对安装在边远地区用户变电所内的用电计量装置，可通过电话抄表，但需定期赴现场核对。

7）委托专业性抄表公司代理抄表，或与煤气、自来水等单位联合，采取气、水、电一次性抄表的办法以方便居民用户。

8）对于智能化的住宅或小区，还可以采用总线式自动抄表系统，并可与楼宇自动化系统（BAS）结合。

（2）核算

电费核算是电费管理的中枢，电费是否按照规定及时、准确地收回，账目是否清楚，统计数字是否准确，关键在于电费核算质量。因此电费核算一定要严肃认真，一丝不苟，逐项审核，而且要注意账目处理和汇总工作。

（3）电费收取

电费收取的方式如下。

1）走取电费，即收费人员逐户上门收取。

2）定期定点坐收，即由用户按规定期限前往指定地点交纳。

3）委托银行代收，用户就近到委托银行交纳。

4）用户电费储蓄，由银行根据供电企业通知代扣用户电费，并划入供电企业账户内，用户存款余额可得到银行相应的活期储蓄利息。

5）付费购电方式，即用户持购电卡前往供电企业营业部门在售电微机上购电，将购电数量存储于购电卡中。用户持卡插入电卡式电能表后，其电源开关自动合上，即可用电。如购电卡上的储存电量余额不足 $10\,kW\cdot h$ 时，电能表将显示余额，提示用户去购电。当余额不足 $3\,kW\cdot h$ 时，即停电一次警告用户速去购电，用户将电卡再插入一次即可恢复供电。当所购电量全部用完时，则自动断电，直到用户插入新的购电卡后，方可恢复用电。这种付费购电方式改革了传统落后的人工抄表、核收电费制度，从根本上解决了一些用户只管用电、不按时交纳电费的问题。

🏅 实践内容

供电实训室电能计量表接线操作。

☁️ 知识拓展

1）了解我国电费收取的相关政策。

2）查阅国家电网有限公司配电线路运维"1+X"等级证书相关知识内容。

👋 总结与思考

计划用电对国民经济建设有何重要意义？

项目测验 8

一、判断题

1. 电气安全包括人身安全和设备安全两个方面。　　　　　　　　　　　　　（　　）

2. 电源开关在附近时，应迅速地切断有关电源开关，使触电者迅速地脱离电源。

　　　　　　　　　　　　　　　　　　　　　　　　　　　　　　　　（　　）

3. 工频交流电对人体的危害较直流电大。　　　　　　　　　　　　　　　　（　　）

4. $8\sim10\,mA$ 的交流电，人虽能摆脱导体但较困难。　　　　　　　　　　（　　）

5. 看到有人触电不能摆脱，能够用手去拉。　　　　　　　　　　　　　　　（　　）

6. 我国对电力供应和使用实行"安全用电、节约用电、计划用电"的管理原则。

　　　　　　　　　　　　　　　　　　　　　　　　　　　　　　　　（　　）

二、简答题

1. 什么叫安全电流？安全电流与哪些因素有关？一般认为的安全电流是多少？

2. 什么叫基本安全用具？

3. 如果发现有人触电，应如何急救处理？什么叫心肺复苏法？

4. 节约用电对国民经济建设有何重要意义？

5. 什么叫电价？制订电价的基本原则有哪些？

6. 什么叫分时电价？

附 录

附录 A　油浸式电力变压器主要技术参数

额定容量 /kV·A	联结组 标号	电压组合			空载电 流(%)	空载损 耗/W	负载损耗 （120℃）/W	阻抗电 压(%)	质量 /kg	噪声 /dB
		高压/kV	高压分接 范围(%)	低压/kV						
30					2.72	175	670		250	44
50					2.38	245	950		400	44
80					2.21	335	1310		480	45
100					2.04	360	1500		520	45
125					1.86	425	1755		550	48
160					1.87	495	2020	4.0	610	48
200					1.70	565	2400		950	48
250		6			1.70	650	2620		1020	48
315	Yyn0	6.3	±5%		1.53	795	3300		1200	50
400	或	6.6	或	0.4	1.53	885	3790		1480	50
500	Dyn11	10	±2×		1.53	1050	4640		1650	52
630		10.5	2.5%		1.36	1215	5585		1820	52
630		11			1.36	1170	5665		1850	52
800					1.36	1370	6610		2300	54
1000					1.19	1600	7720		2650	54
1250					1.19	1885	9210	6.0	3000	55
1600					1.19	2210	1150		3800	56
2000					1.02	2990	13730		4600	56
2500					1.02	3600	16320		5200	60

231

附录 B 干式电力变压器主要技术参数

| 额定容量
/kV·A | 联结组
标号 | 电 压 组 合 | | | 空载电
流/% | 空载损
耗/W | 负载损耗
(120℃)/W | 阻抗电压
/% |
		高压/kV	高压分接 范围/%	低压/kV				
30					2.72	175	670	
50					2.38	245	950	
80					2.21	335	1310	
100					2.04	360	1500	
125					1.86	425	1755	
160					1.87	495	2020	
200					1.70	565	2400	4.0
250					1.70	650	2620	
315	Yyn0 或 Dyn11	6 6.3 6.6 10 10.5 11	±5%或 ±2×2.5%	0.4	1.53	795	3300	
400					1.53	885	3790	
500					1.53	1050	4640	
630					1.36	1215	5585	
630					1.36	1170	5665	
800					1.36	1370	6610	
1000					1.19	1600	7720	
1250					1.19	1885	9210	6.0
1600					1.19	2210	1150	
2000					1.02	2990	13730	
2500					1.02	3600	16320	

附录 C 部分工业用电设备组的需要系数、二项式系数及功率因数值

| 用电设备组名称 | 需要系数 | 二项式系数 | | 最大容量设
备台数 x | $\cos\varphi$ | $\tan\varphi$ |
		b	c			
小批生产的金属冷加工机床电动机	0.16~0.2	0.14	0.4	5	0.50	1.73
小批生产的金属热加工机床电动机	0.18~0.25	0.14	0.5	5	0.50	1.73
大批生产的金属冷加工机床电动机	0.25~0.3	0.24	0.4	5	0.60	1.33
大批生产的金属热加工机床电动机	0.3~0.35	0.26	0.5	5	0.65	1.17
通风机、水泵、空压机及电动发电机 组电动机	0.7~0.8	0.65	0.25	5	0.80	0.75
连锁的连续运输机械及铸造车间整砂 机械	0.65~0.7	0.6	0.2	5	0.75	0.88

（续）

用电设备组名称	需要系数	二项式系数		最大容量设备台数 x	cosφ	tanφ
		b	c			
铸造车间的吊车（25%）	0.1~0.15	0.06	0.2	3	0.50	1.73
实验室用的小型电热设备（电阻炉，干燥箱等）	0.70	0.7	0	—	1.00	0
高频感应电炉（未带无功补偿装置）	0.80	—	—	—	0.60	1.33
电焊机，缝焊机	0.35	—	—	—	0.60	1.33
地洞弧焊变压器	0.50	—	—	—	0.40	2.29
多头手动弧焊变压器	0.40	—	—	—	0.35	2.68
编配电所，仓库照明	0.5~0.7	—	—	—	1.00	0
室外照明，应急照明	1.00	—	—	—	1.00	0

附录 D 部分高压断路器主要技术数据

1. ZN63A-12 型断路器的主要技术数据

额定电压/kV	额定电流/A	断开容量/MV·A	开断电流/kA	极限通过电流峰值/kA	热稳定电流有效值/kA	固有分闸时间/s	合闸时间/s
12	630、1250	300	16	40	16	0.05	0.1
	630、1250	350	20	50	20		
	630、1250	450	25	63	25		
	1250、1600 2000、2500	500	31.5	80	31.5		
	1250、1600、2000、2500、3150	750	40	100	40		

2. SN10-10 型断路器的主要技术数据

型号	额定电压/KV	额定电流/A	断开容量/(MV·A)	开断电流/kA	极限通过电流峰值/kA	热稳定电流有效值/kA	固有分闸时间/s	合闸时间/s
SN10-10 I	10	630	300	16	40	16（4s）	0.06	0.15
		1000	300	16	40	16（4s）		
SN10-10 II		1000	500	31.5	80	31.5（4s）		0.2
		1250	750	40	125	40（4s）		
SN10-10 III		2000	750	40	125	40（4s）	0.07	
		3000	750	40	125	40（4s）		

附录 E　绝缘导线明敷、穿钢管和穿塑料管时的允许载流量（导线正常最高允许温度为65℃，单位为A）

1. 绝缘导线明敷时的允许载流量

芯线截面	橡皮绝缘线								塑料绝缘线							
	环 境 温 度															
	25℃		30℃		35℃		40℃		25℃		30℃		35℃		40℃	
	铜芯	铝芯	铜芯	铝芯	铜芯	铝芯	铜芯	铝芯	铜芯	铝芯	铜芯	铝芯	铜芯	铝芯	铜芯	铝芯
2.5	35	27	32	25	30	23	27	21	32	25	30	23	27	21	25	19
4	45	35	41	32	39	30	35	27	41	32	37	29	35	27	32	25
6	58	45	54	42	49	38	45	35	54	42	50	39	46	39	43	33
10	84	65	77	60	72	56	66	51	76	59	71	55	66	51	59	46
16	110	85	102	79	94	73	86	67	103	80	95	74	89	69	81	63
25	142	110	132	102	123	95	112	87	315	105	126	98	116	90	107	83
35	178	138	166	129	154	119	141	109	168	130	156	121	144	112	132	102
50	226	175	210	163	195	151	178	138	213	165	199	154	183	142	168	130
70	284	220	266	206	245	190	224	174	264	205	246	191	228	177	209	162
95	342	265	319	247	295	229	270	209	323	250	301	233	279	216	254	197
120	400	310	361	280	346	268	316	243	365	283	343	266	317	246	290	225
150	464	360	433	336	401	311	366	284	419	325	391	303	362	281	332	257
185	540	420	506	392	468	363	428	332	490	380	458	355	423	328	387	300
240	660	510	615	476	570	441	520	403	—	—	—	—	—	—	—	—

注：型号表示：铜芯橡皮线-BX，铝芯橡皮线-BLX，铜芯塑料线-BV，铝芯塑料线-BLV。

2. 橡皮绝缘导线穿钢管时的允许载流量

芯线截面/mm²	芯线材料	2根单芯线				2根穿管管径/mm		3根单芯线				3根穿管管径/mm		4~5根单芯线				4根穿管管径/mm		5根穿管管径/mm	
		环境温度						环境温度						环境温度							
		25℃	30℃	35℃	40℃	SC	MT	25℃	30℃	35℃	40℃	SC	MT	25℃	30℃	35℃	40℃	SC	MT	SC	MT
2.5	铜	27	25	23	21	15	20	25	22	21	19	15	20	21	18	17	15	20	25	20	25
	铝	21	19	18	16			19	17	16	15			16	14	13	12				
4	铜	36	34	31	28	20	25	32	30	27	25	20	25	30	27	25	23	20	25	20	25
	铝	28	26	24	22			25	23	21	19			23	21	19	18				
6	铜	48	44	41	37	20	25	44	40	37	34	20	25	39	36	32	30	25	25	25	32
	铝	37	34	32	29			34	31	29	26			30	28	25	23				
10	铜	67	62	57	53	25	32	59	55	50	46	25	32	52	48	44	40	25	32	32	40
	铝	52	48	44	41			46	43	39	36			40	37	34	31				
16	铜	85	79	74	67	25	32	76	71	66	59	32	32	67	62	57	53	32	40	40	—
	铝	66	61	57	52			59	55	51	46			52	48	44	41				

（续）

芯线截面/mm²	芯线材料	2根单芯线 环境温度				2根穿管 管径/mm		3根单芯线 环境温度				3根穿管 管径/mm		4~5根单芯线 环境温度				4根穿管 管径/mm		5根穿管 管径/mm	
		25℃	30℃	35℃	40℃	SC	MT	25℃	30℃	35℃	40℃	SC	MT	25℃	30℃	35℃	40℃	SC	MT	SC	MT
25	铜	111	103	95	88	32	40	98	922	84	77	32	40	88	81	75	68	40	50	40	—
	铝	86	80	74	68			76	71	65	60			68	63	58	53				
35	铜	137	128	117	107	32	40	121	112	104	95	32	50	107	99	92	84	40	50	50	—
	铝	106	99	91	83			94	87	83	74			83	77	71	65				
50	铜	172	160	148	135	40	50	152	142	132	120	50	50	35	126	116	107	50	—	70	—
	铝	135	124	115	105			118	110	102	93			105	98	90	83				
70	铜	212	199	183	168	50	50	194	181	166	152	50	50	172	160	148	135	70	—	70	—
	铝	164	154	142	130			150	140	129	118			133	124	115	105				
95	铜	258	241	223	204	70	—	232	217	200	183	70	—	206	192	178	163	70	—	80	—
	铝	200	187	173	158			180	168	155	142			160	149	138	126				
120	铜	297	277	255	233	70	—	271	253	233	214	70	—	245	228	216	194	70	—	80	—
	铝	230	215	198	181			210	196	181	166			190	177	164	150				
150	铜	335	313	289	264	70	—	310	289	267	244	70	—	284	266	245	224	80	—	100	—
	铝	360	243	224	205			240	224	207	189			220	205	190	174				
185	铜	381	355	329	301	80	—	348	325	301	275	80	—	323	301	279	254	80	—	100	—
	铝	295	275	255	233			270	252	233	213			250	233	216	197				

3. 塑料绝缘导线穿钢管时的允许载流量

芯线截面	芯线材料	2根单芯线 环境温度				2根穿管 管径/mm		3根单芯线 环境温度				3根穿管 管径/mm		4~5根单芯线 环境温度				4根穿管 管径/mm		5根穿管 管径/mm	
		25℃	30℃	35℃	40℃	SC	MT	25℃	30℃	35℃	40℃	SC	MT	25℃	30℃	35℃	40℃	SC	MT	SC	MT
2.5	铜	26	23	21	19	15	15	23	21	19	18	15	15	19	18	16	14	5	15	15	20
	铝	20	18	17	15			18	16	15	14			15	14	12	11				
4	铜	35	32	30	27	15	15	31	28	26	23	15	15	28	26	23	21	15	20	20	20
	铝	27	25	23	21			24	22	20	18			22	20	19	17				
6	铜	45	41	39	35	15	20	41	37	35	32	15	20	36	34	31	28	20	25	25	25
	铝	35	32	30	27			32	29	27	25			28	26	24	22				
10	铜	63	58	54	49	20	25	57	53	49	44	20	25	49	45	41	39	25	25	25	32
	铝	49	45	42	38			44	41	38	34			38	35	32	30				
16	铜	81	75	70	63	25	25	72	67	62	57	25	32	65	59	55	50	25	32	32	40
	铝	63	58	54	49			56	52	48	44			50	46	43	39				
25	铜	103	95	89	81	25	32	90	84	77	71	32	32	84	77	72	66	32	40	32	50
	铝	80	74	69	63			70	65	60	55			65	60	56	51				
35	铜	129	120	111	102	32	40	116	108	99	92	32	40	103	95	89	81	40	50	40	—
	铝	100	93	86	79			90	84	77	71			80	74	69	63				

（续）

芯线截面	芯线材料	2根单芯线 环境温度				2根穿管管径/mm		3根单芯线 环境温度				3根穿管管径/mm		4~5根单芯线 环境温度				4根穿管管径/mm		5根穿管管径/mm	
		25℃	30℃	35℃	40℃	SC	MT	25℃	30℃	35℃	40℃	SC	MT	25℃	30℃	35℃	40℃	SC	MT	SC	MT
50	铜	161	150	139	126	40	50	142	132	123	112	40	50	129	120	111	102	50	50	50	—
	铝	125	116	108	98			110	102	95	87			100	93	86	79				
70	铜	200	186	173	157	50	50	184	172	159	146	50	50	164	150	141	129	50	—	70	—
	铝	155	144	134	122			143	133	123	113			127	118	109	100				
95	铜	245	228	212	194	50	50	219	204	190	173	50	—	196	183	169	155	70	—	70	—
	铝	190	177	164	150			170	158	147	134			152	142	131	120				
120	铜	284	264	245	224	50	50	252	235	217	199	50	—	222	206	191	175	70	—	80	—
	铝	220	205	190	174			195	182	168	154			172	160	148	136				
150	铜	323	301	279	254	70	—	290	271	250	228	70	—	258	241	223	204	70	—	80	—
	铝	250	233	216	197			225	210	194	177			200	187	173	158				
185	铜	368	343	317	290	70	—	329	307	284	259	70	—	297	277	255	233	80	—	100	—
	铝	285	266	246	225			255	238	220	201			230	215	198	181				

4. 橡皮绝缘导线穿硬塑料管时的允许载流量

芯线截面	芯线材料	2根单芯线 环境温度				2根穿管管径/mm	3根单芯线 环境温度				3根穿管管径/mm	4~5根单芯线 环境温度				4根穿管管径/mm	5根穿管管径/mm
		25℃	30℃	35℃	40℃		25℃	30℃	35℃	40℃		25℃	30℃	35℃	40℃		
2.5	铜	25	22	21	19	15	22	19	18	17	15	19	18	16	14	20	25
	铝	19	17	16	15		17	15	14	13		15	14	12	11		
4	铜	32	30	27	25	20	30	27	25	23	20	26	23	22	20	20	25
	铝	25	23	21	19		23	21	19	18		20	18	17	15		
6	铜	43	39	36	34	20	37	35	32	28	20	34	31	28	26	25	32
	铝	33	30	28	26		29	27	25	22		26	24	22	20		
10	铜	57	53	49	44	25	52	48	44	40	25	45	41	38	35	32	32
	铝	44	41	38	34		40	37	34	31		35	32	30	27		
16	铜	75	70	65	58	32	67	62	57	53	32	59	55	50	46	32	40
	铝	58	54	50	45		52	48	44	41		46	43	39	36		
25	铜	99	92	85	77	32	88	81	75	68	32	77	72	66	61	40	40
	铝	77	71	66	60		68	63	58	53		60	56	51	47		
35	铜	123	114	106	97	40	108	101	93	85	40	95	89	83	75	40	50
	铝	95	88	82	75		84	78	72	66		74	69	64	58		
50	铜	155	145	133	121	40	139	129	120	111	50	123	114	106	97	50	65
	铝	120	112	103	94		108	100	93	86		95	88	82	75		
70	铜	197	184	170	156	50	174	163	150	137	50	155	144	133	122	65	75
	铝	153	143	132	121		135	126	116	106		120	112	103	94		

（续）

芯线截面	芯线材料	2根单芯线 环境温度				2根穿管管径/mm	3根单芯线 环境温度				3根穿管管径/mm	4~5根单芯线 环境温度				4根穿管管径/mm	5根穿管管径/mm
		25℃	30℃	35℃	40℃		25℃	30℃	35℃	40℃		25℃	30℃	35℃	40℃		
95	铜	237	222	205	187	50	213	199	183	168	65	194	181	166	152	75	80
	铝	184	172	159	145		165	154	142	130		150	140	129	118		
120	铜	271	253	233	214	65	245	228	212	194	65	219	204	190	173	80	80
	铝	210	196	181	166		190	177	164	150		170	158	147	134		
150	铜	323	301	277	254	75	293	273	253	231	75	264	246	228	209	80	90
	铝	250	233	215	197		227	212	196	179		205	191	177	162		
185	铜	364	339	313	288	80	329	307	284	259	80	299	279	258	236	100	100
	铝	282	263	243	223		255	238	220	201		232	216	200	183		

5. 塑料绝缘导线穿硬塑料管时的允许载流量

芯线截面	芯线材料	2根单芯线 环境温度				2根穿管管径/mm	3根单芯线 环境温度				3根穿管管径/mm	4~5根单芯线 环境温度				4根穿管管径/mm	5根穿管管径/mm
		25℃	30℃	35℃	40℃		25℃	30℃	35℃	40℃		25℃	30℃	35℃	40℃		
2.5	铜	23	21	19	18	15	21	18	17	15	15	18	17	15	14	20	25
	铝	18	16	15	14		16	14	13	12		14	13	12	11		
4	铜	31	28	26	23	20	28	26	24	22	20	25	22	20	19	20	25
	铝	24	22	20	18		22	20	19	17		19	17	16	15		
6	铜	40	36	34	31	20	35	32	30	27	20	32	30	27	25	25	32
	铝	31	28	26	24		27	25	23	21		25	23	21	19		
10	铜	54	50	46	43	25	49	45	42	39	25	43	39	36	34	32	32
	铝	42	39	36	33		38	35	32	30		33	30	28	26		
16	铜	71	66	61	51	32	63	58	54	49	32	57	53	49	44	32	40
	铝	55	51	47	43		49	45	42	38		44	41	38	34		
25	铜	94	88	81	74	32	84	77	72	66	40	74	68	63	58	40	50
	铝	73	68	63	57		65	60	56	51		57	53	49	45		
35	铜	116	108	99	92	40	103	95	89	81	40	90	84	77	71	50	65
	铝	90	84	77	71		80	74	69	63		70	65	60	55		
50	铜	147	137	126	116	50	132	123	114	103	50	116	108	99	92	65	65
	铝	114	106	98	90		102	95	89	80		90	84	77	71		
70	铜	187	174	161	147	50	168	156	144	132	50	148	138	128	116	65	75
	铝	145	135	125	114		130	121	112	102		115	107	98	90		
95	铜	226	210	195	178	65	204	190	175	160	65	181	168	156	142	75	75
	铝	175	163	151	138		158	147	136	124		140	130	121	110		
120	铜	266	241	223	205	65	232	217	200	183	65	206	192	178	163	75	80
	铝	206	187	173	158		180	168	155	142		160	149	138	126		

（续）

芯线截面	芯线材料	2根单芯线				2根穿管管径/mm	3根单芯线				3根穿管管径/mm	4~5根单芯线				4根穿管管径/mm	5根穿管管径/mm
		环境温度					环境温度					环境温度					
		25℃	30℃	35℃	40℃		25℃	30℃	35℃	40℃		25℃	30℃	35℃	40℃		
150	铜	297	277	255	233	75	267	249	231	210	75	239	222	206	188	80	90
	铝	230	215	198	181		207	193	179	163		185	172	160	146		
185	铜	342	319	295	270	75	303	283	262	239	80	273	255	236	215	90	100
	铝	265	247	220	209		235	219	203	185		212	198	183	167		

附录 F　LJ 型铝绞线、LGJ 型钢芯铝绞线和 LMY 型硬铝母线的主要技术数据

1. LJ 型铝绞线的主要技术数据

额定截面/mm²	16	25	35	50	70	95	120	150	185	240
实际截面/mm²	15.9	25.4	34.4	49.5	71.3	95.1	121	148	183	239
股数/外径（外径单位为 mm）	7/5.10	7/6.45	7/7.50	7/9.00	7/10.8	7/12.5	19/14.5	19/15.8	19/17.5	19/20.0
50℃时电阻/(Ω·km⁻¹)	2.07	1.33	0.96	0.66	0.48	0.36	0.28	0.25	0.18	0.14

线间几何均距/mm	线路电抗/(Ω·km⁻¹)									
600	0.36	0.35	0.34	0.33	0.32	0.31	0.3	0.29	0.28	0.28
800	0.38	0.37	0.36	0.35	0.34	0.33	0.32	0.31	0.3	0.3
1000	0.4	0.38	0.37	0.36	0.35	0.34	0.33	0.32	0.31	0.31
1250	0.41	0.4	0.39	0.37	0.36	0.35	0.34	0.34	0.33	0.32
1500	0.42	0.41	0.4	0.38	0.37	0.36	0.35	0.35	0.34	0.33
2000	0.44	0.43	0.41	0.4	0.4	0.38	0.37	0.37	0.36	0.35

额定截面/mm²		16	25	35	50	70	95	120	150	185	240
导线温度	环境温度/℃	允许持续载流量/A									
	20	110	142	179	226	278	341	394	462	525	641
	25	105	135	170	215	265	325	375	440	500	610
70℃（室外架设）	30	98.7	127	160	202	249	306	353	414	470	573
	35	93.5	120	151	191	236	289	334	392	445	543
	40	86.1	111	139	176	217	267	308	361	410	500

2. LGJ 型钢芯铝绞线的主要技术数据

额定截面/mm²	35	50	70	95	120	150	185	240
铝线实际截面/mm²	34.9	48.3	68.1	94.4	116	149	181	239
铝股数/钢股数/外径（外径单位为 mm）	6/1/8.16	6/1/9.60	6/1/11.4	26/7/13.6	26/7/15.1	26/7/17.7	26/7/18.9	26/7/21.7
50℃时电阻/(Ω·km⁻¹)	0.89	0.68	0.48	0.35	0.29	0.24	0.18	0.15

（续）

线间几何均距/mm	线路电抗/(Ω·km⁻¹)							
1500	0.39	0.38	0.37	0.35	0.35	0.34	0.33	0.33
2000	0.4	0.39	0.38	0.37	0.37	0.36	0.35	0.34
2500	0.41	0.41	0.4	0.39	0.38	0.37	0.37	0.36
3000	0.43	0.42	0.41	0.4	0.39	0.39	0.38	0.37
3500	0.44	0.43	0.42	0.41	0.4	0.4	0.39	0.38
4000	0.45	0.44	0.43	0.42	0.4	0.4	0.4	0.39
导线温度	环境温度/℃	允许持续载流量/A						
	20	179	231	289	352	399	467	541	641
	25	170	220	275	335	380	445	515	610
70℃(室外架设)	30	159	207	259	315	357	418	484	574
	35	149	193	228	295	335	391	453	536
	40	137	178	222	272	307	360	416	494

3. LMY 型硬铝母线的主要技术数据

母线截面（宽×厚）/mm	65℃时电阻/(Ω·km⁻¹)	相间距离为 250 mm 时电抗/(Ω·km⁻¹)		母线竖放时的允许持续载流量/A（导线温度 70℃）			
				环境温度			
		竖放	平放	25℃	30℃	35℃	40℃
25×3	0.47	0.24	0.22	265	249	233	215
30×4	0.29	0.23	0.21	365	343	321	296
40×4	0.22	0.21	0.19	480	451	422	389
40×5	0.18	0.21	0.19	540	507	475	438
50×5	0.14	0.2	0.17	665	625	585	539
50×6	0.12	0.2	0.17	740	695	651	600
60×6	0.1	0.19	0.16	870	818	765	705
80×6	0.076	0.17	0.15	1150	1080	1010	932
100×6	0.062	0.16	0.13	1425	1340	1255	1155
60×8	0.076	0.19	0.16	1025	965	902	831
80×8	0.059	0.17	0.15	1320	1240	1160	1070
100×8	0.048	0.16	0.13	1625	1530	1430	1315
120×8	0.041	0.16	0.12	1900	1785	1670	1540
60×10	0.062	0.18	0.16	1155	1085	1016	936
80×10	0.048	0.17	0.14	1480	1390	1300	1200
100×10	0.04	0.16	0.13	1820	1710	1600	1475
120×10	0.035	0.16	0.12	2070	1945	1820	1680

注：本表母线载流量系母线竖放时的数据。如母线平放，且宽度大于 60 mm 时，表中数据应乘以 0.92，如母线平放，且宽度大于 60 mm 时，表中数据应乘以 0.95。

附录 G 架空裸导线的最小允许截面

线 路 类 别		导线最小允许截面/mm²		
		铝及铝合金线	钢芯铝线	铜绞线
35 kV 及以上线路		35	35	35
3~10 kV 线路	居民区	35	25	25
	非居民区	25	16	16
低压线路	一般	16	16	16
	与铁路交叉跨越栏	35	16	16

附录 H 10kV 常用三芯电缆的最大允许载流量及校正系数

项 目	电缆允许载流量/A							
绝缘类型	黏性油浸纸		不滴流纸		交联聚乙烯			
钢护套					无		有	
缆心最高工作温度	60℃		65℃		90℃			
敷设方式	空气中	直埋	空气中	直埋	空气中	直埋	空气中	直埋
16	42	55	47	59	—	—	—	—
25	56	75	63	79	100	90	100	90
35	68	90	77	95	123	110	123	105
50	81	107	92	111	146	125	141	120
70	106	133	118	138	178	152	173	152
95	126	160	143	169	219	182	214	182
120	146	182	168	196	251	205	246	205
150	171	206	189	220	283	223	278	219
185	195	233	218	246	324	252	320	247
240	232	272	261	290	378	292	373	292
300	260	308	295	325	433	332	428	328
400	—	—	—	—	506	378	501	374
500	—	—	—	—	579	428	574	424
环境温度	40℃	25℃	40℃	25℃	40℃	25℃	40℃	25℃
土壤热阻系数/(℃·m·W⁻¹)	—	1.2	—	1.2	—	2.0	—	2.0

缆心截面 /mm²（缆心截面列对应 16~500 各行）

注：本表系铝心电缆数值。铜心电缆的允许载流量可乘以1.29。

参 考 文 献

[1] 刘介才. 供配电技术 [M].4 版. 北京：机械工业出版社，2017.

[2] 姚志松，姚磊. 新型节能变压器选用、运行与维修 [M]. 北京：中国电力出版社，2010.

[3] 戴绍基. 建筑供配电与照明 [M].2 版. 北京：中国电力出版社，2016.

[4] 莫岳平，翁双安. 供配电工程 [M].2 版. 北京：机械工业出版社，2015.

[5] 唐小波，吴薛红. 供配电技术 [M]. 西安：西安电子科技大学出版社，2018.

[6] 李小雄. 供配电系统运行与维护 [M].2 版. 北京：化学工业出版社，2018.

[7] 冯柏群，蔡文. 供配电技术 [M]. 南京：南京大学出版社，2013.

[8] 张莹. 工厂供配电技术 [M].4 版. 北京：电子工业出版社，2015.

[9] 何首贤，杨卫东. 工厂供配电技术 [M]. 北京：中国电力出版社，2010.

[10] 唐志平，邹一琴. 供配电技术 [M].4 版. 北京：电子工业出版社，2019.

[11] 周敬业. 工厂供配电系统的安装与维修 [M]. 北京：知识产权出版社，2016.

[12] 冯红岩. 供配电技术 [M]. 西安：西安电子科技大学出版社，2019.

[13] 曹孟州. 供配电设备运行、维护与检修 [M].2 版. 北京：中国电力出版社，2017.

[14] 顾子明. 供配电技术 [M]. 北京：电子工业出版社，2018.